深水钻井关键技术与装备
Key Technologies and Equipments for Deepwater Drilling

路保平 等编著

中国石化出版社

内容提要

本书系统介绍了深水钻井关键技术与装备,内容包括:深水钻井技术难题及作业流程,深水钻井装备,隔水管设计与可靠性评价,井身结构设计,双梯度钻井技术,钻井液与水泥浆技术,井控技术,以及钻井作业风险评价与安全控制。本书立足于国内外深水钻井的技术现状,注重理论与实践相结合,兼顾系统性和实用性,便于广大读者理解和应用书中的技术内容。

本书适合从事石油工程、探矿工程及相关专业的科研人员和技术人员阅读,也可作为高等院校相关专业师生的参考书。

图书在版编目(CIP)数据

深水钻井关键技术与装备/路保平等编著.
—北京:中国石化出版社,2014.3
ISBN:978-7-5114-2695-6

Ⅰ.①深… Ⅱ.①路… Ⅲ.①油气钻井—技术 ②钻进设备
Ⅳ.①TE242 ②TE92

中国版本图书馆CIP数据核字(2014)第039246号

未经本社书面授权,本书任何部分不得被复制,抄袭,或者以任何形式或任何方式传播。版权所有,侵权必究。

中国石化出版社出版

地址:北京市东城区安定门外大街58号
邮编:100011 电话:(010)84271850
读者服务部电话:(010)84289974
http://www.sinopec-press.com
E-mail:press@sinopec.com
北京科信印刷有限公司印刷
全国各地新华书店经销

*

787×1092毫米 16开本 16.75印张 321千字
2014年5月第1版 2014年5月第1次印刷
定价:138.00元

序

海洋油气资源的勘探开发潜力巨大，是当前和未来油气资源战略接替的重要领域。近年来，全球重大的油气勘探发现有50%来自海洋，并且主要来自深水海域。目前，墨西哥湾、南大西洋的巴西和西非沿海是最活跃的深水油气勘探海域，它们集中了全球84%的深水油气钻探活动，被称为深水油气勘探的"金三角"。我国经过50年的海洋油气资源勘探实践，在渤海、珠江口、北部湾、东海、琼东南、莺歌海等盆地发现了近70个油气田，特别是在滩海和浅海油气勘探开发方面取得了令人瞩目的成就和经验。随着技术的进步和能源需求的增长，我国的油气勘探开发正逐步向深水和超深水域发展。

深水钻井是一项复杂的系统工程，作业环境恶劣、技术及环保要求高、装备及工艺配套复杂、风险控制及作业管理难度大，具有高技术、高投入、高风险等特点。近年来，国外深水钻井技术发展较快，最大钻井作业水深已达3165m。第六代钻井平台和新型防喷器系统等配套设备提升了深水钻井的作业能力和安全性，导管喷射下入、井身结构优化、双梯度钻井、动态压井等新技术提高了深水钻井的作业效率。我国深水钻井虽然起步较晚，但近年来发展很快。中国海油自主建造的"海洋石油981"是第六代半潜式钻井平台，成功完成了1496m水深的钻井作业；中国石化在海外作为作业者完成的勘探井作业水深已达2092m，基本形成了深水钻井风险评估与控制技术、钻井工程设计及关键工艺和作业管理体系。

路保平教授长期从事海内外油气勘探开发和深水钻完井技术研究，具有丰富的深水钻井理论和实践经验。2009年，他组织实施了中国石化在尼日利亚—圣多美和普林西比联合开发区（JDZ区块）的第一口超深水探井——Bomu-1井，其作业水深达1655m、完钻井深为3617m。在深水钻井关键技术与装备、钻井作业管理及风险控制等领域取得了一系列研究成果和成功经验。

本书系统介绍了深水钻井的技术难题及作业流程、关键技术与装备、作业风险评价与安全控制等内容，论述深入浅出、内容系统丰富，凝结了作者及其研究团队多年的研究成果和实践经验，适合从事相关专业的科研人员和工程技术人员阅读参考。本书的出版将对我国深水钻井技术发展和加快深水油气田的勘探开发起到积极的推动作用。

中国海洋石油总公司教授级高级工程师

前　言

海洋油气资源量约占全球油气资源总量的34%。随着全球经济一体化进程的加快，世界油气需求持续增长，深水海域已经成为全球油气资源勘探开发的重要接替区。目前海洋领域油气勘探开发正在向深水（水深500~1500m）和超深水（水深1500m以上）区域发展，近年来国外深水油气勘探开发投资年均增长超过30%。

由于深水作业环境恶劣、地下情况更为复杂，与陆上钻完井相比，深水钻完井对技术及装备要求更高，存在泥线以下浅层危害物（浅层水、浅层气、浅层水合物）识别与浅层安全钻进、窄密度窗口条件下的井身结构设计与钻完井、低温条件下的钻井液与固井以及深水条件下的井控等技术难题。这些问题导致深水钻井成本居高不下，钻井作业日费达40~100万美元，甚至更高。发展深水钻完井技术、保证作业安全、降低作业成本已成为深水油气高效勘探开发要解决的首要问题。

20世纪80年代以来，国外开展了一系列的深水油气勘探开发及钻完井技术重大研究与实践。以BP、Shell、Petrobras、Statoil等为代表的油公司和以Transocean、Schlumberger、Baker Hughes等为代表的服务公司发展并形成了3000m水深的钻井装备、配套设施与工具以及钻完井关键技术，目前正在研发更为先进实用的深水钻井装备与工艺技术。这些公司利用掌握的关键技术主导着深水油气勘探开发作业，使墨西哥湾、巴西、西非等海域一批深水油气田得以规模化和经济有效勘探开发。

我国南海深水区域油气资源丰富，随着国家"走出去"发展战略的实施，海外油气勘探开发越来越多地涉及到深水区块，这些地区已成为油气资源战略接替的重要领域，因此大力发展深水钻完井技术是我国石油工业发展的必然趋势。近年来中国三大石油公司先后开展了深海钻完井技术的攻关工作，中海油完成了第六代半潜式钻井平台"海洋石油981"设计与建造，适用水深3000m，已在南海实施钻井作业，翻开了我国深水油气勘探开发的新篇章。自2007年以来，中国石化以作业者和非作业者身份参与了海外多个深海区块的勘探开发，同时也积极准备南海深水区块的钻探工作。根据工作需要，作者及研究团队参加了中国石化深水钻完井技术的攻关及海外深水钻完井工程实践，在研究借鉴国外的深水钻完井技术的基础上，初步研究形成了中国石化深水钻井关键技术及作业管理体系。到目前为止，中国石化作为作业者完成水深超过1600m的深水油气井5口，最大水深达2092m，其中2009年完成的Boum-1井（作业水深1680m）是中国油公司作为作业者完成的第一口超深水油气井，在我国钻井历史上具有非常重要的现实意义。

为了促进我国深水钻完井技术的发展，应有关领导与工程技术人员要求，特将研究与实践中形成的成果编成此书。希望本书能够起到抛砖引玉的作用，同时为有关工程技术人员和研究人员提供有益的参考。

本书由路保平、刘修善、王敏生、管志川、柯珂编写。其中，第一及第七章由路保平编写、第二及第五章刘修善编写、第三及第六章由王敏生编写、第四章由管志川编写、第八章由柯珂编写，由路保平总体策划与统稿。方华灿教授、赵复兴教授级高工、段梦兰教授、姜伟教授级高工在百忙之中审阅书稿，并提出了许多宝贵意见。中国石化石油工程技术研究院、中国石化集团国际石油勘探开发公司及其尼日利亚公司、阿达克斯（Addax）公司和温菲尔德公司有关领导及工程技术人员在本书编写过程中给予了大力的支持与帮助，在此一并致谢。

由于作者能力和水平有限，书中疏漏、缺憾甚至谬误在所难免，恳请同行专家批评指正。

路保平
2014年3月28日于北京

目 录

第一章 绪 论 1
第一节 海洋油气资源勘探开发形势 1
第二节 深水钻井技术现状 4
第三节 深水钻井作业流程 7
第四节 深水钻井环境因素与技术难题 15
参考文献 21

第二章 深水钻井装备 23
第一节 钻井平台和钻井船 23
第二节 升沉补偿系统 31
第三节 隔水管系统 36
第四节 水下井口 43
第五节 井控装备 49
第六节 测试设备 51
第七节 水下机器人 59
参考文献 63

第三章 隔水管设计与可靠性评价 64
第一节 隔水管设计影响因素 64
第二节 隔水管受力分析 75
第三节 隔水管设计方法 83
第四节 隔水管失效模式与损伤评估 87
第五节 隔水管系统寿命评价及损伤减缓措施 107
参考文献 116

第四章 井身结构设计 119

第一节 深水井身结构的特殊性 119
第二节 导管下深设计 122
第三节 表层套管下深设计 127
第四节 考虑地层压力可信度的井身结构设计 131
参考文献 141

第五章 双梯度钻井技术 143

第一节 双梯度钻井压力分布特征 143
第二节 双梯度钻井工艺技术 148
第三节 空心微球双梯度钻井技术 155
第四节 水中泵双梯度钻井系统 164
参考文献 168

第六章 钻井液与水泥浆技术 170

第一节 低温钻井液技术 170
第二节 水合物抑制性钻井液技术 176
第三节 低温低密度水泥浆技术 179
第四节 钻井液废弃物处理 182
参考文献 188

第七章 井控技术 190

第一节 深水钻井压力协调关系 190
第二节 井筒流体压力分布 195
第三节 井涌检测技术 203
第四节 深水钻井压井方法 208
参考文献 212

第八章 钻井作业风险评价与安全控制 ... 213

第一节 浅层地质灾害识别与控制 ... 213
第二节 天然气水合物预防 ... 220
第三节 隔水管系统安全性监测与检测 ... 230
第四节 井身结构风险评价 ... 233
第五节 井控风险评价 ... 237
第六节 作业环境风险评价 ... 248
第七节 钻井项目风险管理 ... 253

参考文献 ... 257

第一章 绪 论

在全球范围内,海洋油气资源的勘探开发潜力很大,是目前和未来油气资源战略接替的重要领域。由于海洋环境和地质条件的复杂性,海洋油气钻井特别是深水钻井面临着许多技术难题和挑战。本章介绍了全球及我国海洋油气资源勘探开发形势,概述了深水钻井技术现状及作业流程,分析了深水钻井应考虑的环境因素。

第一节 海洋油气资源勘探开发形势

近年来,陆上油气勘探程度相对较高,但新发现的油气田规模小,新增储量对全球油气储量增长的贡献降低。相比之下,海洋油气勘探开发发展迅速,不断获得重大发现。海上发现的油气田规模大、产能高,其油气产量占全球总产量的比例不断增加,勘探开采作业海域范围和水深也不断扩大。

一、全球海洋油气资源概况

辽阔的海洋蕴藏着丰富的油气资源,全球具有油气远景的沉积盆地面积为 $7746.3 \times 10^4 km^2$,其中位于海底区域的沉积盆地面积约 $2639.5 \times 10^4 km^2$ [1]。截至2011年12月6日,全球石油探明储量为 $2088 \times 10^8 t$,天然气探明储量 $191 \times 10^{12} m^3$,其中海洋石油探明储量占全球石油探明储量的约34%,天然气探明储量约占全球天然气探明储量的23%。全球海洋油气勘探尚处在勘探早期阶段。

近年来,全球新发现的油气田以海洋油气田为主。在2005~2009年间,全球最新的油气田发现约60%以上为海洋油气田,如图1-1所示[2]。同时,从发现油气田的规模来看,海洋中发现的油气田规模远远超过陆地发现的油气田规模,如图1-2所示。2009年陆上地区油气田发现数量约为海上的两倍,但发现油气储量仅为海上一半,平均储量规模361万吨油当量,仅为海上的23%。2010年全球最大的10个新油气田,除土库曼斯坦的Agayry气田位于陆上外,其余9个均为海上发现。由此可见,全球海洋油气资源潜力巨大,是今后全球油气勘探开发的重要领域,未来新增的油气需求将会越来越多的由海洋油气田来满足[3]。

从产量来看,海洋石油产量在全球石油产量中所占的比例逐步增加。据剑桥能源咨询公司统计数据,2009年海洋石油产量已占全球石油总产量的33%,预计到

2020年，这一比例将升至35%；2009年海洋天然气产量占全球天然气总产量的31%，预计2020年，这一比例将升至41%。另外，2002~2007年，海洋油气产量中浅水区增长了18%，而深水区增长了78%。深海油气产量占全球海洋油气总产量的份额分别从2005年的11.4%和7.2%上升到2010年的20%和9%。数据表明，全球海洋石油和天然气产量稳步上升，海上油气产量在整个油气产量中所占比例越来越大，尤其是深水油气产量增长迅速。

图1-1 2005~2009年间主要油气发现的地域分布

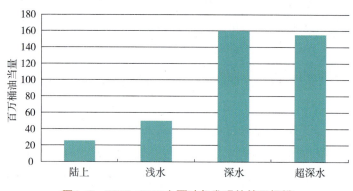

图1-2 2005~2009主要油气发现的储量规模

从区域来看，海上石油勘探开发已经形成了三湾、两海、两湖的格局[4]。"三湾"即波斯湾、墨西哥湾和几内亚湾；"两海"即北海和南海；"两湖"即里海和马拉开波湖。其中，波斯湾的沙特、卡塔尔和阿联酋，里海沿岸的哈萨克斯坦、阿塞拜疆和伊朗，北海沿岸的英国和挪威，还有美国、墨西哥、委内瑞拉、尼日利亚等，都是全球重要的海上油气勘探开发国。

从作业水深来看，随着近海油气资源勘探的日趋成熟和经济发展对油气资源需求的增长，海洋油气勘探开发范围已从浅海、近深海逐渐延伸到深海，如图1-3所示。目前，墨西哥湾、北海、巴西、西非是全球深水勘探开发最活跃的区域，探井作业的最大水深已达到3061m，开发井作业的最大水深达到2984m[5]。随着工程技术的不断创新，海洋油气勘探将向更深水区发展，储量也会继续增加。因此，深水油气资源开发是当今全球油气勘探开发的趋势。

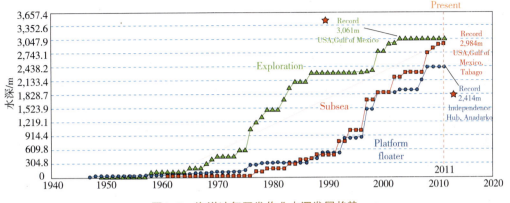

图1-3 海洋油气开发作业水深发展趋势

二、我国海洋油气资源概况

我国海岸线长达$1.8×10^4$km，管辖海域面积达$300×10^4 km^2$，接近陆地领土面积的1/3，具有广阔的勘探面积。我国近海海域发育了一系列沉积盆地，总面积近百万平方千米。根据2005年国土资源部、国家发改委联合组织的第三次石油资源评价初步结果，我国石油资源量约为$1070×10^8$t，其中海洋石油资源量为$246×10^8$t，占全国石油资源量的23%；天然气资源量为$54.54×10^{12} m^3$，其中海洋天然气为$15.79×10^{12} m^3$，占全国天然气资源量的29%。海洋油气资源中，约有40%蕴藏于深水海域中。总体上，我国海域油气资源潜力大，勘探前景良好[6]。

我国海洋油气资源勘查起步相对较晚，截至2005年，在我国近海六大沉积盆地发现的66个油气田中，油田主要分布在渤海、珠江口、北部湾等盆地，气田则主要分布在东海、琼东南、莺歌海等盆地。我国海洋石油探明储量$30×10^8$t，探明率仅为12.3%，而我国和全球的石油资源平均探明率分别为38.9%和73%；海洋天然气探明储量$1.74×10^{12} m^3$，探明率为10.9%，而我国和全球的天然气资源平均探明率分别为23%和60.5%。可见，我国海洋油气勘探程度和油气资源探明程度较低[7]。

近年来，我国努力提高海洋油气开采能力，海洋油气业持续保持快速增长势头。但是，由于我国海域地质条件复杂、深海油气勘探关键技术和设备仍比较落后，只在渤海、东海和南海等近海海域进行油气开发，形成了渤海、东海、南海西部、南海东部等四大海洋石油基地。通过与国外石油公司合作勘探，在南海深水区域已经发现了荔湾3-1、流花34-2、流花29-1深水气田。目前，我国海洋油气产量约$5500×10^4$t油当量，占我国油气总产量的27.5%。

我国海洋油气勘探开发主要以中国海洋石油总公司、中国石油化工集团公司、中国石油天然气集团公司三大集团公司为主，勘探开发区域主要集中在渤海、黄海、东海及南海大陆架。目前，南海已成为海域油气生产的主战场，渤海是海域增储上产的主力区，东海正处在战略接替地位，但黄海油气勘探尚未取得重大突破。

中国海洋石油总公司在我国海上拥有四个主要产油地区：渤海湾、南海西部、南海东部和东海，油气勘查、开采登记区块总面积为$133×10^4km^2$。油气产量逐年增长，2005年产量为$3900×10^4t$油当量，2007年为$4046×10^4t$油当量，2009年为$4766×10^4t$油当量，到2010年已经达到$5180×10^4t$油当量，首次突破$5000×10^4t$油当量。2010年，通过自营勘探作业共钻获12个油气新发现，并通过18口评价井成功评价了12个油气构造；通过合作勘探，除取得深水新发现流花29-1气田外，还通过5口评价井成功评价了3个含油气构造[8]。

中国石油化工集团公司在我国海上油气勘探开发区域主要集中在渤海湾、东海、北部湾、琼东南、雷琼、南黄海等，勘查登记区块总面积$10.7×10^4km^2$，目前登记海域的水深除琼东南的2个区块最大水深达到2000m，其余区块都在110m水深以内，基本为滩浅海海域，油气勘探开发具有较好的装备和技术基础，开采区块总面积$1380.8km^2$。

中国石油天然气集团公司在我国海上油气勘探开发区域以辽河、大港、冀东等油田为主，已登记海域勘探面积$18×10^4km^2$。为加快海洋石油勘探开发进程，整合辽河、大港、冀东等油田的浅海工程力量，于2004年11月3日组建成立了中国石油集团海洋工程有限公司。

上述数据表明，我国海洋油气资源潜力巨大，但海洋油气整体上处于勘探的早中期阶段，深海油气勘探开发仍处于初级阶段。加大浅海油气勘探开发投入力度，开展深海油气资源勘探开发，将是我国海洋油气勘探开发的主要发展趋势。

第二节 深水钻井技术现状

随着科技投入的增加和实践经验的积累，深水钻井技术取得了长足进步。地质导向、旋转导向、随钻测井、高级别分支井、智能完井等先进技术得到广泛应用[9]，并形成了一些深水钻井特有的关键技术，包括深水区域钻井基础数据钻前求取方法与技术、深水钻井井身结构设计方法、深水钻井隔水管失效监测与管理、双梯度钻井技术、深水钻井液技术、深水固井技术、深水钻井测试技术、深水钻井井控技术、深水钻井作业安全评价与管理等。

一、深水钻井井身结构设计技术

考虑深水钻井环境下存在浅层地质灾害风险、井筒流体的温度及压力分布规律复杂、钻井液安全密度窗口窄、套管层次多等问题，基本形成了一套深水钻井井身结构的设计方法和技术。目前，深水钻井的套管层次达到了9层[10]，即914.4mm

（36in）~711.2mm（28in）~558.8mm（22in）~457.2mm（18$_8$in）~406.4mm（16in）~346mm（13$^5/_8$in）~301.6mm（11$^7/_8$in）~50.8mm（9$^7/_8$in）~177.8mm（7in）。随着随钻扩眼、膨胀管等技术的推广应用，可简化井身结构、缩小上部井眼尺寸，为缩短钻井周期创造有利条件。

二、深水钻井导管喷射下入技术

导管喷射下入技术用一趟钻即可完成钻导眼和下导管两项作业，并且规避了常规技术下导管时找井口的难题，从而可节约钻井时间和成本，降低了作业风险。

该项技术产生于20世纪60年代，到90年代开始广泛应用，并成为深水钻井导管下入的首选方案。近年来，我国在荔湾油气田及流花油田等深水作业区成功实施了导管喷射下入及安装技术，取得了良好效果。

三、深水钻井浅层地质灾害风险评价及预测技术

深水钻井浅层地质灾害主要是浅水流和浅层气。浅水流出现在水下超压、未固结砂层中，是深水油气勘探开发中常遇到的地质灾害问题。浅层气通常指海床底下1000m范围内聚积的气体，有时以含气沉积物（浅层气藏）存在，有时以超压状态（浅层气囊）出现，有时直接向海底喷逸，是深海油气开发中一种危险的灾害地质类型。

应用地球物理学方法可预测和识别浅水流，其中浅水流有2种预测方法——测井方法和反射地震方法。反射地震方法能够在钻前预测识别出浅水流，且具有较高的预测精度，是目前最有效、常用的方法[11]。在深水钻井过程中，主要是采用领眼作业来检测和识别浅层地质灾害。

四、深水钻井井控技术

井筒内流体的温度和压力分布是压力预测和控制的基础，为此国内外都开展了大量的研究工作，并形成了专业化软件。在井涌早期监测方面，形成了以PWD（Pressure Measurement While Drilling）技术，可实时获取井下环空压力并上传至地面。在井控技术方面，针对深水井控特点形成了动态压井法、附加流速法等压井方法[12]。

五、深水钻井隔水管寿命评估与监测技术

自20世纪50年代以来，国内外学者从时域及频域、规则波及不规则波、线性及非线性波浪理论等角度，建立了一系列的隔水管动态响应分析方法。美国石油学会、挪威船级社等制订了深水钻井隔水管分析与设计规范，法国石油研究院研究了超深水隔水管的设计方法并开发了隔水管分析软件Deeplines，全球海洋公司开发了隔水管频域动态响应分析程序Riserdyn，BPP与SES公司采用ABAQUS商业化软件分析

了隔水管的动态特性[13]。

深水隔水管的另一个研究热点是涡激振动及涡激疲劳寿命问题。麻省理工学院、挪威科技大学等研究机构都取得了一些重要的研究成果，研发了隔水管涡激振动分析软件SHEAR7、VIVA和VIVANA等。

六、深水双梯度钻井技术

双梯度钻井（Dual Gradient Drilling）是以海床井口为分界线，上至水面平台下至井底构成2个压力梯度。海床井口以上的隔水导管内充满海水，钻井液自井底返回到海床井口后通过其他管线到达水面平台。

双梯度钻井方案主要有使用海底泵举升钻井液、无隔水管钻井、注入空心球及注气气举4种[14]。由于双梯度钻井技术尚不成熟，钻井工艺及设备也较复杂，目前还较少应用。

七、深水水上防喷器技术

美国Total和Cameron公司共同开发了水上防喷器系统。该系统通过张紧系统把防喷器组安装在海面以上，在海底井口仍保留一个剪切全封闸板防喷器和应急脱开系统（ESG），用339.7mm（13$\frac{3}{8}$in）或406.4mm（16in）套管作为隔水管取代常规的533.4mm（21in）隔水管，降低了对平台可变载荷、隔水管张紧器张紧能力、钻井液存储能力等的要求，使最大作业水深500～600m的钻井平台能进入更深水域作业，从而可大大降低深水钻井作业成本[15]。

这项技术可提高半潜式钻井平台的适用水深范围，节约海底防喷器和隔水管的安装时间以及防喷器故障造成的非生产时间，避免了长压井管汇带来的压力损失。这项技术主要适用于钻开发井并转入采油的TLP平台、Spar采油平台、半潜式钻井采油平台及钻井采油浮船，而不适用于未知储量的勘探用钻井平台或钻井船。

八、深水人工海床

采用人造海床ABS（Artificial Buoyant Seabed）的深水钻井工艺最早由挪威Atlantis Deepwater Technology Holding公司提出，该技术应用浮筒浮力原理，可将仅400m水深能力的钻井船用于1500～2000m水深钻井，实现了浅水设备在深水勘探和开发中的应用，从而大幅降低作业成本。

2003年3月，ATDH公司花费6年时间研究开发的全尺寸人造海床系统，在挪威海域进行了入水、拖航和压载试验。2005年，中海石油油田服务股份有限公司和ATDH公司达成协议，对该系统进行共同研发和海上钻井试验，并于2009年4月27日在我国南海476m水深海域成功钻成了全球第一口采用此种技术的井。

该技术的应用在很大程度上取决于海底情况、海况、海流流速、以及井位离岸距离远近等诸因素。这种深水人造海床浮筒主要适用于已经勘探探明具有较大可采储量的深水或超深水油气田。

九、深水钻井液与固井水泥浆技术

深水钻井液及固井水泥浆技术所面临的主要问题是浅层灾害及低温流变性控制难题。随着水深增加，低温条件下钻完井液的黏度和切力大幅度上升，而且会出现显著的胶凝现象，增加形成天然气水合物的可能性；对水泥浆而言，低温下水泥的水化速度受到很大的抑制，强度发展缓慢。

在深水钻井液方面，目前主要采用在管汇外加隔热层和注入水合物抑制剂等方法，防止因温度降低而形成水合物。常用的深水钻井液体系有高盐/木质素磺酸盐钻完井液，高盐/PHPA聚合物加聚合醇钻完井液，油基钻完井液，$CaCl_2$钻完井液以及合成基钻完井液等。较为常用的固井水泥浆体系主要包括低密度填料水泥浆体系、低温快凝水泥浆体系、泡沫水泥浆体系、最优粒径分布（Optimised Particle Size Distribution，OPSD）水泥浆体系、超低密度水泥浆体系等。近年来，泡沫水泥浆体系和OPSD水泥浆体系逐渐成为深水固井主要选择[16]。

第三节 深水钻井作业流程

由于深水钻井环境、应用的设备及部分技术与陆地及浅海不同，因此在钻井作业流程上也具有自身的特色。本节主要介绍深水钻井平台（船）拖航到达井位完成定位后的常规作业程序，如图1-4所示。

一、导管段钻井作业

这里主要介绍半潜式钻井平台和钻井船应用导管喷射下入技术时的导管段钻井作业程序。

（一）基本作业流程

（1）连接喷射钻具组合，包括钻头（涂成白色）、马达、浮箍、MWD、稳定器和钻铤等，下放到月池区域，开泵测试马达是否正常工作，并记录马达的最小排量，垂直存放在井架立根盒内。

（2）连接导管，并在最后一根导管上安装防沉垫。导管鞋以上5m内连续涂白色油漆，最后一根导管用白色油漆以0.5m为间隔划出条形记号，便于ROV观察。

（3）将喷射钻具组合连接到导管送入工具上，下入到导管内。连接配合接头或利用切割套管方式调节钻头位置，使钻头露出套管鞋适当长度。如图1-5（a）所示。

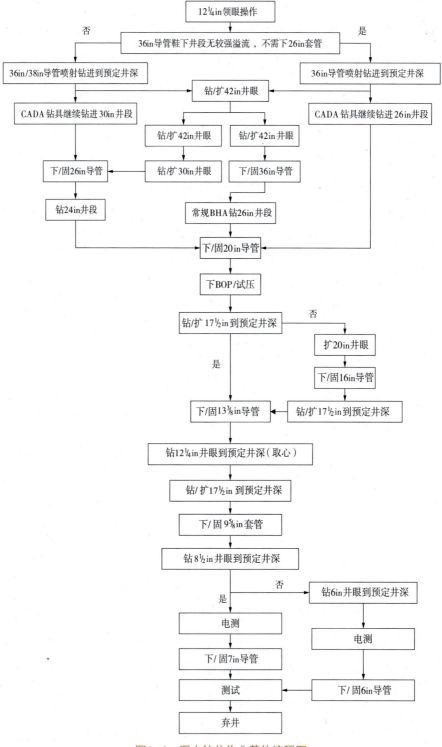

图1-4 深水钻井作业整体流程图

（4）用ROV观察，把导管串平稳放到海底，在钻柱上作出标记，ROV观察防沉垫上的水平仪，确保度数小于0.5°。

（5）小排量开泵（防止堵塞水眼），让导管靠自身重量压入泥线，直至导管遇阻2~5t。

（6）用海水钻进，在泥线以下10m内保持并控制排量在马达最低额定排量范围内；钻进过程中，按照钻压控制图控制钻压，同时确保岩屑随着钻井液从导管头送入工具的出口返至海底，而不是从导管外壁返出，随深度的增加逐渐增大排量和钻压，直至马达的最大额定排量。

（7）至少每钻完一根立柱，都要替入适量清洗液循环携砂；在向下钻进过程中，保持上下活动导管，有利于钻压的有效传递和导管向地层顺利进入。

（8）当钻至最后3~5m时，以马达的最低排量钻进，在低泵速状态下建立起支撑导管重量的摩擦阻力。

（9）一旦导管被成功喷射到位，替入适量的清扫液，循环携带环空岩屑，保证环空清洁。

（10）静止管串一段时间（一般1~2h），等待疏松地层收缩稳固住导管，然后解锁送入工具。如图1-5（b）所示。

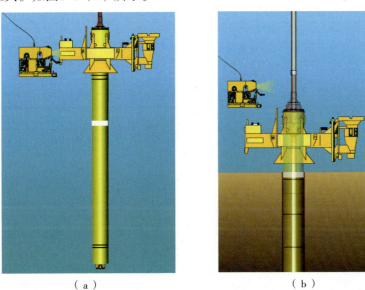

图1-5　导管喷射下入过程示意图

（二）钻具组合

1. 底部钻具组合

喷射下入导管作业中的典型底部钻具组合自下而上包括：钻头、泥浆马达、浮箍、MWD、扶正器、钻铤、震击器等，喷射钻具组合的顶端通过送入工具与导管连接，如图1-6所示[17]。

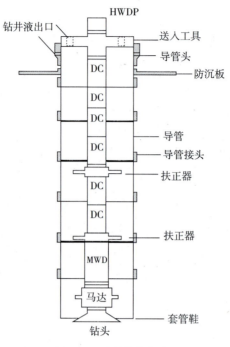

图1-6 喷射钻具组合

南海某深水井[18~20]喷射下入36in导管约72m,表1-1是作业中所使用的钻具组合。

表1-1 某深水井喷射下入导管作业钻具组合

名称	外径/in	内径/in	工具长度/in	钻具总长/in
26in钻头	/	/	0.555	0.555
$9\frac{5}{8}$in马达	9.63	/	9.230	9.785
9in浮阀	9.50	3.00	0.803	10.588
LWD工具	9.00	/	5.975	16.563
MWD工具	9.00	5.90	8.600	25.163
$25\frac{7}{8}$in螺旋扶正器	9.50	3.00	2.804	27.967
$9\frac{1}{2}$in短无磁钻铤	9.50	3.00	6.121	34.088
$9\frac{1}{2}$in短钻铤	9.50	2.81	5.841	39.929
9in钻铤	9.50	2.81	18.722	58.651
变扣接头	8.25	2.81	1.224	59.875
8in短节	8.00	3.00	0.895	60.770
8in震击器	8.00	2.63	9.555	70.325
下部CADA工具	8.00	3.00	2.080	72.405
上部CADA工具	/	/	0.69	73.095

2. 钻头类型、尺寸及位置

在底部钻具组合设计中，钻头类型的选择、尺寸和安装位置设计非常重要。如果钻头的尺寸或安装位置设计不合理，可能导致导管环空堵塞、卡导管等作业事故。

（1）钻头类型：

在喷射下入导管作业时，最常用的是牙轮钻头，因为PDC钻头在使用中存在如下两个问题：一是钻头靠近管鞋的部位容易发生磨损和毁坏；二是PDC钻头的外径设计从接头到本体处有一个突变，且钻头本体的长度较小，这对钻头安装的精确度提出了很高的要求，安装位置稍有误差，就容易导致钻头伸到导管外的区域，易导致井眼扩径，而且当导管内地层破碎不良时，产生的大块岩屑容易在导管内发生堵塞。

（2）钻头尺寸：

钻头尺寸的选择通常根据下层井眼的尺寸要求，一般来说，钻头尺寸越大，越有利于导管的顺利下入。因为在导管下入过程中，井底地层是通过钻头旋转和射流的共同作用来破碎的，钻头尺寸越大，靠钻头旋转破碎的地层面积就越大，从而需要以射流破碎的地层面积就相对越小。目前作业中常用的导管与钻头尺寸组合为：30in导管×17$\frac{1}{2}$in钻头、30in导管×26in钻头、36in导管×17$\frac{1}{2}$in钻头以及36in导管×26in钻头，钻头破岩面积和水力破岩面积所占导管内截面积的比例见表1-2。

表1-2 常用的导管与钻头尺寸组合

组合	钻头破岩面积/%	水力破岩面积/%
30in导管×17$\frac{1}{2}$in钻头	41.9	58.1
30in导管×26in钻头	92.5	7.5
36in导管×17$\frac{1}{2}$in钻头	28.1	71.9
36in导管×26in钻头	62.0	38.0

（3）钻头位置：

在喷射下入导管作业过程中，水力射流对破岩起着重要的作用，而钻头位置是决定射流对地层作用力大小的主要因素之一。在实际作业过程中，可以选择将钻头置于导管鞋内部或伸出导管鞋一定长度，目的是为了增强破岩能力，但同时，受射流影响的地层面积往往会超出导管的截面范围，从而造成井眼扩径，降低导管的承载力。这种情况下，若导管下入后没有足够的静止时间恢复地层与导管的胶结强度，则导管在后续作业中可能会发生下沉事故。

ExxonMobil采用将钻头的喷嘴放置在导管内部，而将牙轮钻头的巴掌和牙轮伸出导管外的方法。这样做的目的是：钻头喷嘴仍然位于套管鞋内，而钻头巴掌位于套管鞋外，既有利于破岩又不至于对套管鞋周围地层过度冲刷。这种方法在实践中取得了很好的效果，目前大多数作业采用此方法。在常用的喷射组合中，26in钻头伸出量为6~12in，$17\frac{1}{2}$in钻头伸出量为4~8in。

（4）钻头居中度：

保证近钻头处钻柱的居中度也很重要，否则容易使钻头在导管内偏斜，对导管下部以外的地层区域造成破碎。保证近钻头钻柱的居中度主要依靠安放在泥浆马达外面的扶正器来实现。

二、表层套管段钻井作业

在导管喷射下入施工结束后，通过使用卡块式送入续钻工具（Cam-Acuated-Drill-Ahead，简称CADA，此工具将在本书第二章中进行详细介绍），将钻柱与导管及井口基盘脱开，直接使用导管井段钻具继续钻进。此井段开眼循环钻进，钻井过程中定期使用高黏胶液清扫井眼。若有任何潜在的地层孔隙压力增大或任何形式的溢流，立即开泵压井，并将钻具起至导管鞋处以便有足够的时间配置加重钻井液。

（一）基本作业流程

（1）钻井施工前，须通过ROV协助观察，确保914.4mm（36in）或762mm（30in）井口头水泥返出孔通道没有堵塞，并进行冲刷清洁。组装好动态压井钻井系统（Dynamic Kill Drilling，简称DKD），提前配置好充足的钻井液和压井液，以应对浅部地层灾害的发生。确保下508mm（20in）套管作业的一切工作都已提前准备就绪，起完钻具后能快速地转入下套管作业。若采用CADA续钻工具，表层套管井段采用的钻具组合和导管井段相同，不需要起钻再下新的组合钻具。若不是采用此工具，则需要起钻后重新下组合钻具。

（2）释放过提重量，释放井口头，送放钻进工具，此时须观察水下井口是否下沉，在钻进和起下钻过程中还须密切观察井口和海床附近天然气或其他流体的情况。

（3）用海水一趟钻钻完表层套管井段井眼。每半根用高黏钻井液清扫井眼，视井眼情况增加清扫次数，保持井眼清洁。接单根前用高黏清扫井眼。注意在套管鞋5m以内用尽可能小的钻压和排量钻进。钻进过程中须用ROV监测泥线井口处钻井液的返出和井眼溢流情况，并通过PWD工具随时对井下压力进行监测，判断是否钻遇浅水流与浅层气，如果钻遇，立即通过DKD系统进行动态压井。每立柱利用MWD测量一组井眼井斜和方位。表层套管井段钻进过程如图1-7所示。

（4）完钻后起出送入工具，如图1-8所示。起钻过程中，在送放工具没有离开井口头时不要旋转钻具。

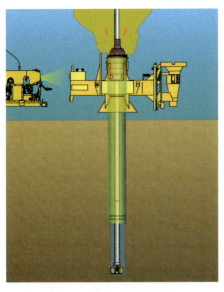
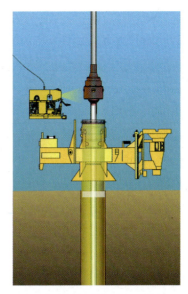

图1-7 表层套管井段钻进　　　图1-8 表层套管井段完钻后起出送入工具

（5）下表层套管并实施固井作业。若采用的是无导向绳井口基盘，此时由于还未连接隔水管建立封闭井筒，因此套管下入时须使用ROV监控并使用ROV的机械臂辅助将套管对准导管头及井眼，防止套管下入过程中碰撞损坏井口装置，如图1-9所示。下完设计要求的套管后，下入127mm钻柱，长度应达到浮鞋上方20~25m，以便固井时注水泥作业。固井过程中ROV须全程监视导管头水泥返出孔的水泥返出情况，禁止水泥浆从导管和地层间隙中返出，如图1-10所示。

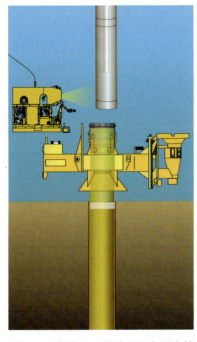
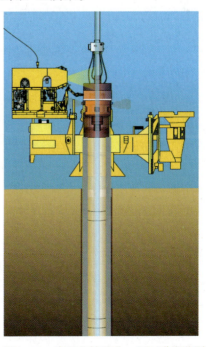

图1-9 使用ROV辅助下入表层套管　　　图1-10 表层套管固井，ROV进行监测

（二）钻具组合

表层套管井段采用开眼循环钻进方式，钻井液直接排向海底。其典型的底部钻具组合形式如表1-3所示。

表1-3　典型表层套管井段底部钻具组合

名称	外径/in	内径/in	长度/ft	累积长度/ft
钻头	26		2	2
泥浆马达	扶正器$17\frac{1}{4}$，本体$9\frac{5}{8}$	3.5	30	32
浮阀接头	9	3.5	3	35
配合接头	8.25	2.81	25	60
MWD	8.41	5.9	26	86
稳定器	扶正块26，本体8	3	6	92
8in钻铤	8	$2\frac{7}{8}$	30	122
稳定器	扶正块26，本体8	3	6	128
8in钻铤×3根	8	$2\frac{7}{8}$	150	278
转换接头	7	3	4	282
加重钻杆×9根	5	3	279	561
震击器	$6\frac{1}{2}$	$2\frac{1}{4}$	30	591
加重钻杆×5根	5	3	151	742

三、下防喷器组和连接隔水管作业

主要作业程序如下：

（1）作业前准备工作。测试防喷器组（BOP），安装好防喷器组控制系统及控制盒并试压，装好与隔水管及套管头连接的液压连接器和挠性接头，连接两根隔水管，并在其上安装好压井及放喷管线，经试压合格后，即可进行下放作业。

（2）下放防喷器组。将连接好的两根隔水管接到防喷器上，然后再继续用隔水管下放防喷器组，每下入2~3节隔水管，对压井和阻流管线试压，试压必须达到额定压力的80%。防喷器组下放接近泥线处井口基盘时，要启动补偿装置，以免发生碰撞。

（3）防喷器组就位。将钻机定位于井位中心，并将防喷器组下坐于井口头上，嵌入井口头锁紧桩，下坐重量100klbs。通过ROV观察连接器指示器，上提50klbs以确定BOP装置是否坐牢于井口头上。下压BOP装置重量不超过50klbs于井口头上10min，下压过程中利用ROV观察有否任何移动或下沉。

（4）连接隔水管伸缩节。接上补偿升沉用的伸缩短节，防喷器组就位后，提出伸缩短节的内筒，以安装分流器（防喷器组、隔水管组等装置将在第二章中详细介绍）。

四、技术套管及油层套管井段钻井作业

防喷器组就位并完成试压后，后续井段的钻井施工与陆地及浅水相似，在此不再赘述。

第四节 深水钻井环境因素与技术难题

深水的特殊自然环境给钻井带来了一系列技术难题。与陆地和浅海钻井相比，深水钻井存在浅层地质灾害、钻井液安全密度窗口窄、井控难度大、环保要求高等问题[21,22]，对钻井工艺及装备都提出了更高的要求。

一、水深因素

深水钻井对钻井平台及配套设备的要求更高。通常，浅海中常使用固定式平台，而深水钻井则需要更为大型的浮式钻井平台或钻井船。其次，深水钻井需要精密、灵活和智能的水下装备及工具，并要求具有更高的可靠性。此外，深水钻井作业费用昂贵，隔水管等管材用量多，成本效益问题突出。

二、海底低温

由海流和风浪引起的海水热量交换主要发生在海面以下100～400m范围内，导致400m以下数百米海水区域温度急剧下降，该深度范围内的海水存在温跃层。在温跃层底部海水温度较低，从温跃层到海底其温度变化幅度较小。据统计，大部分深水海底温度在1.5～7℃之间，部分海域如北海水深800m处的海底温度可降至-2℃。

研究表明，海水温度随水深以近似抛物线的形式下降。例如，墨西哥湾的海面水温为21℃，在547m深度处水温迅速下降到9℃，其后水温下降缓慢，到水深945m处的水温为4℃。如图1-11所示。

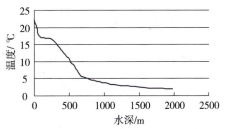

图1-11 墨西哥湾海水实测温度曲线

在深水钻井作业中，低温带来的影响表现在：①影响钻井液性能。低温会引起钻井液黏度、胶凝强度升高，钻井液触变性显著增加，从而造成泵压过高和井底压力增加；②影响固井质量。在泥线附近，海水低温可导致水泥浆凝固缓慢，候凝时间延长；③不利于井控安全。海底低温使节流、压井管

线中钻井液的静切力增大、黏度升高，影响关井套压的准确读取，加大了节流管线的压力损失，使深水井控更加复杂。

三、天然气水合物

由于深水钻井作业存在高压低温环境井段（尤其是泥线附近井段），气侵钻井液在井筒中易形成天然气水合物。天然气水合物会造成水下系统和管线堵塞，甚至可能导致井控失效。天然气水合物在井筒内运移上返过程中易分解释放，对钻井安全构成严重威胁，甚至可能导致灾难性后果。

天然气水合物对钻井作业的危害主要表现在：①水合物分解可能导致井壁坍塌、井眼扩大，影响固井质量、井眼清洁等；②水合物分解可能会引起井口支撑减弱而下陷；③冻结BOP/LMRP连接器；④在遇到气侵实施井控时，水合物冻结会堵塞防喷器组和节流压井管线，无法检测防喷器组之下的井内压力；⑤堵塞隔水管、防喷器组或套管与钻具的环空，无法移动钻具等。如图1-12所示。

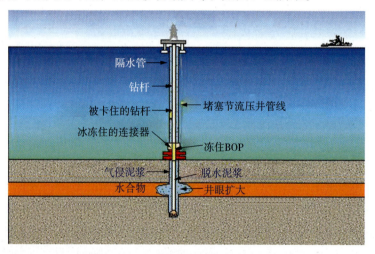

图1-12　水合物在钻井作业中的危害

四、浅层气

浅层气通常指海床下1000m之内聚积的气体，有时它以含气沉积物（浅层气藏）存在，有时以超压状态（浅层气囊）出现。浅层气在浅水和深水中都可能存在，水深较浅时没有形成水合物的条件，而在深水中浅层气就成了水合物形成的基础条件。

浅层气是深水钻井中具有高危特点的地质灾害因素，已经造成一些非常严重的事故，例如井喷、火灾、沉船等。深水的浅层气通常压力较高，一旦发生浅层气井喷，气体呈漏斗状向上快速膨胀、扩散，影响范围大，事故后果严重。如图1-13所示。

图1-13 浅层气对钻井平台的威胁

五、浅水流

浅水流（Shallow Water Flow）是在快速沉降作用下形成的高压透镜砂体，大多位于泥线以下150~1100m。浅水流会对钻井作业、设备和人员产生严重威胁。可能引发钻井液漏失、井筒腐蚀、固井质量变差、基底不稳定、井眼报废等浅层灾害，甚至威胁到钻井平台和人员的安全。

六、海床稳定性差

深水海床地质不稳定因素主要包括海底滑坡（蠕动）、海底陡坎、海底麻坑、底辟构造、地质疏松和海底岩屑流等。如图1-14所示。

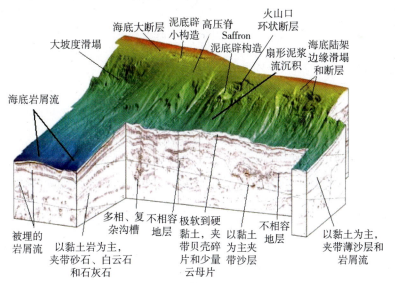

图1-14 复杂的深水海底地质环境

泥线以下浅部地层大部分是容易发生坍塌的疏松泥岩和页岩。而深水钻井产生井下事故的地层大部分是泥岩、页岩等疏松地层或胶结不良的砾岩、流砂和埋藏较深、并产生向井内塑性变形移动的地层。砂岩透镜体的孔隙异常压力以及泥、页岩的水化效应等因素容易造成井壁坍塌导致钻井复杂事故。

七、钻井液安全密度窗口窄

深水区域的上覆岩层有相当一部分由海水所替代，致使地层破裂压力低，从而使得地层孔隙压力与破裂压力之间的窗口变窄。水深越大，这种压力窗口越窄。如图1-15所示。

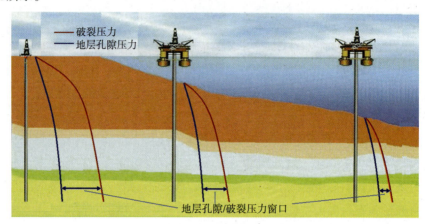

图1-15　地层孔隙/破裂压力窗口对比图

地层孔隙压力与破裂压力之间的窄窗口对钻井液密度和压力控制提出了更高要求，在钻井作业过程中需要高度关注的问题主要有：①实时监测并严格控制钻井液的当量循环密度（ECD），使之不超过地层破裂压力梯度；②要求钻井液具有较强的抑制性和较高的携砂效率，以保持井眼稳定和井眼清洁；③在固井作业中，须防止压漏地层。

八、深水井控难度大

深水钻井的井控设备主要按水深来选取，通常防喷器组要配置1～2个万能防喷器、2个剪切闸板和2~3个管子闸板，额定压力达到105MPa以上。为缩短执行机构的反应时间、减少控制缆的成本，从水面控制柜到水下防喷器组的控制缆采用电液控制模式，包括直接电液控制模式和多路电液控制模式（浅水采用液—液控制模式）。除了井控设备复杂外，深水井控还面临以下主要难题：

（一）井涌余量小

井涌余量是指压井处理过程中允许溢流的钻井液体积，它与井眼尺寸、钻柱尺寸、井口承载能力、地层孔隙压力以及套管鞋处地层破裂压力等有关。相对于浅水钻井而言，深水钻井的地层压力大而破裂压力小，所以水深越大井涌余量越小。

（二）最大允许关井套压小

最大允许的关井套压与井口装置的额定工作压力、80%套管柱抗内压强度和地层破裂压力有关，应取三者的最小值，通常取为套管鞋处的地层破裂压力。随着水深的增加，相同地层深度的地层破裂压力减小，所以最大允许的关井套压会随之减小。

（三）隔水管钻井液安全增量小

绝大多数深水钻井作业使用海底防喷器，当隔水管损坏或脱离时，隔水管里的钻井液静液柱压力被海水的静液柱压力所替换。隔水管钻井液安全增量是隔水管损坏或脱离时，能维持一级井控所需要的钻井液密度增量，也就是防止发生井涌应增加的钻井液密度。

当采用水下BOP和隔水管进行钻井作业时，由于套管鞋处地层破裂压力梯度的限制，有时不允许增加过高的钻井液密度以防止发生井涌。这时应采用如下方法和步骤：先关掉防喷器，再脱开隔水管；重新连接隔水管，向隔水管泵入与井内相同密度的钻井液；为了防止气体圈闭在防喷器下，开井之前应通过节流压井管线观察井内压力。

九、环保要求高

为有效保护海洋环境，钻井过程中使用的钻井液和固井水泥浆，都要求无生物毒性，且具有较好的生物降解性，并对作业过程中的排放量有严格要求。

海洋钻井平台（船）钻井中可能产生的废弃物主要包括废弃钻井液、钻屑、含油污水、生活污水和固体废弃物。发达国家（挪威、英国、美国和加拿大等）和我国相关的海洋环保法律法规，对海洋钻井废弃物处理标准做了比较详细的规定，见表1-4。

海洋钻井废弃物的处理基本有三种方式：经处理后排海、运回陆地作进一步处理（填埋或再利用）和回注地层。但废弃油基泥浆、合成基泥浆不得排海，含油污水、生活污水和固体废弃物可以处理达标后排海或运回陆地处理。钻屑一般需要采用甩干处理再汇集装船运回陆地或回注地层。

表1-4 海洋钻井废弃物处理标准

废弃物项目		处理描述和排放标准
废弃钻井液	水基泥浆	除特殊区域外，全球绝大多数地区允许排放水基钻井液，但要求钻井液中使用的化学处理剂是无毒的，并且不含有矿物油类。少部分地区有排放点要求
	油基、合成基泥浆	一般禁止排放合成基、油基钻井液。部分地区甚至已禁止使用油基钻井液
钻屑	水基泥浆钻屑	除特殊区域外，全球绝大多数地区允许排放水基泥浆钻屑，但要求所使用的钻井液需通过毒性试验，并且不含有矿物油类。少部分地区有排放点要求
	油基泥浆钻屑	除部分国家要求在含油量低于1%的情况下可以排放外，绝大多数地区已禁止排放油基泥浆钻屑
	合成基泥浆钻屑	多数国家在检验达标后，允许在指定地点排放

（续表）

废弃物项目	处理描述和排放标准
含油污水	除特殊区域外，一般含油污水的排放标准为含油量：30d平均小于30mg/L；24h平均小于60mg/L
生活污水	大肠菌群≤250个/100mL；总悬浮固体量≤50mg/L；处理生化需氧量，BOD5≤50mg/L
固体废弃物	有的不允许排放入海；有的要求在距陆地12海里以外的一般海域、固体颗粒直径小于6mm、总悬浮固体量≤50mg/L时可以排海

除上述工程技术难题外，深水钻井作业还可能遇到飓风、热带风暴等灾害性气候以及洋流引起的隔水管、表层套管涡击振动等。

参考文献

[1] 潘继平，张大伟，岳来群.全球海洋油气勘探开发状况与发展趋势[J].国土资源情报，2006（7）:123

[2] 江文荣，周雯雯，等.世界海洋油气资源勘探潜力及利用前景[J].天然气地球科学，2010，21（6）:989~994

[3] 王文立.深水和超深水区油气勘探难点技术及发展趋势[J].勘探技术，2010（6）：71~75

[4] 李莹莹.世界石油天然气领域现状及前景分析[J].中国能源，2011，33（7）:30~33

[5] Sylvain Serbutoviez. Offshore hydrocarbons[C].Investments in Exploration-Production and refining，2011

[6] 罗佐县.海洋油气期待大发展[J].中国石油石化，2009（11）:51~53

[7] 李清平.我国海洋深水油气开发面临的挑战[J].中国海上油气，2006，18（2）：130~133

[8] 中国海洋石油总公司2010年年报，2010

[9] 杨进，曹式敬，等. 深水石油钻井技术现状及发展趋势[J].石油钻采工艺，2008，30（2）:10~13

[10] 管志川，柯珂，苏堪华.深水钻井井身结构设计技术[J].石油钻探技术，2010，39（2）:16~20

[11] 吴时国，赵汗青，等.深水钻井安全的地质风险评价技术研究[J].海洋科学，2007，31（4）:77~80

[12] 孙宝江，曹式敬，等.深水钻井技术装备现状及发展趋势[J].石油钻探技术，2010，39（2）:8~14

[13] 畅元江，陈国明，许亮斌等.超深水钻井隔水管设计影响因素[J].石油勘探与开发，2009，36（4）:523~528

[14] 殷志明，陈国明等.深水双梯度钻井技术研究进展[J].石油勘探与开发，2007，34（2）:251~257

[15] 苏堪华，管志川，龙芝辉.深水SBOP钻井技术及装备发展现状[J].石油机械，2010，38（6）:11~13

[16] 王瑞和，王成文，步玉环，等.深水固井技术研究进展[J].中国石油大学学报（自然科学版），2008，32（1）:77~81

[17] T. J. Akers.Jetting of Structural Casing in Deepwater Environments:Job Design and Operational Practices.SPE 102378,2006

[18] John D. Hughes, Rod A. Coleman, Robert P. Herrmann et al. Batch Drilling and Positioning of Subsea Wells in the South China Sea. SPE 29909, 1995

[19] Robert P. Herrmann, Rod A. Coleman, John D. Hughes et al. Liuhua 11-1 Development-Subsea Conductor Installation in the South China Sea. OTC 8174,1996

[20] 林广辉.随钻下套管技术在我国南海油田的首次应用.中国海上油气（工程），1996，8（1）:53~58

[21] Stephen A. Rohleder，W.Wayne Sanders，Gray L. Faul. Challenges of drilling an ultra-deep well in deepwater - spa prospect[R].SPE/IADC 79810,2003

[22] R.W. Jenkins，D.A. Schmidt, D. Stokes，D.Ong. Drilling the first ultra deepwater wells offshore Malaysia[R].SPE/IADC 79807,2003

第二章　深水钻井装备

深水钻井一般采用大型浮式钻井装置，移位快、适应的水深及钻深范围广，对配套设备及工具的可靠性和工作效率要求高。由于风、浪、潮汐和海流等的作用，浮式钻井装置会产生漂移、摇晃和升沉等问题，影响钻井作业，一般将井口和防喷器等安放在海底，还需要配套相应的定位系统、升沉补偿装置和水下机器人等辅助设备。本章主要介绍半潜式深水钻井平台和钻井船、升沉补偿系统、隔水管系统、管柱导向系统、水下井口系统、井控设备、测试设备和水下机器人等深水钻井装备及其配套设施。

第一节　钻井平台和钻井船

深水钻井装置主要为半潜式钻井平台和钻井船。半潜式钻井平台的稳定性能好，抗风浪能力强，适应的水深范围广；钻井船所需后勤支持量小，而且一般具有自航能力，在遇到突发事件时，可以迅速离开作业水域，机动性好。这两类钻井装置有着各自的优缺点，应视具体需求针对性地选择使用。

一、半潜式钻井平台

半潜式钻井平台是大部分浮体没于水面以下的一种小水线面移动式钻井装置，是从坐底式钻井平台演变而来的，由立柱提供工作所需的稳定性，因此又称为立柱稳定式钻井平台。

半潜式平台水线面很小，这使得它具有较大的固有周期，不大可能和波谱的主要成分波发生共振，受外界影响的运动响应小。它的浮体位于水面以下的深处，大大消减了波浪作用力。当波浪波长和平台长度处于某些比值时，立柱和浮体上的波浪作用力能互相抵消，从而使作用在平台上的作用力很小，理论上甚至可以等于零。由于其优良的运动性能，自1962年第一座半潜式钻井平台"蓝水Ⅰ号"（Bluewater Ⅰ）诞生以来，半潜式钻井平台得到了广泛的应用。经过几十年的实践和发展，在设计建造、安全作业、海上定位、维护改造方面积累了丰富的经验，随着油气开发向深海进军，水下技术的进步，半潜式钻井平台已经发展到第六代。

根据知名海洋钻井装备网站RIGZONE的统计，截至2012年8月，全球共有半潜式钻井平台237条（含在建19条），占全部海洋钻井装置（1370条）的17.3%，这些平台主要分布在西非海域（19条）、亚洲远东海域（20条）、亚洲东南亚及南亚海域（25条）、澳大利亚海域（9条）、北海（44条）、北美海域（35条）、巴西海域（62条）、地中海/黑海（11条）以及其他海域（12条）。其中，有166条平台作业水深超过了2000ft，117条钻井平台作业水深超过了5000ft，53条钻井平台作业水深达到了10000ft。与前几年相比，新建半潜式钻井平台的适应作业水深越来越大。

半潜式钻井平台的基本组成如图2-1所示。半潜式钻井平台主要由平台主体、立柱和下体或浮体组成，在下体与下体、立柱与立柱、立柱与平台本体之间还有一些支撑与斜撑连接及重要节点。下体间的连接支撑一般都设在下体的上方，这样当平台移位时，可使它位于水线之上以减小阻力。

图2-1 半潜式钻井平台结构示意图

平台主体设计成单层甲板或者双层甲板，上置钻井设备、钻井器材、作业场所以及人员生活居住区。

立柱是连接平台主体和浮体的柱形结构，有六立柱、八立柱，近来多设计成四柱。立柱多为圆形，也有方形立柱，一般为大直径立柱。立柱支撑平台主体，同时立柱起到稳定平台作用。

浮体是与几个立柱相连的连续浮体。而柱靴是与单个立柱相连的独立浮体。下壳体和柱靴都是半潜式平台的下部浮体结构。半潜式平台一般设计为两个纵向浮体，浮体提供平台所需的绝大部分浮力，可通过压载水舱排水使平台上浮。浮体内部空间经过分隔后布置燃油舱、淡水舱以及压载舱等液体舱以及泵舱、推进机器舱等。

撑杆结构是将平台各主体结构连接成一个结构整体的连接构件，一般多为圆管状构件。撑杆的作用可使整个平台形成空间结构，可把各种载荷传递到平台主要结构上，并可以对风、浪或其他不平衡载荷进行有效而合理的分布。撑杆是半潜式平台主要构件，按其所处的位置有水平撑杆（水平横撑、水平斜撑），垂向撑杆和空间撑杆等。为保证平台安全，要求在任何一根撑杆失效后，均不会导致平台结构总体坍塌,余下的各构件中所计算出的最大应力均应小于所规定的许用应力。

重要节点是半潜式平台的关键构件。半潜式平台节点较多,节点的形式也很多,如箱形节点、扩散型节点、球形节点、圆鼓形节点、加强型节点等。撑杆与上部平台、下壳体和立柱之间接头均构成重要节点。

半潜式深水钻井平台主要特点:①采用高强度钢,通过优化设计,其可变载荷与总排水量的比值超过0.18,总排水量与自重的比值超过4.0;②甲板可变载荷大、甲板面积大;③节点少、无斜撑,外形结构简单(如正方形四矩形立柱式);④具有良好的船体安全性、抗风暴能力和全球全天候工作能力,自持能力长;⑤工作水深不断增大。目前最大工作水深已达3810m,预计未来20年内工作水深将达到4000~5000 m(13120~16400ft);⑥普遍采用双井架的钻井双作业系统、装备先进的超深井钻机和浮式钻井专用设备;⑦竖直放置隔水管,配备起吊行车,方便起下隔水管。

二、钻井船

钻井船是指能在系泊定位或动力定位状态下进行海上钻井作业的船舶,如图2-2所示。钻井船多将井架设在船的中央,以减小船体摇荡对钻井工作的影响,也有将井架设在船的端部和舷侧的。钻井船多具有自航能力,无自航能力的称为"钻井驳"。早期的钻井船实为钻井驳,多用旧船改装,只适用于风浪较小的浅海。现代钻井船多为专门设计,全部钻井和生活设施都在船上。

截至2012年8月,全球浮式钻井船共有151条(含在建69条),占全部海洋钻井装置的11%,主要分布在巴西(53条)、亚洲远东海域(42条)、南亚海域(6条)、东南亚海域(8条)、美国墨西哥湾(17条)、西非(13条)和其他海域(12条)。其中,有148条作业水深超过了2000ft,140条作业水深超过了5000ft,121条作业水深达到了10000ft。与半潜式钻井平台相比,钻井船更偏重于超深水作业。

图2-2 钻井船示意图

钻井船的主要优点:①自航式钻井船调遣迅速,移动性能好,而且航速较高;

②水线面积较大，船上可变重量的变化对钻井船吃水的影响较小；③储存能力较大，海上自存能力强；④工作水深大，如采用计算机控制的推进器的自动定位钻井船，工作水深不受限制；⑤可以采用旧船改造，节省投资。

钻井船的主要缺点：①受风浪影响大，对波浪运动敏感，稳定性差，对钻井作业不利；②工作效率较低，只适宜在海况比较平稳的海区进行钻井作业；③甲板使用面积小；④动力定位钻井造价较高。

为减小风浪对钻井作业的影响，采取的主要技术措施有：①设减摇水仓以减轻船的摇摆；②采用中间锚泊系统，船中间有一个可转动的大圆筒，筒上安钻机、井架等，筒下用锚链与海底连接，船可围绕圆筒旋转，使之常处于迎风迎浪的位置以减少船的摇摆和位移；③安装一套水下器具，包括柔性接头、伸缩钻杆和升沉补偿装置等，以适应钻井船的摇摆、位移和升沉；④安装动力定位系统，使钻井船在恶劣海况条件下可以保持固定位置。

钻井船发展趋势：①设计工作水深将明显增加。预计未来20年内，钻井船的目标水深将达4000~5000m；②装备先进、高精度、大功率的动力定位系统（DPS-3）；③装备大功率超深井钻机，目标钻井深度在10668m（35000ft）以内。预计在未来20年内，钻井船的钻井深度能力将突破15000 m；④采用高强度钢和优良的船型及结构设计，总排水量与总用钢量的比值进一步提高；⑤具有良好的安全性能、抗风暴能力和全球全天候的工作能力，自持能力长。

三、定位方式

半潜式钻井平台、钻井船等浮式钻井装置工作时处于飘浮状态，受风、浪、流的影响会发生纵摇、横摇运动，必须采用可靠的方法对其进行定位。海上半潜式钻井平台的定位方式主要有三种：锚泊定位、动力定位以及锚泊定位为主、动力定位为辅的定位方式。从经济性角度和全球半潜式钻井平台的统计看，水深小于1500m时，一般采用锚泊定位或锚泊系统为主、动力定位为辅的定位方式，在水深大于1500m时，大多数采用动力定位方式[1]。本节重点介绍锚泊系统定位和动力定位两种方式。

（一）锚泊定位

在500m水深以内常采用锚链锚泊系统定位，它包括链条、缆索以及置于海底的锚，索链在其自重作用下，不会产生很大的张紧和下垂，因此，它们在浮体和锚之间不是一条直线，从而浮体可以在一定范围内运动。而在500~1500m水深则采用锚链和缆绳（钢缆）相结合的锚泊定位方式。一般选用直径88.9mm的钢缆及直径82.55mm的锚链。

目前有两种用于深水和超深水的系泊方法。一是在悬链线系统中采用特殊材料做系泊线（如聚脂缆绳等，如图2-3所示），但是当水深增大时，系泊线的长度、自重和造价等都大为增加，不仅需要较大的平台空间来放置系泊线，而且还使钻井平台的可变载荷减小。二是采用张紧式系泊系统，它通过系泊线（钢丝索或缆绳）将平台直接固定于海底，因此系泊线没有松弛，张紧力很大，以保证浮体在安全的范围内运动。如图2-4所示。与第一种方法相比，该方法能将平台的运动限制在更小范围内，所需的系泊线长度也将大大减小，在经济性上满足了深海系泊的要求。系泊缆长度越小，占用的甲板空间越少，作用于平台的垂向载荷越小，从而平台的可变载荷越大。

图2-3 聚脂缆绳

图2-4 与平台安装就位的锚链

（二）动力定位

随着水深的增加，锚泊系统的布置安装及抛锚作业变得困难，重量也会剧增，造价和安装费用变得非常高昂，其定位性能也受到很大限制。因此，当水深超过1500m时，半潜式平台多采用动力定位方式。

1.定位原理

动力定位系统是一个庞大而复杂的集成性闭环的控制系统[2]，主要由测量系统、控制系统、动力系统和推力系统四大子系统组成，其基本原理是：根据在海底布设的信标，通过测量系统不断检测出船舶/平台的实际位置与目标位置的偏差，再根据风、浪、流等外界扰动力的影响计算出使船舶/平台恢复到目标位置所需的力和力矩，并对各推进器进行推力分配，使各推进器产生相应的推力，从而使船/平台尽可能地保持在海平面上要求的目标位置上。动力定位系统能解决浮式钻井装置横荡、纵荡和艏摇三个方向的偏移[3]。

2.动力定位的分级

根据美国船级社（ABS）的规定，动力定位目前有DPS-0~DPS-3四个等级。前2个等级（DPS-0、DPS-1）是自动、手动定位和朝向控制系统，使钻井平台停泊在指定位置。DPS-2称为自动定位和朝向控制系统，该系统除了由于着火或水淹而导致设备间损坏以外任何单一故障都不会造成定位系统的瘫痪（有两套独立的计算机控制系统）；而DPS-3则即使由于着火或水淹而导致设备间损坏等任何单一故障都不会造成定位系统的瘫痪，其他与DPS-2相同（至少有两套独立的计算机控制系统，另备一套带A60级防火墙的独立备用计算机系统）。

动力定位系统分类标准首先由挪威船级社（DNV）于1977年制定，随后英国劳氏船级社（LR）、美国船级社（ABS）、德国船级社（GL）、法国船级社（BV）和国际海事组织（IMO）都制定了相应的标准和性能参数。中国船级社（CCS）则于2002年正式出版了第一部动力定位规范。表2-1列出了5家船级社所的等级标准和相应的性能比较[2,4]。

表2-1 动力定位等级及性能

船级社	等级	性能描述
ABS	DPS-0	集中手动控制船位，自动控制艏向
	DPS-1	自动保持船位和艏向，还具有独立集中手控船位和自动艏向控制
	DPS-2	单个故障（活动部件或系统）情况下，自动保持船位和艏向
	DPS-3	一舱失火或浸水情况下，能自动保持船位和艏向
DNV	DYNPOS AUTS	设备无冗余，自动保持船位
	DYNPOS AUT	具有推力遥控备用和位置参考备用，自动保持船位
	DYNPOS AUTR	在技术设计中具有冗余度，自动保持船位
	DYNPOS AUTRO	在技术设计和实际使用上具有冗余度，自动保持船位
LR	DP（CM）	集中手控
	DP（AM）	自动控制和一套手动控制
	DP（AA）	主动系统的单个故障，不致导致失去船位
	DP（AAA）	一舱失火或浸水情况下，自动保持船位
IMO	1级设备	单个故障，可能出现船位丢失
	2级设备	活动部件或系统单个故障情况下，会造成位置丢失
	3级设备	一舱失火或浸水情况下，不会造成位置丢失
CCS	DP-1	自动保持船位和艏向还具有独立的集中手控船位和自动艏向控制
	DP-2	单个故障（活动部件或系统）情况下，自动保持船位和艏向
	DP-3	一舱失火或浸水情况下，自动保持船位和艏向

3.动力定位的主要设备

图2-5为典型的动力定位系统的基本配置。设备的布置和冗余度见表2-2。从表中可以看出4个等级定位能力不断提高、冗余度不断增大。

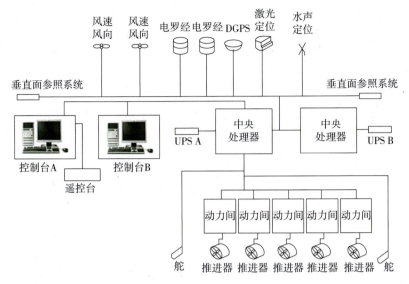

图2-5 动力定位基本部件示意图

表2-2 动力定位系统设备布置和冗余度

设备	标志	AUTS、DPS-0	AUT、DPS-1、DP-1	AUTR、DPS-2、DP-2	AUTRO、DPS-3、DP-3
动力系统	发电机和原动机	无冗余	无冗余	冗余	冗余,舱室分开
	主配电板	1	1	1	2,舱室分开
	功率管理系统	无	无	有	有
推进器	推进器布置	无冗余	无冗余	冗余	冗余,舱室分开
	单个推进器失效时保持定位能力	不能	不能	能	能
控制	自动控制,计算机控制数量	1	1	2	3(其中之一在另一控制室)
	手动控制,带自动定向的人工操纵杆	没有	有	有	有
	各推进器的单独手柄	有	有	有	有
传感器	位置参照系统	1	2	3	3 其中之一在另一控制
	垂向参照系统	1	1	2	2
	陀螺罗经	1	1	2	3
	风向风速	1	1	2	2
	UPS电源	0	1	1	1+1,分舱
	备用控制站	没有	没有	没有	有

四、钻井装置的选择

（一）性能比较

半潜式钻井平台和钻井船的性能对比，见表2-3。可以看出：半潜式钻井平台稳定性较好，更适合较恶劣的海洋环境作业；装备先进，作业可靠，适合完成地质条件较复杂的钻井作业。但移动速度相对较慢，不适合离岸距离较远的油田钻井；作业水深若超过3048m，此类平台达不到要求。钻井船移动灵活，停泊简单，适合远距离作业以及钻勘探井和分散井；适用水深范围大，理论上可以应用于任何水深。但稳定性较差，适合较为温和的海洋环境钻井作业；甲板面积有限，进行复杂工况的钻完井作业受到限制[5, 6]。

表2-3　半潜式钻井平台和钻井船性能对比表

性能指标			半潜式钻井平台	钻井船
工作水深/m			30~3048	30~6000
钻井能力/m			6000~12000	6000~12000
海洋环境限制条件	安全界限	风速/(m/s)	70	60
		潮流/kn	4	4
		波高/m	18~30	18~30
	作业界限	风速/(m/s)	30	25
		潮流/kn	4	3
		波高/m	15以上	约4~6
移动性能		移动速度/kn	慢（装辅助推进器时8~10）	快（10~15）
		拖航阻力	大	小
		波浪中强度	若增加吃水，则无问题	强度不会发生问题
钻井作业稳定性			较好	差（易受风浪影响）
储藏能力/t			4 000以上	2 000以上

（二）选择依据

深水钻井装置的选择，首先确定钻井的要求条件和作业的环境条件；其次对各类装置的性能特点（钻井作业能力、适应水深、自航能力、作业环境、海底条件等）进行分析，看其是否满足上一步要求；最后，对满足要求的装置进行经济、市场评价分析最终确认钻井装置的选择方案。对钻井平台或钻井船钻井作业能力一般依据额定作业水深、钻深能力或可变载荷进行选择。

1. 以额定作业水深为依据

根据国外深水钻井平台或船选择的标准，只要钻井平台或船的额定作业水深超过实际作业水深就可以使用。

但按国际惯例考虑到作业海域的海况恶劣，也考虑到首次深水勘探钻井作业的安全性，结合经验和应用情况，通常需要考虑15%的井位水深误差，所以推荐选用平台经济的工作水深

$$L_E = (1.15 \sim 1.35) L_w \tag{2-1}$$

式中　L_E——经济的工作水深，m；

　　　L_w——计划钻井地点的水深，m。

2. 以钻机钻深能力为依据

根据多年的经验和应用情况，通常需要考虑15%的水深测量误差和15%钻井井深余量，所以推荐选用平台经济的钻井深度能力

$$D_p = (1.3 \sim 1.5)(L_w + D_d) \tag{2-2}$$

式中　D_p——钻井平台经济的钻井深度能力，m；

　　　L_w——计划钻井地点的水深，m；

　　　D_d——该区域泥线至终孔最深的设计井深，m。

3. 以可变载荷为依据

可变载荷主要用于装卸钻杆、套管和隔水管及其他钻井器材，因此，它与适应的工作水深和钻井深度能力成正比增长。

第二节　升沉补偿系统

为消除钻井平台升沉运动产生的不利影响，必须使用升沉补偿系统，其由钻柱补偿系统和张紧系统两大部分构成。

一、钻柱升沉补偿装置

钻柱升沉补偿装置是针对钻井平台由于波浪的作用所产生的上下运动影响钻井作业而设置，包括升沉补偿器和控制系统两部分[7]。在浮式钻井（半潜式平台或钻井船）作业中，平台（船）在海上处于漂浮状态，在风浪作用下平台作平移、摇摆以及上下升沉运动。船体随波浪周期性上下运动使井架及大钩上悬吊的整个钻柱也作周期性的上下运动，大钩载荷呈周期性变化，造成钻压不稳定。要保证正常钻进，必须对钻柱的升沉进行补偿。

在浮式钻井的初期阶段，采用的补偿方法是在钻铤上部加一根伸缩钻杆。目前多采用钻柱升沉补偿装置。升沉运动补偿装置工作时，要求钻压既能保持相对恒定，又能随时调节，同时还要有利于改善钻杆柱的承载条件。司钻依靠对液压缸中的压力（针对活塞式补偿器）进行调节来调节钻压。

钻柱升沉补偿的方法主要包括游动滑车与大钩间安装升沉补偿装置、天车上装升沉补偿装置、死绳上装设升沉补偿装置和采用升沉主动补偿绞车装置四种。

（一）安装在游动滑车与大钩之间

这种装置是在游动滑车与大钩之间装设升沉补偿液压缸，液压缸的液体压力经安装在井架上的高压储能器传递而来，大钩上的载荷由液压缸中的液体承受。分为活塞杆受拉和活塞杆受压两种类型。

活塞杆受拉的升沉补偿装置的下横梁、活塞、活塞杆与大钩相连，上横梁、液压缸本体与游动滑车相连。这样，当游动滑车随井架及船体上下升沉时，只带动液压缸的缸体上下周期地运动，而液压缸中的活塞和活塞杆、下横梁以及大钩基本保持不动，载荷也基本不受影响（影响的大小是随气压的大小和气瓶的多少来决定的），其工作原理及示意图分别如图2-6和图2-7所示。

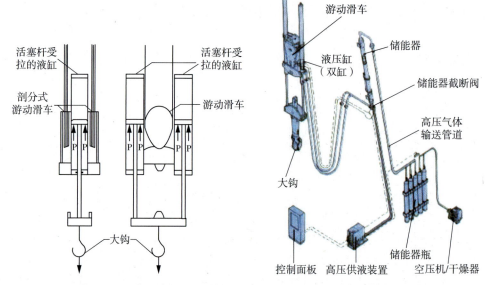

图2-6 活塞杆受拉钻柱升沉补偿器原理图　图2-7 活塞杆受拉式钻柱升沉运动补偿器示意图

活塞杆受压的升沉补偿装置中大钩与下支架连接，下支架上部安装有链条，绕过安装在活塞杆顶端的滑轮装置与上支架连接，上支架与缸体固定在一起，上支架与游动滑车相连。当游动滑车上下周期性运动时，活塞缸上下运动，而下支架、大钩基本保持不动。其工作原理及实际应用的钻柱升沉补偿器分别如图2-8和图2-9所示。

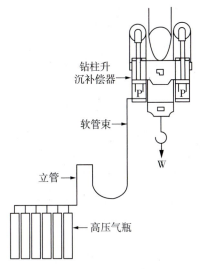
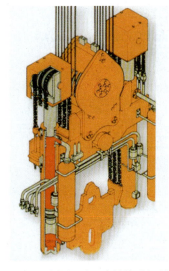

图2-8　活塞杆受压式钻柱升沉补偿器原理图　　图2-9　活塞杆受压式钻柱升沉补偿器

（二）安装在天车上

这种装置安装在天车上，当船体上升时，天车相对于井架沿轨道向下运动，并压缩主气缸，当船下沉时，天车相对与井架向上运动，主气缸气体膨胀，起到一个气动弹簧的作用，其工作原理及示意图分别如图2-10和图2-11所示。其优点是占用钻井船的甲板面积和空间小；不需要活动的高压油管，管线短。缺点是需要特制的井架和天车，整个特制模块的重量在100t以上，造成钻井平台（船）的重心上移，导致维修不太方便和钻井平台（船）的稳定性能下降。

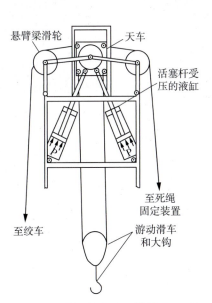
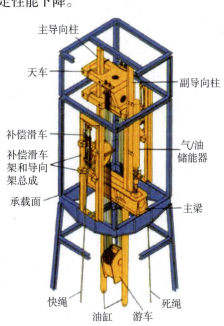

图2-10　天车型钻柱升沉补偿器原理图　　图2-11　天车型钻柱升沉补偿器

（三）安装在死绳上

这种装置通过调节游动系统上钢丝绳的有效长度来补偿在波浪作用下游动滑车与大钩随船体升沉的位移，从而实现保持和调节井底钻压的目的。其原理如图2-12所示。

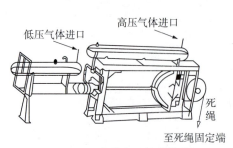

图2-12 安装在死绳上的钻柱升沉补偿器原理图

这种升沉补偿装置不占井架上的空间，维修和保养均较方便，但需要配备一套可感应游动系统钢丝绳拉力变化的电动系统，但是由于电器的灵敏度和寿命要求高，对钢丝绳的使用寿命有影响。

（四）主动升沉补偿装置

升沉主动补偿绞车装置的原理类似于死绳上装设的升沉补偿装置，只是升沉补偿作用在主动钢丝绳上。这种钻柱升沉补偿方式是近年来浮式钻井装置的一项重要革新，既能实现常规绞车的提升功能，还能主动补偿浮式钻井装置的升沉运动对钻柱的影响，如图2-13所示。主动补偿绞车由传感器采集平台上下升沉运动数据，传递到室内计算机进行处理，并将数据与固定参考点不断比较，同时由绞车不断修正提升钢丝绳长度，以此实现升沉补偿作业。

图2-13 主动补偿绞车

与前三种钻井升沉补偿装置相比，主动补偿绞车具有以下优点：①降低井架高度和载荷；②受天气影响程度小；③降低钻井平台（船）的重心；④钻井性能优良，钻具下放和提升容易；⑤安装及维护方便安全；⑥能快速起下钻、下放和提升BOP及隔水管；⑦降低操作费用。

二、张紧装置

为了保持隔水管始终处于良好的垂直工作状态，需要配置隔水管张紧装置，消除海面波浪力导致船体周期性上下起伏变化对隔水管的影响[8]。

隔水管张紧装置由油缸、滑轮组、储能器、钢丝绳和控制系统等组成。目前普遍使用的是活塞式张紧器，几种不同受力的张紧器示意图如图2-14所示。在液压缸活塞杆一端装有两个滑轮，在液压缸的固定端也装有两个滑轮，滑轮组构成游动滑车系统。钢丝绳一端穿过滑轮系统后，固定在船体上，另一端固定在张紧绳提吊环上。活塞杆的伸出和缩进，改变了滑轮间的距离，形成钢丝绳的收放。改变推动活塞的空气压力就可以调节钢丝绳的张力。由此可见，张紧器的作用相当于一个弹力均匀而又可调节的气力"弹簧"。张紧器示意图如图2-15所示。处于张紧作业中的隔水管及张紧器系统如图2-16所示。

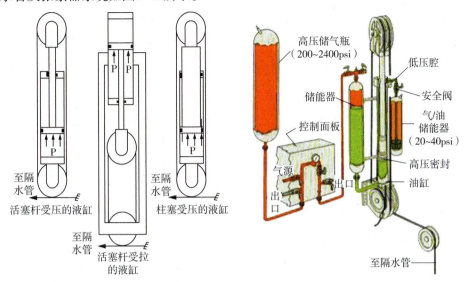

图2-14　几种不同张紧器形式

图2-15　张紧器示意图

图2-16　张紧作业中的隔水管及张紧器

隔水管张紧器的配置和性能要求[9]：①张紧器一般有4~6个，深水钻探可能需要10个以上。张紧器张力的大小取决于隔水管所需的最大张力，还需要有一定的张紧力余量，以便在某个张紧器维修时张紧器系统正常工作；②张紧器的运动行程必须超过钻井平台的升沉幅度，还要考虑潮汐、连接的调整以及钻井平台吃水深度变化等因素；③张紧器在钻井平台垂直升沉运动的最大峰值时必须有响应能力，这个响应必须等于或超过钻井平台升沉的瞬时最大垂直速度。

第三节 隔水管系统

隔水管系统是连接海底井口与水面钻井装置的重要部件，其主要功能是提供井口防喷器与钻井船之间钻井液往返的通道、支持辅助管线、引导钻具、下放与撤回井口防喷器组的载体等。根据深水钻井作业规范，无论是隔水管各个部件的强度和性能，还是作业程序，都必须符合API RP16Q的标准，以保证隔水管作业的安全性和可靠性。

一、隔水管基本构成

隔水管系统包括上、下隔水管组两部分。其中上隔水管组包括导流器、上部挠性接头、伸缩隔水管、张紧绳提吊环、中间挠性接头和挠性压井放喷管线等组成，而下隔水管组包括导向臂、连接器、平衡式球型接头或挠性接头、井口连接器以及万能防喷器和挠性压井放喷管线组成，如图2-17和图2-18所示。

图2-17 隔水管系统

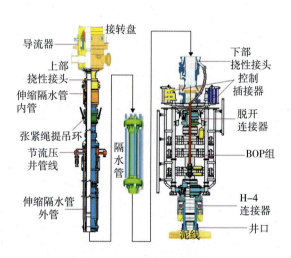

图2-18 隔水管组主要组成

（一）导流器

导流器为钻遇浅层气时放喷而设置，同时也是钻井液流经通道的组成部分。目前大多数浮式钻井装置均配备导流器，如图2-19所示。

导流器与隔水管一起安装，所以导流器壳体的通径必须大于带浮块隔水管的最大外径。导流器安装就位后将工作到全井的作业完成，所以导流器安装后的最大通径必须大于表层套管外径。除了壳体永久安装在转盘下面的钻台结构上以外，导流器装置部件采用送入工具安装和回收。

（二）挠性接头

挠性接头的功能是减少钻井平台或船发生偏移时隔水管和其他水下设备的弯曲

应力。挠性接头可使隔水管柱在任意方向转动约7°~12°，以使隔水管柱适应浮式钻井装置的摇摆、平移等运动，张紧时能承受剪切和压缩载荷。钻井中一般配上下两只挠性接头。上部挠性接头安装在导流器和伸缩隔水管之间，以消除海面波浪、洋流等导致的钻井平台摇摆的影响，防止隔水管的弯曲、受损。下部挠性接头安装在隔水管和万能防喷器之间，通常为下部隔水管组的一部分，依靠弹性体的变形实现角度偏转，弹性体是金属和橡胶的结合体，如图2-20所示。挠性接头还可用在伸缩隔水管以下隔水管的中部，用以减小隔水管的应力。

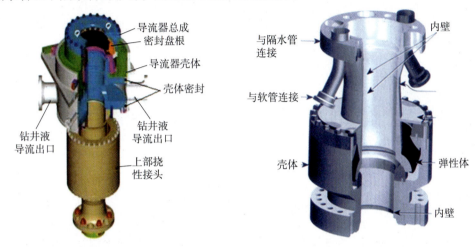

图2-19 导流器总成　　　　　图2-20 下部挠性接头

挠性接头主要有压力平衡式、多球式和万能式3种。在选择、确定或设计挠性接头时，应考虑：隔水管系统内挠性接头的功能和位置；所需的最大旋转角和最大旋转刚度；额定压力；可能承受的最大张力载荷；可能承受的最大扭矩[10]。

（三）伸缩隔水管

伸缩隔水管是一种适应海上浮式钻探装置升沉运动的特殊隔水管，由可作相对运动的内外管构成。工作时，外管始终与海底井口装置连接在一起处于固定状态，而内管随钻井平台的升沉而上下运动。伸缩隔水管组成如图2-21所示。

在伸缩隔水管外管上设有张紧绳提吊环，提吊环上的张紧钢丝绳连接到钻井平台上的张紧器，以保证整个隔水管系统在张紧器的作用

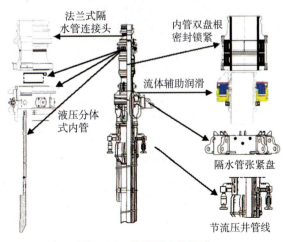

图2-21 伸缩隔水管组成

下始终处于张紧状态。另外，隔水管外管径向上布置有节流压井等多条管线，这些管线采用软管形式从隔水管外管连接到钻井平台。隔水管内管与上部挠性接头和导流器连接。

（四）井口连接器

井口连接器是防喷器组与井口连接与脱开的关键设备。由于水深较大，海面风浪、洋流等因素的影响，势必造成隔水管系统对井口产生很大的弯矩载荷，所以要求井口连接器具有抗大弯矩、操作方便的性能。井口连接器结构如图2-22所示。其主要结构特点是采用整体式活塞或多活塞式结构，通过液压驱动，与井口通过齿槽方式啮合在一起，解锁时则通过锁紧块之间弹簧的回复力脱开。深水井口连接器除提供与井口的较大的连接预紧力和强的抗弯矩能力外，还能够在隔水管倾斜一定角度的情况下实施与井口的脱开作业。

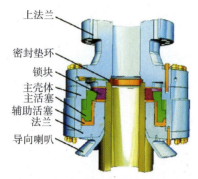

图2-22　井口连接器示意图

考虑到连接的方便，必须在井口永久导向基盘上设置向上喇叭口，或在连接器下面设置向下的喇叭口，以起到导向连接作用，分别如图2-23和图2-24所示。

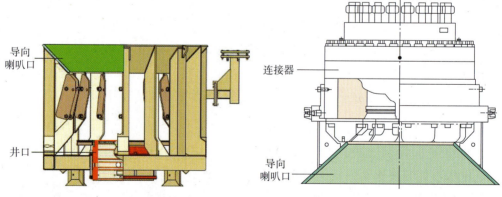

图2-23　深水井口基盘导向喇叭口　　　图2-24　深水井口连接器导向喇叭口

（五）隔水管接头

隔水管接头是隔水管系统的关键部件之一，具有连接隔水管管串、辅助管线支撑固定以及海底钻采装备安装等多种用途。每根隔水管都有公母两个接头，隔水管接头有法兰式螺栓连接、卡块式锁紧连接和抱箍式连接等几种方式[11]。根据API RP 2R标准对隔水管接头按拉伸能力划分为7个等级，API隔水管接头等级及拉伸能力见表2-4。

表2-4 API隔水管接头等级及拉伸能力

接头等级	拉伸能力	
	$\times 10^6$ lb	t
A	0.50	227
B	1.00	454
C	1.25	567
D	1.50	680
E	2.00	907
F	2.50	1134
H	3.50	1588

法兰式螺栓连接为常规型连接方式，如图2-25所示。由于强度高，承受载荷能力强，在工况相对比较恶劣的海域得到了广泛应用。但由于隔水管需要承受强大载荷，连接螺栓的直径较大，一般在152.4mm（6in）以上，螺栓拧紧扭矩也就很大，需要专用扭矩扳手完成连接作业。

为了适应更大的水深要求，法兰式螺栓连接隔水管接头性能进一步优化，轴向额定拉力达1814t（400×10^{4}lb）；无运动部件，所有螺栓嵌入在公母接头内；现场可以更换项圈（公母接头对接密封件）；可选用液压送入/测试工具快速下隔水管；可现场更换节流压井等辅助管线插接头，如图2-26所示。

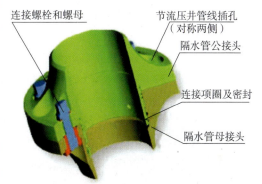

图2-25 法兰式螺栓连接半剖示意图

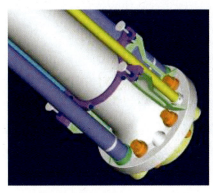 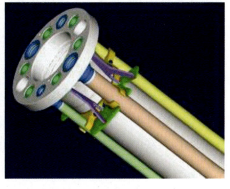

图2-26 新型法兰式螺栓连接隔水管公母接头（未安装浮块）

卡块式锁紧连接通过液压上紧装置驱动母接头径向上的小螺栓，带动卡块径向移动，将卡块镶嵌在公接头的槽内，从而达到锁紧隔水管内外接头的目的，接头锁紧后载荷由内外接头和锁块共同承担，如图2-27所示。该型接头的显著优点是将传统的法兰螺栓式轴向分布的大规格螺栓转化为径向分布的小螺栓。专用液压上紧装置使操作人员不需要手动对接、上扣及夹紧隔水管，显著提高了下放隔水管的作业速度。

抱箍式隔水管接头无需螺栓及其预紧力，是一种旋转锁紧式隔水管快速接头。其工作原理为：隔水管内外接头插接完成后，旋转一定角度即可完成安装并具有防反转能力，在整个隔水管轴向产生均匀分布载荷，大大提高连接作业效率，减轻了作业工作强度。抱箍式隔水管连接示意图如图2-28所示。隔水管母接头焊接在隔水管主管上部，母接头上有一组圆周分布的受拉凸块用于连接后承受轴向载荷，并在母接头底部凸肩上有限位块，便于起下隔水管时拆装限位；隔水管公接头焊接在隔水管主管下部，公接头上携带有旋转环和密封盘根；旋转环上有限位销，保证隔水管公母接头中的连接凸块正确、有效地耦合连接。

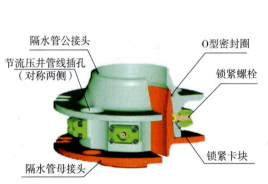

图2-27 卡块式隔水管公母接头

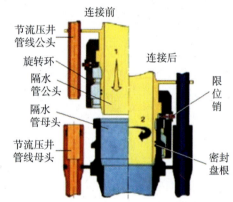

图2-28 抱箍式连接接头原理图

抱箍式隔水管周围同样也能设4根辅助管线，包括2根105MPa、114.3mm内径的高压节流压井管线和2根其他辅助服务类管线。这些管线在隔水管母接头上固定，在公接头一侧能通过公接头导向板自由滑动。导向板上的挡圈能防止压力管线由于突发意外而解体。

（六）钻井液提速管线

在钻井作业中，井底的钻屑通过有足够上返速度的钻井液携带返出井口。深水钻井中，由于隔水管直径较大，钻井液在隔水管中上返速度下降，导致携带钻屑能力减弱。钻屑滞留于隔水管中，易造成钻具卡阻、泵压升高，甚至因钻井液静液柱压力增加而压漏地层。

在浅水海域钻井时，通过加大钻井液排量就能有效将钻屑携带到钻井平台。深水钻井中，由于深水地质相对较为复杂，破裂压力较低，作业时通常在隔水管上增加一根钻井液提速管线，以提高隔水管中钻井液的上返速度。

钻井液提速管线附着在隔水管上，最下面连接到钻井液连接四通，如图2-29所示，四通连接到防喷器顶部的挠性接头上。由水面一台钻井泵输出的高压钻井液通过隔水管上的钻井液提速管线、经钻井液连接四通进入隔水管，达到提升隔水管中钻井液速度的目的。在钻井液连接四通上设有单向阀，保证隔水管内的钻井液不会倒流到提速管线。

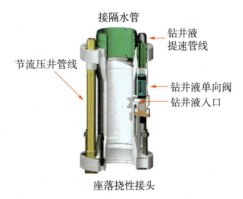

图2-29 钻井液提速四通基本结构

二、隔水管配置

考虑到不同水深条件下，隔水管承受外压和轴向载荷不同，所以需要根据水深配置不同种类的隔水管。为了便于隔水管的选择和配置，隔水管一般会漆上不同的颜色区别不同深水能力，见表2-5。

表2-5 隔水管颜色与对应的深水能力

隔水管外部颜色	最小深度		最大深度	
	ft	m	ft	m
灰色	0	0	1000	305
绿色	1000	305	2000	610
深蓝色	2000	610	3000	914
黄色	2000	610	4000	1219
橙色	2000	610	5000	1524
黑色	2000	610	6000	1829
红色	2000	610	7000	2134
粉红色	2000	610	8000	2438
棕色	2000	610	9000	2743
淡蓝色	2000	610	10000	3048

深水隔水管性能配置主要考虑以下因素[12]：①周向应力：由隔水管内钻井液和隔水管外海水压力形成，为了保证隔水管强度上的安全，深水隔水管需要增加壁厚；②隔水管张紧力：由于隔水管管柱长，隔水管壁厚大，隔水管所需张紧力较大，以保证隔水管在水中的弯曲度在安全范围内，这同时也需要考验钻井平台张紧器能力；③隔水管磨损：隔水管受洋流等各种海洋环境载荷影响造成一定的弯曲，

导致旋转钻柱对隔水管的磨损增加；④疲劳损伤：洋流产生的涡激震荡会对隔水管产生疲劳损伤，特别是洋流很大时会在短时间内对隔水管产生严重疲劳损伤；⑤起下效率：为加快隔水管起下的效率，深水钻井以配置长隔水管单根为宜；⑥载荷分配：由于增加了隔水管附着管线，隔水管主管和附着管线之间的载荷分配需要关注。

根据工作水深不同，需要配备不同长度的隔水管或浮力式隔水管、气控或液控密封的伸缩隔水管、带球接头和导流器的钻井液出口管组等。上、下挠性（或柔性）接头和伸缩隔水管用以适应浮式钻井装置的升沉、摇摆、平移等综合运动。导流器和节流压井管线用于浅地层钻遇天然气时进行分流放喷和钻井作业。

半潜式钻井平台的纵横摇摆幅度较小，通常只设置上部挠性接头和下部挠性接头。而钻井船的横摇幅度比纵摇幅度大得多，所以钻井船的隔水管在中间还设置了中间挠性接头。

随着水深的增加，隔水管的受力变得更加复杂，这就要求隔水管的设计更合理，壁厚、长度、重量选择均衡，材料要求高，连接接头要求更牢固，密封更可靠，而且要求连接迅速简单。另外，为了节省下放时间，减少连接次数，每根隔水管从以往的15.24m增加到22.86m，最长达到了27.43m。隔水管的浮力设计必须得当。浮力小、隔水管受力不好，容易弯曲导致损坏；浮力大，一旦某一根隔水管损坏断裂，其上面的隔水管就像炮弹一样直冲钻井平台舱底，发生事故。由于水深增加，浮力材料受海水压力增大，所以对浮力材料要进行特殊研选和处理，通常采用金属浮力筒和浮力箱，既能承受高压，也使浮力能得到控制。另外隔水管的外形、直径设计也很讲究，避免产生过大的涡流，使隔水管侧向力加大。还要控制共振，以免隔水管损坏。

总之，隔水管的设计和选用必须根据实际水深和海流进行有创新的设计，以减少恶劣的风、浪、流环境对隔水管的损坏。目前，隔水管的设计制造已趋成熟，使用水深已超过3000m。加装浮块中的深水隔水管如图2-30所示。

图2-30 加装浮块中的深水隔水管

三、隔水管排放

隔水管在钻井平台上的排放有水平安放和垂直安放两种方式。在浅水钻井中，由于需要的隔水管数量较少，普遍采用水平安放在平台甲板上。深水钻井作业中，所需要的隔水管单根数量很多，一般采用隔水管垂直排放或垂直与水平混合排放在主甲板上的方式，以减少占用甲板面积，同时又能降低平台重心，提高平台稳定性。垂直排放的隔水管布置方式如图2-31所示。

水平排放的隔水管一般采用常规吊机在井架和排放架之间吊放。由于海洋钻井隔水管重量重而且排放困难，所以这种储存和排放方式增加了作业人员的风险，还对昂贵的浮力材料增加了损害的可能性。现代钻井平台的自动化程度都比较高，都配备自动排管系统，垂直排放的隔水管相对水平排放的隔水管更容易提起和下放，因此深水钻井多趋向采用垂直排放方式。

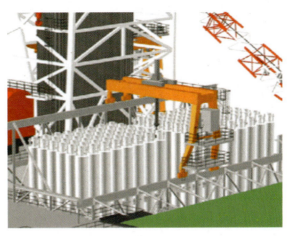

图2-31 垂直排放的隔水管布置方式

第四节 水下井口

水下井口的作用在很大程度上与陆上井口相似，它支撑防喷器组，注水泥时悬挂并支撑套管柱，并在钻井和采油作业中封闭套管柱之间的环空。目前深水钻井中主要有两个井口，一个是低压井口，与914.4mm（36in）或762.0mm（30in）套管连在一起，为高压井口提供支撑；另一个是高压井口，一般尺寸是476.25mm（18$\frac{3}{4}$in），可容多个悬挂器，适用于多层套管程序。

一、基本构成

水下井口是完成钻井作业的基础，其性能好坏将直接影响后续各井段的钻井作业。由于深水钻井作业受到水面风浪、洋流等影响，在井口安装防喷器和隔水管以后，将对井口产生很大的弯矩，因此需要井口具有足够的抗弯矩能力、可靠的密封性能和简单有效的连接能力。

深水水下井口的常规配置为：914.4mm（36in）或 762.0mm（30in）套管导管头、476.25mm（18$\frac{3}{4}$in）套管头、339.7mm（13$\frac{3}{8}$in）套管挂、244.5mm（9$\frac{5}{8}$in）套管挂、177.8mm（7in）套管挂、可选的 406.4mm（16in）套管挂、 339.7mm（13$\frac{3}{8}$in）防磨补芯、244.5mm（9$\frac{5}{8}$in）防磨补芯、177.8mm（7in）防磨补芯、应急密封、BOP 试压工具和各设备的送入回收工具。而且为了保证深水密封的可靠性，密封总成都采用了金属对金属密封。各设备的起下均通过送入回收工具完成。为了节约作业时间，水下井口设计上力求操作简单，可以一次下入套管挂、密封总成和密封试压；一次下入防磨补芯并测试防喷器组。常规深水水下井口如图2-32所示。

（一）导管头

海上钻井中，表层往往采用套管喷射钻井方式，762mm（30in）导管头是表层导管留在泥线以上的部分，它外接井口基盘、内接关键的476.25mm（18 3/4 in）套管头，如图2-33所示。

导管头通过送入工具送入，并座落在井口基盘内，使导管头上的锁紧槽与井口基盘连接，并通过安装导向定位槽锁定安装位置，保证导管头在井口基盘内的周向位置正确。

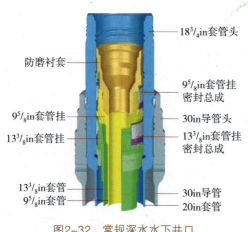

图2-32 常规深水水下井口

导管头上承载双锥面是为了承受接下来的所有钻井设备的载荷而特别设计的，这些设备包括井筒内各层套管、钻柱、防喷器组、隔水管等。

导管头上的可回收式压板为弹簧自锁式机构，在476.25mm（18 3/4 in）套管头下入导管头以后，将自动使导管头与476.25mm（18 3/4 in）套管头连接，防止476.25mm（18 3/4 in）套管头上窜。导管头上的固井流通返出孔专为508mm（20in）套管固井时井内流体返出井筒而设计。

762mm（30in）导管头由送入工具与导管头内部的两道连接槽锁紧后送入泥线，座落在已经钻好的井眼内。

凸轮触动（CART）形式的762mm（30in）导管头兼套管钻井送入工具，如图2-34所示。工具采用凸轮触动式卡块连接，设计有固井作业套管头密封。芯轴轴承承载能力强，芯轴直接与钻柱连接，左旋锁紧，右转一定圈数解锁。

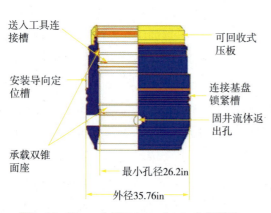

图2-33 Vetco公司762mm（30in）导管头

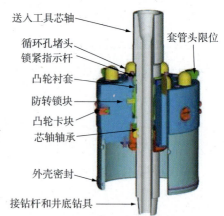

图2-34 762mm（30in）导管头兼套管钻井送入工具

（二）套管头

476.25mm（18$\frac{3}{4}$in）套管头是该井口系统的关键部分，它外接762mm（30in）导管头、内接各层套管挂和密封总成等，如图2-35所示。

476.25mm（18$\frac{3}{4}$in）套管头的最大承压为105MPa（15000psi），最大承载为3220t（710×10^{6}lb），与BOP连接器有两套独立的钢圈密封面（VX-VT），与762mm（30in）导管头之间有高承载双锥面台肩。

476.25mm（18$\frac{3}{4}$in）套管头采用送入工具与套管头内的连接槽连接送入到762mm（30in）导管头内，两个大承载双锥面台肩座落在762mm（30in）导管头内，锁紧导管头卡圈弹出与762mm（30in）导管头上的可回收式压板连接固定，使套管头稳固地座落在762mm（30in）导管头内。

476.25mm（18$\frac{3}{4}$in）套管头上部设计有井口连接器连接槽，以便在20in套管固井完毕后下入防喷器组和隔水管等，与将防喷器下部的井口连接器连接。

476.25mm（18$\frac{3}{4}$in）套管头内的大承载圈是以后各层套管挂座落和受力的部件，套管头设计有3层套管挂的密封，外径相等，密封总成采用金属对金属密封，还可以增加应急密封，是为339.7mm（13$\frac{3}{8}$in）、244.5mm（9$\frac{5}{8}$in）和177.8mm（7in）套管挂所需要的密封而设计的。油管挂连接槽用于完井油管挂座落。

476.25mm（18$\frac{3}{4}$in）套管头的送入采用专门的凸轮触动式送入工具，如图2-36所示。

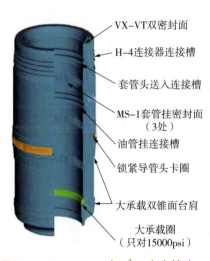
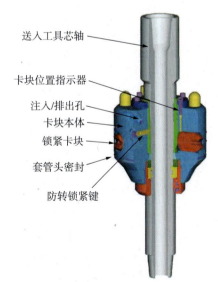

图2-35　476.25mm（18$\frac{3}{4}$in）套管头　　图2-36　476.25mm（18$\frac{3}{4}$in）凸轮触动式送入工具

（三）套管挂

476.25mm（18$\frac{3}{4}$in）套管头内最多可以容纳339.7mm（13$\frac{3}{8}$in）、244.5mm（9$\frac{5}{8}$in）和177.8mm（7in）三层套管挂和一层油管挂。除通径不同外，其他结构及

尺寸基本相同。套管挂与476.25mm（18$\frac{3}{4}$in）套管头采用完全相同的密封形式，简化了结构，也有利于安装送入。339.7mm（13$\frac{3}{8}$in）和244.5mm（9$\frac{5}{8}$in）套管挂结构，如图2-37所示。套管挂设计承载压力一般为105MPa；有两个独立的环空密封面和高承载送入工具锁紧槽；碎屑储存槽储存量大，密封可靠；20个25mm通孔，循环流动面积大。

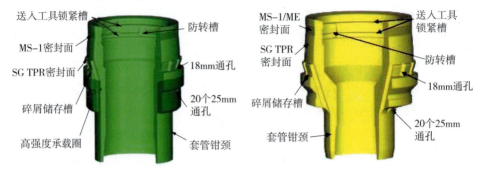

图2-37　339.7mm（13$\frac{3}{8}$in）、244.5mm（9$\frac{5}{8}$in）套管挂

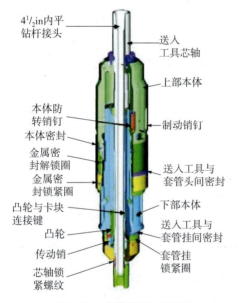

图2-38　套管挂送入工具

各套管挂采用相同的送入工具，可以将套管挂和密封总成一次送入，或单独送入，并完成对密封总成的试压，如图2-38所示。

（四）密封总成

密封总成采用软质合金制成，在密封总成上施加一定的载荷即能满足套管头与套管挂之间的密封，其套管密封组件如图2-40所示。从图2-39中的右图可以看出，在套管挂和套管头本体上设计有齿形结构槽（图示中间放大图），当受到加压圈重力插入后，密封软金属即嵌入套管头和套管挂齿形结构槽中（图示"坐封"放大图）。一旦密封总成实施密封，将是永久性的。

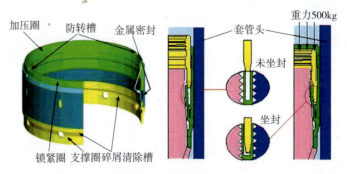

图2-39　套管挂密封组件

(五)钻井防磨补心

钻井防磨补心用于钻井时保护476.2mm（18$\frac{3}{4}$in）套管头内表面不受钻柱的磨损。339.7mm（13$\frac{3}{8}$in）、244.5mm（9$\frac{5}{8}$in）防磨补心及送入和回收工具分别如图2-40、图2-41所示。其特点包括：①送入和回收防磨补心兼作密封保护器；②防磨补心卡瓦和密封保护器更换容易；③J形槽设计使得送入工具要么在"锁紧"位置，要么在"解锁"位置，性能可靠；④通过施加一定重量配合旋转即可进出；⑤可同时对防喷器进行试压作业，最大试压105MPa（15000psi）。

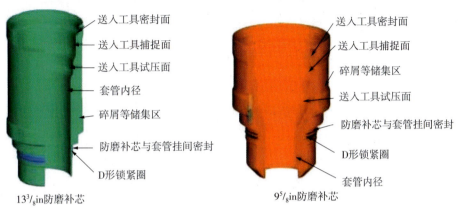

图2-40 钻井防磨补心结构图

另外，有些井口还设计了406.4mm套管挂及其送入工具，这是可选的一层套管，在需要时508mm套管上增加406.4mm（16in）套管挂悬挂短接，通过送入工具即可下入406.4mm（16in）套管及套管挂。为了适应深水钻井作业套管层数的需要，通常深水钻井井口系统在508.0mm（20in）套管内还特设了一层406.4mm（16in）的套管层段，称为追加套管层，在需要时可以选用。

二、安装工序

深水钻井从井口基盘到7in套管下入的标准工序，如图2-42所示。图中红线表示深水常规水下井口设备的安装工序，而蓝线部分为根据需要可选安装程序，其他为安装水下井口设备的送入回收工具、清洗和试压工具等。

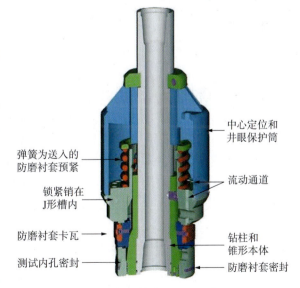

图2-41 防磨补心送入和回收工具

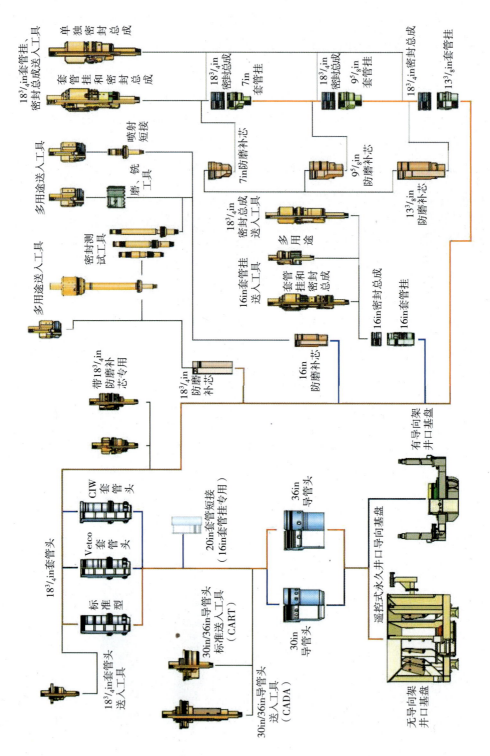

图2-42 水下井口送入安装程序图解

第五节　井控装备

井控装备是在发生井喷或者井涌时控制井口压力,在台风等紧急情况下钻井装置必须撤离时关闭井口,保证人员、设备安全,避免海洋环境污染和油气资源破坏的关键设备。由于深水钻井的特殊性,在进行深水井控装备的选择和配套时必须能够保证设备的有效与高度可靠性。

深水钻井由于对井控有较高的要求,因此一般采用防喷器组水下布置的方式。深水井控装备主要包括下部隔水管组(下挠性接头、上万能防喷器、上连接器等)、防喷器组、井口连接器等水下部分,以及导流器、压井节流管汇、钻具内防喷器以及防喷器控制系统等。典型的水下井控装备,如图2-44所示。

一、防喷器组

深水水下防喷器组主要由下部隔水管组和防喷器组两部分组成,下部隔水管组和防喷器组间通过隔水管连接器连接。

下部隔水管组(LMRP)由隔水管适配器、挠性接头、1~2个万能防喷器、液压连接器、控制盘和连接软管和接头组成。

防喷器组通过井口头连接器和水下井口连接。下部隔水管组和防喷器与隔水管组装在一起下入海底。上连接器和井口连接器都是液压控制的快速接头,平台紧急脱离时从上连接器脱开,钻完井后从井口连接器脱开,然后收回隔水管、下部隔水管组和防喷器组,钻井平台即可脱离井口。

深水水下防喷器组一般由2个万能防喷器、4~6个闸板防喷器组成。每条深水钻井平台只配置一组大通径高压力等级防喷器,常用尺寸为476.25mm($18\frac{3}{4}$in)、压力等级70或105MPa,重量超过200t。下部隔水管组和防喷器组如图2-43所示。

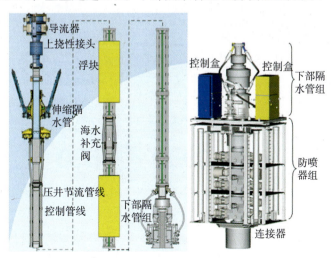

图2-43　水下井控装备的基本构成

二、控制系统

防喷器控制系统是防喷器开、关动作的指挥系统,它必须能满足远距离、准确、可靠、快速等要求。目前防喷器主要有三种控制形式:液液控制、气液控制和电液控制。

深水防喷器的控制系统主要采用复合电液控制系统(Multiplexd Electro-Hydraulic Control system),对海底控制系统的指令由钻井平台(船)发出,通过控制管线传给水下控制系统。在水下控制系统中,此控制信号被解码、确认并执行。与液液控制系统相比,采用电液控制方式,防喷器开、关以及紧急脱离所需的时间大大缩短[13]。

(一)控制原理

水下防喷器组各液压执行机构的开、关,主要以水面的液压动力单元和水下蓄能器的液压流体为动力。通过地面的司钻控制台或辅助应急控制台发出的开关指令,由数据编码的多路传输系统传输至水下防喷器组上的黄色或蓝色控制盘,指令放大的电讯号促动相应的电磁阀或先导电磁阀动作,液压流体推动液压执行器的开或关以实现水下防喷器组各液压执行机构的开、关功能。水面的液压动力单元和水下蓄能器并联,先由水下蓄能器的液压流体动力将需要开关的水下防喷器(如万能防喷器)在极短的时间打开或关闭,水下蓄能器的液压流体同时得到水面的液压动力单元的逐步补充,恢复其原有压力。复合电液控制系统在执行开井动作时的流程图,如图2-44所示。

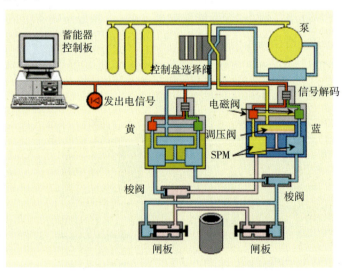

图2-44 复合电液控制系统实现开井动作流程图

(二)电液控制管缆

早期的电液控制系统需要一个外径63.5mm($2\frac{1}{2}$in),超过100根导线的电缆来控制一个防喷器组。而今，一个带摄像设备的深水防喷器组可以通过一个仅有16根导线，外径只有31.75mm（$1\frac{1}{4}$in）的铠装电缆来控制。

驱动防喷器组的液压动力流体也通过控制管缆来传输。为了减小控制管缆的尺寸，流体的输送通道可以采用一个独立的动力液软管或一个与立管连接器相连接的刚性导管来传递。刚性导管能够提供比软管延迟时间更短的高压动力流体，提高了系统的响应速度。

（三）水下控制盘

水下控制盘是控制系统的核心，负责接受钻井平台（船）的电控制信号并解码，分配动力液执行防喷器的打开和关闭，以及连接器的连接和脱开等功能。下部隔水管组的基板上安装两个完全相同的控制盘（一般分别用蓝色和黄色表示）。复合电液控制系统的控制盘，如图2-45所示。

（四）蓄能器

在紧急关井操作中，单靠液压泵来供液时，执行机构的动作速度无法达到要求。为了尽量减小防喷器部件的驱动时间，大多数防喷器组都安装了水下蓄能器，储存来自地面的高压控制液，以便快速驱动防喷器组各部件。此外，在地面液压供应系统失效时，也可以依靠水下蓄能器来进行紧急操作，如关闭剪切闸板等。

图2-45 控制盘（Cameron）

（五）备用控制系统

现在大多数深水钻井平台（船）中都装有备用控制系统，包括声控或水下机器人控制。备用控制系统比电液控制系统的响应时间要长，当电缆或液压供应管线失效而引起主控系统失灵时，可作为紧急备用。

第六节 测试设备

深水测试设备分地面测试设备、海底测试设备、井下测试工具三部分。深水测试要求在长距离的情况下实现对海底采油树的操纵，在海底低温的情况下抑制水合物生成，在保护海洋环境以及高费率的情况下安全、快速地完成作业。

一、地面设备

地面测试设备在测试时用于油气地面控制、油气水分离、产量计量、对油气水进行处理，主要包括：地面试油树（流动头）、紧急关井系统（ESD）、高压软管、地面安全阀、数据头、油嘴管汇、气动化学药剂注入泵、蒸汽交换炉、卧式三相分离器、缓冲罐、燃烧臂、燃烧头、计量罐、输油泵、油气管汇等。地面测试设备流程如图2-46所示。

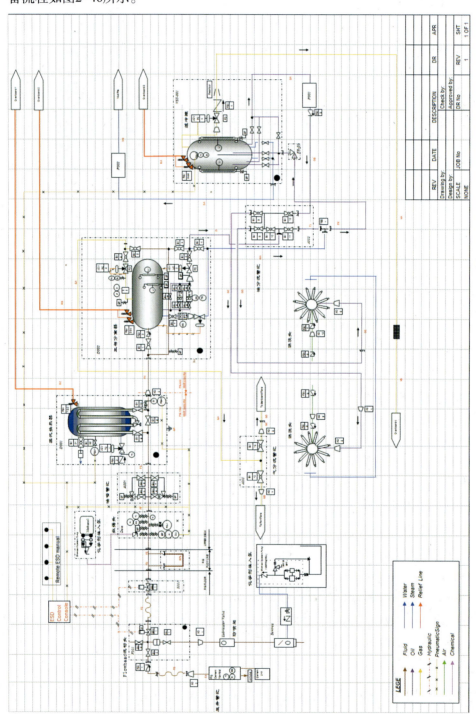

图2-46 地面测试设备流程图

(一)地面试油树

地面试油树(流动头)安装在钻台转盘面以上,控制井下流体到地面的流动,也称为流动头或控制头,如图2-47所示。控制头具有一个手动闸板阀、一个旋转接头(用于控制头与下部测试管串连接时保持上部主体不随之旋转)、两个侧翼阀(一个手控阀连接压井管线,一个由液压控制连接流动管线)、一个独立的主阀和一个投棒短节(用于悬挂负压射孔的投棒)。

(二)紧急关井系统

紧急关井系统(Emergence shutdown,ESD)控制着控制头流动管线的液压阀,当井场发生紧急情况时,测试人员可操纵紧急关井系统控制站迅速关闭液压阀,从而阻止井下流体继续流向地面。紧急关井系统安装在钻台上高压软管的末端,包括紧急关井阀和紧急关井系统控制面板,分别如图2-48、图2-49所示。

图2-47 地面测试树　　图2-48 紧急关井阀　　图2-49 ESD控制面板

紧急关井系统还有4个ESD控制站,一个在ESD控制面板上,三个移动控制站分别位于分离器、锅炉或蒸汽交换炉和计量罐或储能罐,如图2-50所示。

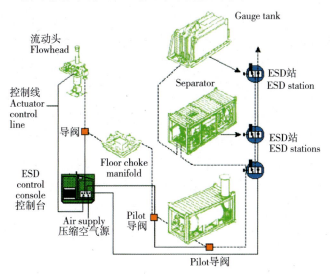

图2-50 ESD控制系统

(三)数据头

数据头安装在紧急关井阀和油嘴管汇之间,通常紧靠油嘴管汇。配有5至6个12.7mm($\frac{1}{2}$in)NPT孔,用于安装压力表、温度表和用作取样孔、化学剂注入孔等,如图2-51所示。测取的压力、温度数据即为井口压力、温度数据。取样孔可以采取常压的井口流体样品,也可提取带压流体样品。

(四)油嘴管汇

油嘴管汇是控制和调节测试期间油气产量的装置。配有4个77.8mm($3\frac{1}{16}$in)McEvoy闸板阀用于井口开关,如图2-52所示。也可选用带旁通5个闸板阀的油嘴管汇。

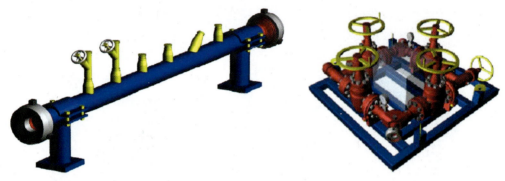

图2-51 数据头　　　　　　　图2-52 油嘴管汇

油嘴管汇配有1个固定油嘴和1个可调油嘴。油嘴尺寸从2.38mm($\frac{6}{64}$in)到31.75mm($1\frac{1}{4}$in)或50.8mm(2in),每隔0.79mm($\frac{2}{64}$in)增加一个。通过调节油嘴的大小改变测试的规格,从而取得储层在不同产量下的井底压力数据。与数据头类似,可以接压力表、温度表、取样孔和化学剂注入孔,不同的是所取样品是经过节流后的样品。

(五)三相分离器

分离器接收产出的流体后利用重力和流体密度差将流体分离成水相、油相和气相,并在三相流体流出分离器的过程中分别进行计量。卧式三相分离器如图2-53所示。气相通过差压计、三笔记录仪和巴顿流量计进行计量,然后被输送至燃烧器燃烧。油和水则通过液体流量计进行计量,液相混合后返回到出液管线,或者被输送到储罐。在勘探阶段通常将产出流体输送到燃烧器中进行燃烧处理。常压地面油、气、水样品和凝析气层的高压物性样品采集通常在分离器中进行。

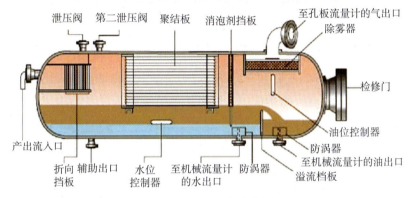

图2-53 卧式三相分离器

（六）缓冲罐

缓冲罐位于分离器的下游，为流入其中的分流液体缓解压力提供流动空间，如图2-54所示。缓冲罐中的原油压力下降后，溶解其中的天然气将会脱离出来，使原油体积减小，因此，可以在缓冲罐中测得原油的体积收缩率。缓冲罐还可以通过旁通与加热炉的旁通相连接，用于在测试初期将混有钻井液的测试垫直接输送到燃烧器进行处理。

（七）燃烧臂和燃烧器

燃烧臂带有油管线、水管线（包括过滤器）、气管线（包括单向阀）、天然气燃烧器以及远距离点火系统。辅助设备还包括用于减少热辐射的水环配件、备用天然气燃烧器、用于钻井液燃烧器的柴油管线、燃烧器的旋转配件，气管线的点火配件等。燃烧臂和燃烧器分别如图2-55、图2-56所示。

图2-54 缓冲罐

图2-55 燃烧臂

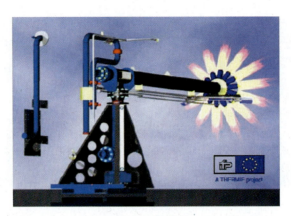

图2-56 燃烧器

（八）数据采集系统

数据采集系统（STAN）是一套安装在地面设备上，由计算机控制的网络系统，它连通安装在井口、环空、数据头、油嘴管汇、分离器等设备上的传感器。传感器可以分别感应到压力、温度数据和油、水的产量数据，并传送到计算机，由计算机绘制成数据曲线图，也可通过计算机随时调整各传感器的采样间隔。

（九）取样

深水钻井取样方式与浅水及陆地相似，主要包括井口取样管汇取样、中途测试地面取样、中途测试井下取样、钢丝取样、电缆地层测试器取样等几种形式。①井口取样管汇取样。此种形式主要通过井口取样管汇提供的取样筒、阀门以及压力计等，用于在地面采集流体样品。只有在井口流压和温度高于油藏流体饱和压力的条件下，即井口流体为单相时才能采集井口样品。②中途测试地面取样。此种方式通常在测试分离器中取得油气样品。分离器中采样需要分别采集油相和气相样品，同时准确测量相应的流量、压力和温度数据，然后在实验室内将油样和气样混配成有代表性的样品。此类样品只有在分离器内部流动条件稳定时才可以采集。中途测试过程中应该定时进行地面取样，以防止意外情况下无法成功采集到井下样品。③中途测试井下取样。在中途测试主要流动阶段末期采集具有代表性的井下流体样品，其取样器随测试管柱下井。④钢丝取样。一般在生产井中进行，单相储层取样器（SRS）取样装置悬挂在钢丝上，通过生产油管下放到射孔段顶部。设备下放到预期深度之后，取样器中的计时器将按设定打开样品室，使流体进入。⑤电缆地层测试器。除了采集油藏流体样品，还对油藏内不同深度的压力进行测量以获得油藏压力梯度数据。在裸眼井中一般使用模块式电缆地层动态测试仪（MDT）等测量油藏压力。模块式电缆地层动态测试仪的多次采样能力使得它可以在油藏不同深度上进行样品采集以便描述流体的变化情况。常常利用电缆地层测试结果指导随后的中途测试。

二、水下设备

在半潜式钻井平台进行测试作业，除海底钻井防喷器之外，还要增加压力温度接头、防喷阀、止回阀及泄放阀、剪切短节、海底测试树（用于测试期间的井控）和可调节槽型悬挂器等水下设备。深水平台上的测试控制系统及海底井口上部的测试管串，如图2-57所示。管柱自下而上是可调节槽型悬挂器、滑动接头、海底测试树和剪切短节。

（一）海底测试树

海底测试树是半潜式深水钻井平台在完井测试时采用的临时装置，可应用于完井测试、井筒排液替喷、水下维修和其他完井作业中，如图2-58所示。水下测试树安装于水下防喷器组内部，

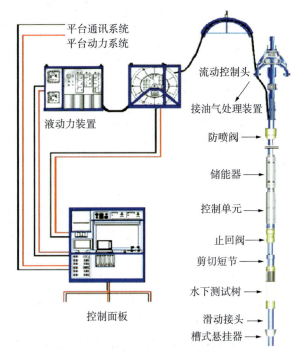

图2-57 测试控制系统及海底井口上部的测试管串

用管柱送入井口套管头部位，并实现与套管头的连接与密封。水下测试树是深水测试系统的重要组成部分，目的是保证测试过程的安全。

水下测试树的储能器为各部件的开关作业提供动力，一般为液压油。水下测试树控制机构在收到钻台发出的控制信号后，利用储能器的能量控制各个部件的开关动作。测试树的剪切短节，可以在遇到台风或紧急情况的时候迅速剪断撤离，保障钻井船和人员的安全。

海底测试树是深水测试作业安全控制的关键，它可以快速断开，同时关闭测试树的球阀，并可剪断管柱中的测井电缆或挠性油管（如当时正在进行其他作业），脱离钻井防喷器内部，事后可再回接。

海底测试树断开并脱离的反应时间受控制管线长度影响，随水深和控制管线长度的增加，反应时间随之增加。控制技术主要有液压控制、先导液压控制和电动液压控制三种形式。电动液压控制的反应时间不受水深的影响，水深达到3050m（约1×10^4ft）的情况下，电动液压控制的反应时间仍可保持在10s左右，所以电动液压控制方式是深水测试的首选。

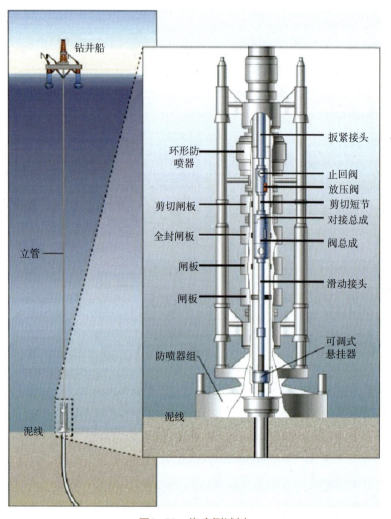

图2-58 海底测试树

（二）防喷阀

防喷阀为压力测试、井下取样和运行测井电缆等作业提供密封保护，安装在大约距转盘面以下30m的位置，下部装有化学剂注入口。

测试期间有可能同时进行与测试相关的其他作业，如射孔校深、井下取样和测压及下入连续油管等，这些作业都要通过地面试油树（流动头）将钢丝、电缆等下入井中，井口必须有防喷阀进行压力控制。

（三）止回阀

止回阀处于水下测试管柱解脱管柱的底部。当海底测试树与下部管柱断开并脱离时，止回阀关闭，从而避免地层流体从下井管柱中泄漏到海洋或隔水管中。

（四）压力温度测量接头

压力温度测量接头携带一支压力计、一支高分辨率温度计，计量流体的压力和温度。通过电动液压控制电缆传输到地面，用于实时监测海底流体的压力和温度变化，以便根据需要及时注入乙二醇或甲醇，控制水合物的形成。

第七节 水下机器人

水下机器人（Remote Operated Vehicle，ROV）是深水钻井作业不可或缺的辅助设备，应用于深水钻井的整个过程，主要包括海底井口的察看、各种水下设备下入和导向、水下设备的连接作业、连接情况和设备运行情况观察、设备水下试压、以及阀门应急关断或开启等作业。

一、分级

远程遥控机器人诞生于20世纪50年代初，由于宇宙探索和海洋开发的需要，在60年代得到快速发展。在最近的20多年里，由于材料和技术的改善，已开发出多种能在不同水深进行多种作业的水下机器人，可用于石油开采、海底矿藏调查、救捞作业、管道及电缆的敷设和检查等。水下机器人最大下潜水深已超过7000m，而石油勘探开发的水下机器人通常在3000m以浅水深作业。

深水钻井用水下机器人的常规配置有摄像头、照明灯、机械手、传感器和数据采集发送系统等。带机械手的水下机器人和钻井辅助作业中的水下机器人，分别如图2-59、图2-60所示。

图2-59　带机械手的水下机器人　　图2-60　钻井辅助作业中的水下机器人

在深水钻井作业中，由于潜水员无法到达，水下机器人必不可少。现在一般的深水钻井配备不少于2台水下机器人，通过控制电缆与作业母船（钻井平台）相连接，由母船提供动力和控制指令，实现转向、观察和机械手操作等功能。水下机器人根据其动力、潜水深度、工作载荷和功能可分成四个等级，如表2-6所示。

表2-6　水下机器人分级

等级	观察级	轻工作级	中等工作级	重工作级
动力大小/hp	<20	20~75	75~100	>150
动力源	电动	电动或电驱动液压	电驱动液压	电驱动液压
潜水能力/m	<1000	1000~3000	1000~3000	2000~5000
有效工作载荷/t	没有或极小	<1	2~3	>3
应用领域	只能观察	调查、少量钻井支持	部分安装、铺管、钻完井支持	大多数安装、钻完井和电讯支持

二、辅助定位

因为水深大，受洋流等影响，携带井口基盘的管串往往不能自行到达设定井位，需要水下机器人根据井口信标寻找井口，在必要时由水下机器人推动井口基盘到预定泥线位置，保证井眼位置的准确性。在导管喷射进入泥线期间，水下机器人可以实时观察基盘上的水平仪，保证井口平面水平、管串垂直，如图2-61所示。在导管安装完成并起钻后，钻表层井眼的钻具下入必须由水下机器人实时观察导向，保证钻具准确进入井筒。在安装BOP时需要水下机器人观察，协助将连接器与水下井口准确连接。

图2-61　水下机器人寻找井口和定位

三、水下设备试压

水下机器人所携带的机械手和试压注入设备能根据钻井作业的需要，完成井口内密封总成、防喷器组的试压作业。在完井后，如果不需要安装采油树而关井或临时弃井时，水下机器人将协助安装井口帽、利用机械手锁紧井口帽和在井口中注入井口保护液，如图2-62所示。

图2-62 水下机器人为井口试压和安装井口帽

四、开关作业

海上钻井作业有时会遇到台风等恶劣海况或突发事件，这时需要紧急脱开井口，及时避开风险。为了保证井口连接器脱开的可靠性，深水防喷器组及井口连接器的脱开功能除水面控制系统控制模式外，还设置了水下机器人操作面板，供水面控制系统失灵时应急操作，如图2-63所示。

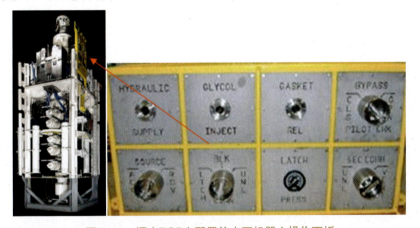

图2-63 深水BOP上配置的水下机器人操作面板

在防喷器组上设置的水下机器人操作面板包括液压源控制、闸板开关控制和连接器脱开控制等多个主要控制手把，防止水面控制系统失灵而无法控制防喷器，确保井口及钻井作业安全。

五、井场调查和作业监视

监视功能是对水下机器人的基本要求。从尚未开钻的目标井口的井场调查到钻井过程中的各个环节，都需要部署水下机器人全程监视。

井场调查的目的是查看目标井口区域附近是否有妨碍钻井作业各种物体，包括大块砾石、金属废弃物等，如图2-64所示。

水下监视主要包括水下连接是否正确、是否有各种泄漏、一二开期间的井流物返出、浅层气和浅层水、设备下入刻度或标记监视以及各种水下设备的运行是否正常等，如图2-65所示。

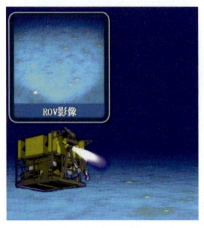
图2-64 水下机器人在井场调查

图2-65 水下机器人监视套管头送入井口基盘

参考文献

[1] 赵志高，杨建民，王磊.动力定位系统发展状况及研究方法[J].海洋工程，2002，20（1）：91~97

[2] LOUGHA. Dynamic Positioning[M]. Lioyd's Register Technical Association, 1985

[3] 刘应中，缪国平.船舶在波浪上的运动理论[M].上海：上海交通大学出版社，1987：24~30

[4] 张本伟，杨鸿，陈瑞峰，林钟明.动力定位控位能力分析方法探讨[J].中国造船，2009，50（增刊）：205~213

[5] Ronalds BF. Surface Production System Options for Deepwater[J]. OMAE-2002-28143. 2002

[6] 刘军鹏，段梦兰，王莹莹，等。深水钻井装置适应性及影响选择的因素分析[J].中国海洋平台，2011，26（3）:6~11

[7] 胡辛禾.钻井隔水管张紧系统[J].石油矿场机械，2001,29（5）：57

[8] 赵建亭，薛颖，潘云等.浮式钻井装置张紧系统研究[J].上海造船，2010（4）：1~5

[9] 畅元江，陈国明，许亮斌等.超深水钻井隔水管设计影响因素[J].石油勘探与开发，2009，36（4）：523~528

[10] 侯福祥，张永红，王辉,等.深水钻井关键装备现状与选择[J],石油矿场机械，2009，38（10）:1~4

[11] 方华灿.海洋石油工程[M].石油工业出版社，北京，2009

[12] 兰洪波，张玉霖，菅志军，等.深水钻井隔水管的应用及发展趋势[J].石油矿场机械，2008，37（3）：96~98

[13] 褚道余.深水井控工艺技术探讨[J],石油钻探技术，2012，40（1）：53~57

第三章　隔水管设计与可靠性评价

隔水管系统要保证在较大水深的复杂海洋环境下，能提供井口防喷器与钻井船之间钻井液往返的通道、支持辅助管线、引导钻具、下放与撤回井口防喷器组等。隔水管系统一旦失效，将破坏平台与井口的连接通道，造成灾难性的后果。深水隔水管系统的力学分析、强度评价及寿命评估是深水隔水管设计和稳定安全管理的重点。本章将就隔水管设计影响因素、受力分析、设计方法、系统失效模式与损伤评估以及隔水管系统寿命评价方法等进行介绍。

第一节　隔水管设计影响因素

一、环境因素

深水钻井隔水管系统设计是一项复杂的系统工程，需要结合环境条件和作业条件以及张力器的极限性能综合考虑。影响深水钻井隔水管设计的环境因素主要包括水深、波浪、海流等[1]。

（一）水深

对深水钻井隔水管而言，水深是最主要的影响因素之一，而且影响是多方面的，如图3-1所示。

在深水和超深水环境下，水深对隔水管单根的外径、壁厚、单根长度、材料、隔水管单根之间的连接技术等提出了更高的物理和功能要求；隔水管结构更加复杂，除了常规的节流与压井管线外，还需要钻井液增压线和控制管线，甚至还需要两根备用管线（深水钻井隔水管的辅助管线常常采用上述的6线式布置）；海流等引起的涡激振动造成的隔水管疲劳损伤越来越突出；下放与收回隔水管的时间变长，隔水管作业对环境的依赖性越来越强；隔水管的安全脱离以及紧急脱离时隔水管系统反冲与反冲控制难度加大等。总之，水深增加导致隔水管响应的不确定性增加，管理难度、系统风险以及钻井成本指数显著增加。

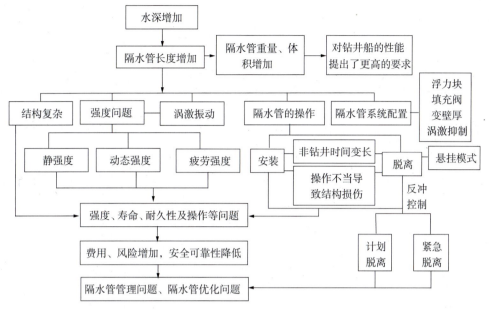

图3-1 水深对海洋钻井隔水管的影响

1. 隔水管几何参数

隔水管通常按外径、壁厚和材料等级划分等级，水深对隔水管外径、壁厚、单根长度、材料等提出了更高要求。

典型的隔水管长度依次为15.24m、19.81m、21.34m、22.86m和27.43m。由于短的隔水管单根比长的单根易于搬运，因此浅水域应用的隔水管单根长度通常为15.24 m，深水域一般应用长度为21.34m及以上的单根。

隔水管壁厚主要有12.7mm、15.9mm、17.5mm、19.1mm、25.4mm和31.8mm等几种规格。由于需求的张力随水深增加，隔水管壁厚也随之增加。一旦壁厚影响到井下工具通过，就需要增加隔水管外径。隔水管壁厚的确定主要依据挤毁准则、环向应力准则和轴向应力准则。根据环向应力准则确定的隔水管壁厚最为保守，在此基础上，还要考虑制造误差和允许腐蚀量，最终确定适应相应水深隔水管的壁厚与外径。

为抵御深水恶劣的环境载荷，钢质隔水管通常采用具有较好疲劳特性的钢材，采用标准化制造工艺以方便隔水管与接头之间的无缝焊接。对于超深水域，通常选用X80钢，材料屈服强度达到551.6MPa。

此外，隔水管管壁增厚、长度增加后，重量、体积随之增加，对浮式钻井装的要求更高。如外径406.4mm的钻井隔水管采用第三代钻井船即可进行深水钻井，外径533.4mm的钻井隔水管需采用第四代或者第五代钻井船，而外径为609.6mm的钻井隔水管则需采用第六代钻井船才能进行深水钻井作业。

2. 隔水管系统结构与配置

深水钻井隔水管系统需要配置浮力块、变壁厚单根、填充阀等以适应深水钻井的要求，这与常规水深钻井有重大区别。

深水钻井隔水管柱的湿重（相对于空气中重量）必须控制得尽量低。即使是大负荷的隔水管张紧设备也不能完全支撑深水钻井所需长度隔水管柱的重量，往往要通过增加浮力块来减小隔水管柱湿重。浮力块采用复合泡沫塑料制造，安装于隔水管单根的外部，可应用于609.6~3048.0m的水深，其覆盖率可达到80%以上，浮力块提供的净浮力可把隔水管单根的湿重减小90%~95%，隔水管系统局部重量补偿比例可超过100%。

由于隔水管顶部处于波浪区，且海流流速在海面较大，隔水管顶部配置浮力块将增加曳力直径，导致更加严重的横向变形，因此，隔水管上部常采用裸单根配置。而且，上部采用裸隔水管单根还可进一步配置涡激振动抑制设备。在与井口脱离后处于悬挂模式下，隔水管系统必须具有正湿重值，以防止可能的动态压缩，因此尽管浮力系数要求尽可能高，但整体不能超过100%。因此，隔水管系统下部同样采用隔水管裸单根，以减少所需的浮力块数量，使沿隔水管的应力分布更规则，隔水管系统在脱离模式下性能更好。

当隔水管内部，钻井液压力显著低于外部海水压力时，如钻遇循环漏失层、侵入气体在隔水管膨胀和紧急脱离情况等，隔水管可能被挤毁。为防止可能发生的挤毁现象，深水钻井隔水管系统往往在一定深度处配置填充阀，一旦隔水管内外压力差达到了预定值，填充阀自动打开，允许海水进入，填充隔水管。除可自动反应外，也可以由作业人员通过水面液压控制面板遥控操作填充阀。

深水钻井隔水管系统外径自上而下一般相同，为了满足不同的功能要求，壁厚往往不同。由于要适应巨大的顶部张紧力，系统顶部的隔水管单根壁厚最大；为降低隔水管被挤毁的风险，系统底部的隔水管单根壁厚较大；而中间部位隔水管单根的壁厚则较小。

上述关于隔水管结构的描述是深水钻井隔水管设计与配置的一般特征，但在设计、应用时，可因海洋环境条件和钻井承包商的具体要求而有所不同。

3. 隔水管作业管理

深水钻井隔水管作业管理是指根据环境载荷、作业工况与钻井装置的条件进行分析，确定作业过程中不同作业阶段、不同作业模式下的钻井隔水管作业参数，确定不同隔水管作业的极限海况条件，形成隔水管作业支持计划，确保不同作业条件下钻井隔水管系统的安全性与完整性。深水钻井隔水管作业管理难题主要包括隔水管系统紧急脱离后反冲控制、悬挂模式轴向动力响应等。

在深水作业环境下，如遇恶劣的天气变化或突发恶性井下事故，往往采取紧急脱离程序。由于隔水管系统管柱较长，如果没有足够时间在隔水管底部总成与井口防喷器紧急脱离之前降低系统张紧力，紧急脱离过程中隔水管系统储存的巨大势能将使隔水管柱产生巨大的反冲力，引起隔水管柱向上的加速运动，威胁钻井装置安全。脱离后的隔水管系统势能主要来源于隔水管张力系统、连接隔水管与张力器的张力绳以及被拉伸的隔水管柱等。针对紧急脱离后的隔水管反冲问题，需要设计反冲控制系统以保证其以可控的方式进行能量释放。防反冲系统的主要措施是配置防反冲阀，安装于控制动力源与每个张力器圆柱体之间的油线上，防反冲阀接收到张力器冲程预定点的限位开关发出的电信号产生动作，实现对反冲的有效控制。

深水钻井隔水管下放与收回期间，以及隔水管计划脱离或者紧急脱离后，钻井隔水管系统均处于悬挂模式下。悬挂模式的隔水管系统在钻井装置升沉运动作用下产生较大的轴向动态响应，引起轴向共振、动态压缩以及动态张力放大等问题。另外，在紧急脱离避险撤离的工况下，隔水管系统的悬挂方式、悬挂长度对撤离作业窗口、拖航速度等均有较大影响。

（二）波浪

波浪作用对隔水管的影响，一是直接作用于隔水管产生水动力载荷；二是直接作用于浮式钻井装置，影响钻井装置的运动，进而形成对隔水管顶端的激励。规则波作用于隔水管的载荷机理[2]如图3-2所示。

研究表明[3]，对于深水隔水管而言，浮式钻井装置的运动是隔水管动态响应的首要的动载荷，而波浪仅仅直接对隔水管局部产生作用。由于深水钻井隔水管底部挠性接头往往在海平面1500m以下，距海平面的距离相对较远，波浪载荷导致底部挠性接头转角的变化几乎可以忽略不计。但由于波浪载荷作用于钻井装置使之产生运动，对隔水管的位移与弯曲应力均有较大影响，且会造成隔水管的疲劳损伤。因此，不能忽略波浪载荷对深水钻井隔水管设计的影响。

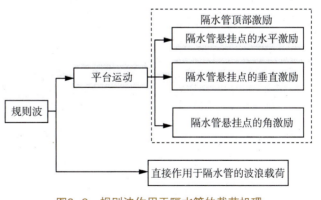

图3-2　规则波作用于隔水管的载荷机理

（三）海流

隔水管系统所承受的海流载荷对深水钻井隔水管的作业窗口影响显著。隔水管设计要充分考虑海流对其连接作业、悬挂作业、下放和回收作业等的影响，评估其作业性能，并为建井计划提供指导。由于深水隔水管长度较大，支撑整个隔水管柱需要很大顶部张紧力，海流速度和顶张力对隔水管偏移极限影响极大。钻井过程中，为减低钻柱与隔水管之间的磨损，往往希望尽可能地减小隔水管曲率，隔水管底部挠性接头的转角甚至要求被限制在1°以内[4]。因此，在高海流速度工况下，隔水管作业严重受限，由于涡激振动导致的疲劳损伤显著增加。同时，海流速度的增加导致拖曳载荷增加，甚至可能导致隔水管强度不足而发生破坏，引起事故。海流对深水钻井隔水管的影响，如图3-3所示。

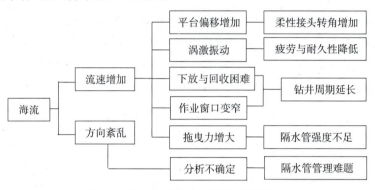

图3-3　海流对深水钻井隔水管的影响

1.钻井装置偏移增加

钻井装置偏移指由于风、波浪和海流等载荷共同作用而导致的钻井装置偏离设计位置的量，一般用作业水深的百分比表示。在风、浪、流等海洋环境载荷的作用下，钻井装置往往会离开井口正上方到达一个新的平衡位置，而后在新的平衡位置由于承受动载荷的作用产生振荡运动。钻井船的平均偏移与振荡运动形成隔水管分析的位移边界条件，前者应用于隔水管静态分析，后者应用于隔水管动态分析。海流引起的钻井船偏移，如图3-4所示。从图上可以看出，钻井船偏移量增加导致隔水管底部球铰转角增大。研究表明，在同样的张力比（张力器张紧力与隔水管系统湿重之比）条件下，隔水管底部球铰的转角随钻井船的偏移线性增大[5]。

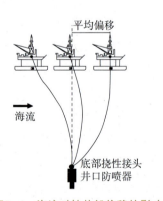

图3-4　海流对钻井船偏移的影响

2.涡激振动与涡激疲劳

涡激振动的机理与隔水管涡激振动分析已在第一节阐述。由于深水区域的流速比浅水区域的流速要高，深水钻井隔水管中更容易发生涡激振动。同时，由于隔水管长度的增加降低了系统自振的固有频率，降低了激发涡激振动的流速要求，即使是低流速也能激发涡激振动。因此，深水隔水管设计必须考虑涡激振动抑制措施。

3.下放（安装）困难

下放隔水管时隔水管系统处于悬挂状态。海流会对处于悬挂状态的隔水管沿着海流方向产生拖曳力，海流剖面和速度将决定悬挂隔水管变形的大小。变形过大往往导致上部隔水管过分靠近月池甚至与月池发生碰撞。一般采用以下准则来判定下放悬挂期间的极限环境条件：①极限挠性接头转角小于9°；②隔水管等效应力小于屈服强度的2/3，③不允许上部隔水管与钻井装置月池发生碰撞；④伸缩节冲程不能超限。

安装隔水管分为飞溅区工况、海底工况和安装完成工况等3种工况[6]，其中飞溅区工况和海底工况比较容易出现极端情况。飞溅区工况发生于底部总成通过具有最大波浪载荷的飞溅区时，由于隔水管顶部被固定，作用于底部总成的波浪与海流载荷使隔水管产生较大的弯矩。海底工况发生于隔水管下放至海底井口上方但尚未与井口对接时，由于此时隔水管系统无约束长度最长，在海流作用下容易产生较大的位置位移，导致下部隔水管总成与防喷器无法顺利对接。隔水管安装的海底工况下，表面海流流速与隔水管底部位移之间的典型关系，如图3-5所示。在表面流速为2.0m/s的海流作用下，1500m钻井隔水管下放至海底时，隔水管底部已经偏离井位约150m。

同时，在海底工况下，由于钻井装置的运动特别是升沉运动将引起隔水管系统的轴向动态响应，会造成隔水管局部弯曲和压缩。因此，需要通过优化钻井隔水管系统配置、改变浮力系数与浮力块分布、调整局部重量补偿比例、调节张力器张力、改变悬挂方式等防止轴向动态压缩。此外，深水钻井隔水管安装时可使用运动补偿装置，该装置能够阻止钻井装置的运动传递给隔水管，可有效削减隔水管的轴向响应。

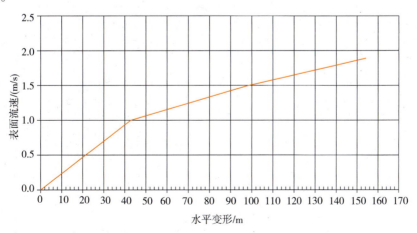

图3-5　钻井隔水管下放期间海流流速与隔水管底部水平变形关系

4. 作业窗口变窄

作业窗口也称作业包络线，指进行不同深水钻井作业的极限环境条件。根据隔水管的作业模式可分为隔水管连接钻井模式、连接非钻井模式和自存模式（悬挂模式）。隔水管分析和设计时要求确定不同隔水管作业模式下的极限环境条件。在动力定位钻井装置作业中，通常采用钻井装置偏移量与水深的百分比建立水圈（Water Circle）来描述作业窗口，钻井船偏移为水深的2.5%时形成黄色报警，为水深的5.2%时形成红色报警，黄色报警时预备隔水管紧急脱离程序，红色报警时启动隔水管紧急脱离程序。采用水圈建立的隔水管作业窗口示意图，如图3-6所示。

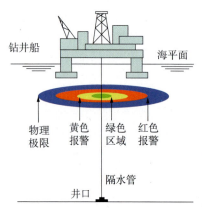

图3-6 基于水圈（钻井船偏移）的隔水管作业窗口示意图

钻井装置的临界偏移量是通过一系列的作业限制条件来确定的。不同作业模式下的极限准则[7]，见表3-1。对于给定的深水钻井隔水管系统，可根据这些准则，建立分析模型，施加相应的环境载荷，分别计算不同海流速度和顶张力下的隔水管偏移极限，结合井口接头工作能力、隔水管接头强度、伸缩节冲程等确定钻井隔水管的作业窗口。

表3-1 不同作业模式下隔水管极限准则

作业模式	最大Mises应力/屈服强度	底部挠性接头转角
正常钻井模式	2/3	2°（平均）
连接非钻井模式	4/5	9°
悬挂模式	1	9°

图3-7为水深2000m时，典型的超深水钻井隔水管作业窗口示意图。绿色区域内可进行正常钻井，当钻井船偏移占水深百分比和表面海流流速参数达到黄色报警线时，必须停止钻井并准备启动紧急脱离程序（Emergency Disconnect Sequence，简称EDS）；当钻井船偏移达到红色报警线时，需要启动紧急脱离程序；当钻井船偏移达到最外围的蓝色区域时，紧急脱离程序应当已经完成，隔水管处于与井口脱离状态。

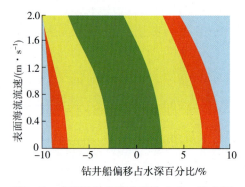

图3-7 典型的钻井隔水管作业窗口示意图

二、作业因素

影响深水钻井隔水管系统设计的作业因素主要包括钻井液密度、计划或者紧急脱离后隔水管系统的悬挂模式、隔水管节流与压井管线的工作压力、浮力块的分布和涡激抑制设备等。

（一）钻井液密度

有效张力$T_{effective}$控制隔水管单元以及全部隔水管的曲率和稳定性，是进行隔水管分析计算的基础。根据API规范，必须保证隔水管任意位置的有效张力为正，有效张力与实际管壁张力之间的关系如下：

$$T_{effective} = T_{tw} + P_e S_e - P_i S_i \quad (3-1)$$

式中，P_e与P_i分别为内外静液压力，kPa；S_e与S_i分别为隔水管内部与外部横截面积，m^2；T_{tw}为实际管壁张力，kN。由于钻井隔水管由主管和辅助管线组成，当分析整个隔水管系统性能时，由式（3-2）取代式（3-1）：

$$T_{effective} = \sum T_{tw} + \sum P_e S_e - \sum P_i S_i \quad (3-2)$$

隔水管任一高度的有效张力可通过顶部张紧力、隔水管重量和内部钻井液重量之间的关系得到。

$$T_{effective}(z) = T_{top} - \sum_{z}^{top}(W_{riser} + W_{mud}) \quad (3-3)$$

式中，T_{top}为张力器张紧力，kN；W_{riser}和W_{mud}分别为隔水管与内部钻井液的表观重量，kN。根据式（3-1）、式（3-2），整个隔水管有效张力为组成隔水管的主管与辅助管线的有效张力的和。

$$T_{effective}^{riser} = T_{effective}^{MP} + \sum T_{effective}^{AL} \quad (3-4)$$

式中，$T_{effective}^{riser}$为整个隔水管的有效张力，kN；$T_{effective}^{MP}$为隔水管主管的有效张力，kN；$\sum T_{effective}^{AL}$为所有辅助管线的有效张力，kN。

张力器张紧力T_{top}采用下式定义：

$$T_{top} = W_{riser} + W_{mud} + T_{bottom} \quad (3-5)$$

$$W_{riser} = W^{MP} + W^{AL} + W^{MISC} + \Delta BM \quad (3-6)$$

式中，W^{MP}、W^{AL}与W^{MISC}分别为隔水管主管、辅助管线与隔水管系统其他部件（如伸缩节、挠性接头和终端短节等）的重量，kN；ΔBM为浮力块净浮力，kN。T_{bottom}为维持隔水管底部挠性接头转角所需的隔水管底部残余张力，kN。其值应大于隔水管底部总成的重量以确保脱离情况下能够迅速提升。对于深水隔水管系统来说，隔水管底部残余张力一般应在90t以上。

钻井液密度对于隔水管设计意义重大。由结合式（3-1）~式（3-6）可知，钻井液通过影响顶部张紧力影响整个隔水管，包括主管与辅助管线的有效张力。隔水管的强度必须依据最大钻井液密度（根据油藏工程研究确定）进行设计。研究表明，对于10000ft（3048m）水深的隔水管来说，钻井液密度每增加1ppg（120kg/m³），隔水管单根主管壁厚需增加$\frac{1}{16}$in（1.588mm）、浮力块直径需增加$\frac{1}{2}$in（12.7mm）、顶部张紧力需增加175,000lb（80t）。若钻井液密度为17ppg（2040kg/m³），钻井作业水深每增加1000ft（304.8m），顶部张紧力需增加70t。同样，若最大钻井液密度减小1ppg（120kg/m³），则现有隔水管的作业水深可增加1000ft（304.8m）。

钻井液密度还通过影响顶部张紧力进而影响隔水管底部挠性接头的转角。水深5000ft（1524m）条件下，隔水管底部挠性接头转角、顶张力和钻井液密度之间的关系，如图3-8所示。钻井液密度范围为10~22ppg（1200~2640kg/m³），可以看出，在钻井液密度较低的情况下，通过调整顶部张紧力可使底部挠性接头转角顺利进入正常钻井的转角范围（小于2°），而在高密度钻井液情况下，即使增大顶部张紧力，隔水管底部挠性接头转角仍难以达到正常钻井的极限转角。

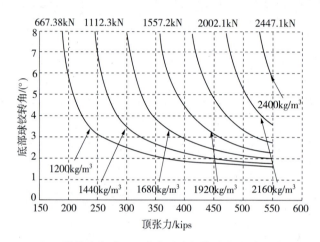

图3-8　钻井液密度和顶张力对底部挠性接头转角的影响

（二）悬挂模式

当环境载荷超过隔水管作业极限时，需要将隔水管系统底部总成与防喷器组断开，使隔水管系统处于悬挂状态。特别在热带风暴快速成长的海域钻井时，由于风暴成长速度快，没有时间将隔水管全部收回，只能将隔水管与防喷器组脱离以保护井口。相对于收回隔水管而言，悬挂隔水管的方案可以在风暴快速回接，减小了钻井停工时间。脱离后处于悬挂状态的深水钻井隔水管如图3-9所示。悬挂的隔水管柱承受钻井船升沉运动引起的轴向激励，承受由于钻井船纵荡、横荡运动，以及波浪与海流载荷引起的侧向激励。

悬挂模式分为硬悬挂或者软悬挂两种，分别如图3-10、

图3-9　脱离后悬挂模式深水钻井隔水管

图3-11所示。采用硬悬挂模式时，通常折叠并锁定伸缩节，将隔水管悬挂于分流器外壳，并解开张力器。钻井船运动直接作用于隔水管，可能在隔水管中产生严重载荷导致隔水管压缩。采用软悬挂模式时，张力器和伸缩节仍起作用，由张力器支持自伸缩节外筒至底部总成的隔水管重量（以及可能的防喷器组重量）。软悬挂的优点是伸缩节和张力器能吸收钻井船的垂直运动，大大减小了作用于隔水管系统的动载荷，有利于减小风暴条件下隔水管失效的风险。

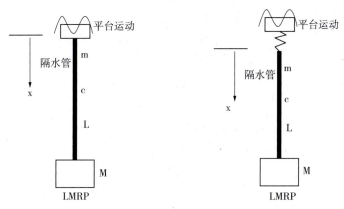

图3-10 硬悬挂钻井隔水管示意图　　图3-11 软悬挂钻井隔水管示意图

隔水管系统浮力系数取决于悬挂模式的选择。在硬悬挂模式下，对于10000ft（3048m）的钻井隔水管系统来说，系统浮力系数应在0.80~0.85之间（湿重约为0.2t/ft），其具体值应根据实际海况和钻井装置条件进行详细计算。在软悬挂模式下，隔水管系统的浮力系数可以增加至0.95。应根据作业区域的海洋环境参数、系统初步配置、张力极限、浮力块布置等进行悬挂模式的选择与分析。

（三）节流与压井管线工作压力

节流与压井管线的工作压力影响隔水管的配置[8、9]。例如，在墨西哥湾海域10000ft（3048m）水深，15ppg（1800kg/m³）钻井液密度条件下，配置内径为$4\frac{1}{2}$in（114.3mm）、工作压力为15000psi（103.4MPa）的节流/压井管线与内径为4in（101.6mm）、工作压力为10000psi（69MPa）的节流/压井管线，隔水管主管的壁厚需增加$\frac{2}{16}$in（3.175mm）、隔水管质量增加800t、浮力块外径需增加6in（152mm）、顶部张紧力需增加90t。很明显，不能单纯把节流/压井管线内径从4in增加到$4\frac{1}{2}$in而不对隔水管主管配置作出相应改变。

（四）浮力块分布

由于受张力器附近隔水管本体和接头强度的限制，隔水管可以承受的顶张力有限。但由于海洋环境载荷及自身重量的作用，隔水管又需要足够大的顶张力才能维持自身的稳定性。因此，深水钻井隔水管系统必须配置浮力块，提供分布式浮力以改善隔水管的局部力学性能，减小柔性接头转角，拓宽钻井作业窗口，降低对张力器的要求，进而降低对钻井装置性能的要求。安装浮力块的隔水管单根，如图3-12所示。

选择浮力块的主要考虑因素：①隔水管曲率。避免在高海流流速区域安装浮力块，以减小隔水管的曲率与柔性接头的转角。优化浮力块的设计，如在靠近水面位置采用小直径浮力块，有助于减小隔水管的弯曲。②可能的涡激振动抑制措施。交错布置浮力块与裸隔水管单根有助于减少隔水管的涡激振动，从而减少涡激疲劳损伤。采用异型表面也有助于减小涡激疲劳损伤。③与隔水管悬挂模式紧密相关。软悬挂模式下的隔水管系统浮力系数要大于应悬挂模式。

浮力块布置有所有隔水管单根均配置和隔水管系统的下部不配置两种方案。隔水管系统的下部不配置浮力块减少了所需浮力块的数量，使隔水管上的应力分布更为规则，隔水管系统的固有周期及动态应力可减小10%左右，在脱离后的悬挂模式下隔水管系统整体性能更好。该方法的缺点是增加了接头的张力载荷。如果接头等级是重要限制因素，设计隔水管时应当优先选择沿隔水管长度方向全部配置浮力块的方案。

图3-12 安装浮力块的隔水管单根

（五）涡激抑制设备

当海流流速比较高时，为避免隔水管出现较大的涡激振动响应，减少涡激疲劳损伤，深水钻井隔水管往往需在海流流速较高的海平面下方安装涡激抑制设备。常用的涡激抑制设备主要包括螺旋列板和减振器两种。

除此之外，底部隔水管总成的重量也是影响深水钻井隔水管系统设计的重要作业因素之一。悬挂模式下，底部隔水管总成的重量有助于减低隔水管系统在纵向升沉运动过程中引起动态压缩。增加底部隔水管总成的重量则需要增加浮力系数，浮力系数的增加则会降低对顶部张紧力的要求。如底部隔水管总成的重量自60t增加到130t，则浮力系数可以自0.80增加至0.83，顶部张紧力可以自1170t降至1130t。

第二节 隔水管受力分析

一、隔水静态力学分析

1. 理论模型

顶部张紧钻井隔水管的主要受力情况如图3-13所示。

深水钻井时,隔水管的受力情况变得十分复杂。为了进行理论上的分析及计算,对实际应用中的隔水管进行抽象简化,可作如下假设[10~14]:

(1)隔水管系统中的压井、节流等管线较细,对隔水管的刚度影响较小,可忽略不计,故本模型假设隔水管为均质、各向同性、线弹性圆管,管段接头与管身具有相同的特性;

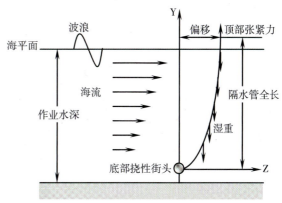

图3-13 顶部张紧隔水管静态分析示意图

(2)隔水管内充满钻井液,在正常钻井作业时钻柱不接触隔水管内壁,故不考虑钻柱对隔水管弯曲刚度的影响;

(3)隔水管上端与钻井船相连,作为位移边界考虑,且隔水管在自重和外载作用下仅发生小的变形;

(4)假设海浪、海流及隔水管的运动处于同一平面内,这是最坏的工况。

在隔水管上取微元进行分析,如图3-14所示。

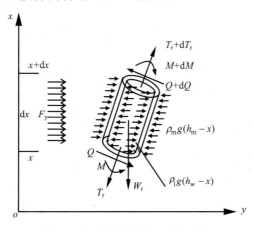

图3-14 隔水管上微元受力分析

根据微元段的力矩平衡可得：

$$(M+\mathrm{d}M)-M+T_e\mathrm{d}y+W_r\mathrm{d}x\mathrm{d}y-Q\mathrm{d}x=0 \tag{3-7}$$

即

$$\frac{\mathrm{d}M}{\mathrm{d}x}+T_e\frac{\mathrm{d}y}{\mathrm{d}x}+W_r\mathrm{d}y-Q=0 \tag{3-8}$$

根据水平方向力的平衡关系，可得：

$$(Q+dQ)-Q+F_y\mathrm{d}x=0 \tag{3-9}$$

即

$$\frac{\mathrm{d}Q}{\mathrm{d}x}=-F_y \tag{3-10}$$

将式（3-10）和 $M=-E_rI_r\dfrac{\mathrm{d}^2y}{\mathrm{d}x^2}$ 代入式（3-8）并对 x 求导，可以得到隔水管力学分析的四阶微分方程：

$$E_rI_r\frac{\mathrm{d}^4y}{\mathrm{d}x^4}-\frac{\mathrm{d}}{\mathrm{d}x}\left[T_e(x)\frac{\mathrm{d}y}{\mathrm{d}x}\right]-W_r\frac{\mathrm{d}y}{\mathrm{d}x}=F_y(x) \tag{3-11}$$

式中，E_r 为隔水管的弹性模量，kPa；I_r 为隔水管截面惯性矩，m^4；T_e 为隔水管有效张力，kN；W_r 为隔水管单位长度重量（包括内部钻井液和浮力节的总浮重），kN；F_y 为作用于隔水管上的单位横向波流力，kN。

为了求解方程，需要附加边界条件。隔水管下端与防喷器组上的球形/挠性接头相连，一般假设防喷器组及其以下的套管柱没有变形，即下边界条件为隔水管底部接头处偏移和弯矩值，若接头为铰接时，可取弯矩值为零，如式（3-12）。

$$y\big|_{x=0}=0, \quad M\big|_{x=0}=E_rI_r\frac{\mathrm{d}^2y}{\mathrm{d}x^2}\bigg|_{x=0}=K_{rd}\theta_{rd} \tag{3-12}$$

式中，K_{rd} 为隔水管下部球形/挠性接头的转动刚度，kN·m/rad；θ_{rd} 为隔水管下部球形/挠性接头的转动角度，rad。

隔水管上端与钻井船或半潜式平台相连，则上边界条件为钻井船或半潜式平台的漂移量和隔水管上部球形/挠性接头的弯矩值，若接头为铰接时，可取弯矩值为零，如式（3-13）。

$$y\big|_{x=L_r}=S_0, \quad M\big|_{x=L_r}=E_rI_r\frac{\mathrm{d}^2y}{\mathrm{d}x^2}\bigg|_{x=L_r}=K_{ru}\theta_{ru} \tag{3-13}$$

式中，L_r 为隔水管长度，m；S_0 为钻井船或半潜式平台横向漂移距离，m；K_{ru} 为隔水管上部球形/挠性接头的转动刚度，kN·m/rad；θ_{ru} 为隔水管上部球形/挠性接头的转动角度，rad。

2. 相关参数的计算

（1）隔水管单位重量的确定。

隔水管单位重量应该包括隔水管本身、内部钻井液和浮力节的总浮重，由式（3-14）确定[15]：

$$W_r = \frac{\pi}{4}(D_r^2 - d_r^2)\rho_r g + \frac{\pi}{4}d_r^2\rho_m g - \frac{\pi}{4}D_r^2\rho_l g - B \qquad (3-14)$$

式中，D_r、d_r分别为隔水管外径和内径，m；ρ_r、ρ_m、ρ_l分别为隔水管、钻井液、海水的密度，kg/m³；B为单位长度浮力节产生的浮力，kN。

（2）隔水管有效张力的确定。

隔水管横截面上的张力应按有效张力计算，即在实际张力的基础上考虑管内外压强差的影响。

隔水管受到的实际张力T_r由式（3-15）确定[10]：

$$T_r(x) = T_0 - \int_0^x W_r \, dx \qquad (3-15)$$

隔水管受到的有效张力T_e由式（3-16）确定[15]：

$$T_e(x) = T_r + \frac{\pi}{4}\left[\rho_l g(L_w - x)D_r^2 - \rho_m g(h_m - x)d_r^2\right] \qquad (3-16)$$

式中，T_0为隔水管顶部张紧力，kN；L_w为海水水深，m；h_m为隔水管内钻井液高度，m。

（3）隔水管受到的波浪力及海流力的确定。

①波浪载荷。

作用在隔水管上的单位长度波浪力是由阻力和惯性力所组成，其中阻力是由于海水流过隔水管时的速度引起，惯性力是由于海水的加速度所引起，波浪力的大小按Morison方程计算[16、17]：

$$f_w = f_D + f_I = \frac{1}{2}C_D\rho_l D_r |u|u + \frac{\pi}{4}C_M\rho_l D_r^2 \frac{du}{dt} \qquad (3-17)$$

式中，f_w为隔水管单位长度上所承受的波浪力，kN/m；f_D为隔水管单位长度上所承受的阻力，kN/m；f_I为隔水管单位长度上所承受的惯性力，kN/m；C_D为阻力系数；C_M为惯性力系数；u为垂直于隔水管轴线的水质点水平速度，m/s；$\frac{du}{dt}$为垂直于隔水管轴线的水质点水平加速度，m/s²。

对于波浪速度及加速度的计算采用设计波法，即按照一种或几种特定波高和周期的设计波浪为依据来选择合适的波浪理论，用的比较多的波浪理论为线性波理论和非线性波理论[16]。线性波理论也叫Airy波理论，是小振幅波理论和一阶波理论，主要由Airy和Laplace以波剖面为正弦形状，流体质点的轨迹为圆形这两点为前提而提出的。对于非线性波浪理论，主要有Stokes有限波幅理论、孤立波理论及椭圆余弦波理论等。Dean和Lemehaute对各种波浪理论的使用有效范围进行了研究，对于深水，Airy波浪理论和Stokes波浪理论都适合。

②海流载荷。

海流力的计算即可按照通常计算阻力的方法来进行。当只有海流作用时，隔水管单位长度上的海流力f_c为：

$$f_c = \frac{1}{2}C_D\rho_1 D_r v_c^2 \qquad (3-18)$$

式中，f_c为隔水管单位长度上的海流力，kN/m；v_c为海流流速，m/s。

海流流速是随水深而变化的，采用式（3-19）[16]：

$$v_c = u_t\left(\frac{x}{L_r}\right)^{1/7} + u_w\frac{x}{L_r} \qquad (3-19)$$

式中，u_t为水面的潮流速度，m/s；u_w为水面的风力海流速度，m/s。

沿坐标轴x，可以写出沿隔水管全长的总海流力F_c为：

$$F_c = \frac{1}{2}C_D\rho_1 D_r \int_0^{L_r}\left[u_t\left(\frac{x}{l}\right)^{1/7} + u_w\frac{x}{l}\right]^2 dx \qquad (3-20)$$

③波浪和海流载荷的联合作用。

将海流流速与波浪作用下的水质点速度和加速度进行矢量叠加，可得到海流、潮汐和海浪联合作用在隔水管上的力[17]。

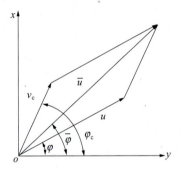

图3-15 波浪速度与海流速度的合成

由图3-15，可以得到矢量叠加后的速度$\bar{u}$和方向角$\bar{\varphi}$：

$$\begin{cases} \bar{u}^2 = u^2 + v_c^2 + 2uv_c\cos\bar{\varphi} \\ \bar{\varphi} = \varphi - \varphi_c \end{cases} \qquad (3-21)$$

式中，φ为波浪入射方向与y轴的夹角，rad；φ_c为海流方向与y轴的夹角，rad。

工程应用中，一般采用（$v_{cmax}+u$）代替叠加速度，则该情况为最恶劣工况，计算结果偏于安全。则可以得到波流联合作用下隔水管受到的作用力：

$$F_y = \frac{1}{2}C_D\rho_1 D_r \int_0^{L_r}(u+v_c)^2 dx \qquad (3-22)$$

由于上面方程中含有积分符号，不易得到解析式，在计算机程序处理时，采用复化辛普森求积公式进行数值积分处理。

（4）阻力系数和惯性力系数的确定。

事实上，Morison公式是一个半经验半理论的公式，其中的阻力系数C_D和惯性力系数C_m的确定是一个关键问题。

英国船舶研究协会曾经就此问题进行了研究，给出了光滑垂直圆柱体的阻力系数C_D和惯性力系数C_m范围。美国API规范中建议光滑的圆柱$C_D=0.65$，$C_M=1.6$，粗糙的圆柱$C_D=1.05$，$C_M=1.2$。《海上固定式平台入级与建造规范》中建议，圆形构件$C_D=0.6\sim1.0$，$C_M=2.0$。《海上移动平台入级与建造规范》中建议，圆形构件$C_D=0.6\sim1.2$，$C_M=1.3\sim2.0$，且取用的系数值均应不小于上述范围的下限值。而事实上，C_D和C_m不仅与雷诺数Re和构件表面相对粗糙度有关，还与库尔根–卡培数K_c有关。另外，海生物附着等都会增大阻力系数C_D，由于增大了管柱的外径，也就增大了波浪的惯性力。同时，所建议的C_D和C_m的范围是很宽的，且应当结合与环境条件相适合的波浪理论来使用。

3. 数值化求解方法

除采用有限元软件对隔水管进行力学分析外，也可直接采用有限差分等数值方法对隔水管力学模型直接进行数值求解。

二、隔水管动态力学分析

1. 理论模型

顶部张紧钻井隔水管动态响应分析模型如图3-16所示，其数学模型是位于垂直平面内的梁在横向载荷作用下变形的偏微分方程：

$$\frac{\partial^2}{\partial x^2}\left(EI\frac{\partial^2 y}{\partial x^2}\right)-\frac{\partial}{\partial x}\left(T\frac{\partial y}{\partial x}\right)+M\frac{\partial^2 y}{\partial t^2}=F(x,t) \qquad (3-23)$$

式中，M为隔水管单位长度振动质量。其包括隔水管质量，隔水管内包容物质量（钻井液）以及单位长度的附连水质量等，kg。

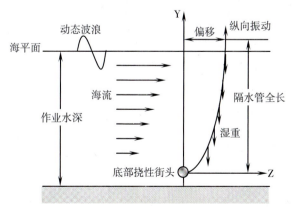

图3-16 顶部张紧隔水管动态分析示意图

$$M = \frac{\pi}{4}(D^2 - D_i^2)\rho_s + \frac{\pi}{4}D_i^2\rho_m + \frac{\pi}{4}D^2\rho_w(C_M - 1) \quad (3-24)$$

式中，D 为隔水管外径，m；D_i 为隔水管内径，m；ρ_s 为隔水管材料密度，kg/m³；ρ_m 为隔水管内钻井液密度，kg/m³；ρ_w 为海水密度，kg/m³；C_M 为惯性力系数，无因次量。

当仅考虑波浪的动载荷作用时，依据 Morison 方程计算作用于隔水管的水动力载荷为

$$F = F_D + F_I = \frac{1}{2}\rho D C_D u_w |u_w| + \frac{\pi}{4}\rho D^2 \dot{u}_w + \frac{\pi}{4}\rho C_m D^2 \dot{u}_w \quad (3-25)$$

式中，第一项为正比于水质点相对速度平方的拖曳力；第二项为正比于水质点加速度的惯性力；第三项为正比于水质点加速度的由于附加质量引起的惯性力。当波、流同时作用于隔水管时，Morison 方程需进行修正。

$$F = F_D + F_I = \frac{1}{2}\rho D C_D (u_w + u_c)|u_w + u_c| + \frac{\pi}{4}\rho D^2 \dot{u}_w + \frac{\pi}{4}\rho C_m D^2 \dot{u}_w \quad (3-26)$$

由于海流是稳态的，它只对结构产生拖曳力，而不会对惯性力产生影响。但计算拖曳力的水质点速度不是简单将两者相加，而是应计算波浪与海流各自引起的水质点速度的矢量和。

在波流联合作用下，同时考虑隔水管相对运动的影响，采用修改形式的 Morison 方程计算式（3-23）的水动力载荷 $F(x, t)$，算式为

$$F(x,t) = \frac{\pi}{4}\rho C_M D^2 \dot{u}_w - \frac{\pi}{4}\rho(C_M - 1)D^2\frac{\partial^2 y}{\partial t^2} + \frac{1}{2}\rho D C_D \left(u_w + u_c - \frac{\partial y}{\partial t}\right)\left|u_w + u_c - \frac{\partial y}{\partial t}\right| \quad (3-27)$$

式中，C_D 为拖曳力系数，无因次量；$\dot{u}_w$ 为水质点加速度，m/s²；u_w 为水质点速度，m/s；u_c 为稳态海流流速，m/s；$\frac{\partial^2 y}{\partial t^2}$、$\frac{\partial y}{\partial t}$ 为隔水管质点的加速度与速度，m/s²，m/s；隔水管承受的动载荷来源于随机波浪与海流。水动力载荷 $F(x, t)$ 包括拖曳力和惯性力两个分量，取决于水质点相对于隔水管质点的相对速度和加速度。

假定规则波水质点速度为：

$$u_w(z,t) = u_0 e^{i\omega t} \quad (3-28)$$

式中，u_0 为水质点速度幅值。

假设隔水管动态响应为

$$y(z,t) = y_0(z)e^{i\omega t} + y_c(z) \quad (3-29)$$

式中，y_0 为隔水管位移幅值，m；y_c 为隔水管平均侧向位移，m。

把方程（3-28）和方程（3-29）代入方程（3-23）和方程（3-25），得到

$$\frac{\partial^2}{\partial z^2}\left(EI\frac{\partial^2 y_0}{\partial z^2}\right)e^{i\omega t} + \frac{\partial^2}{\partial z^2}\left(EI\frac{\partial^2 y_c}{\partial z^2}\right) - \frac{d}{dz}\left(T\frac{dy_0}{dz}\right)e^{i\omega t} - \frac{d}{dz}\left(T\frac{dy_c}{dz}\right) - \omega^2 M y_0 e^{i\omega t}$$

$$= \frac{\pi}{4}\rho C_M D^2 i\omega u_0 e^{i\omega t} + \frac{\pi}{4}\rho(C_M - 1)D^2\omega^2 y_0 e^{i\omega t} +$$

$$\frac{1}{2}\rho C_D\left[(u_0 - i\omega y_0)e^{i\omega t} + u_c\right]\left|(u_0 - i\omega y_0)e^{i\omega t} + u_c\right|$$

把与时间有关和无关项分别列出，得到与时间有关项为：

$$\begin{aligned}
&\left[\frac{d^2}{dz^2}\left(EI\frac{d^2 y_0}{dz^2}\right) - \frac{d}{dz}\left(T\frac{dy_0}{dz}\right) - \omega^2 M y_0\right]e^{i\omega t} = \\
&\left[\frac{\pi}{4}\rho C_M D^2 i\omega u_0 + \frac{\pi}{4}\rho(C_M - 1)D^2\omega^2 y_0 + \frac{1}{2}\rho D C_D B_1(u_0 - i\omega y_0)e^{i\omega t}\right]
\end{aligned} \quad (3-30)$$

与时间无关项为：

$$\frac{d^2}{dz^2}\left(EI\frac{d^2 y_c}{dz^2}\right) - \frac{d}{dz}\left(T\frac{dy_c}{dz}\right) = \frac{1}{2}\rho D C_D B_2 u_c \quad (3-31)$$

式中，B_1 与 B_2 为非线性拖曳力线性化系数。

将方程（3-30）两端的 $e^{i\omega t}$ 同时去掉，联合式（3-31），得到两个常微分方程，采用有限元法或者有限差分法就可以求解 $y_0(z)$ 和 $y_c(z)$，通过式（3-29）可得到隔水管动态响应的位移时间历程。

部分计算模型认为，海流只是隔水管静态分析载荷，隔水管进行动态分析时，只考虑波浪和钻井船运动，无需考虑海流的影响。于是，动态分析时Morison方程仅需考虑隔水管的相对运动进行一次修正如式（3-32）所示：

$$F(x,t) = \frac{\pi}{4}\rho C_M D^2 \dot{u}_w - \frac{\pi}{4}\rho(C_M - 1)D^2\frac{\partial^2 y}{\partial t^2} + \frac{1}{2}\rho D C_D\left(u_w - \frac{\partial y}{\partial t}\right)\left|u_w - \frac{\partial y}{\partial t}\right| \quad (3-32)$$

两种模型不同之处在于动态分析时Morison方程的拖曳力项是否包括海流引起的水质点速度。由式（3-33）可知，海流主要形成结构动态响应中的是不变部分。若海流仅仅应用于隔水管静态分析，则对应的隔水管静态分析的数学模型应为：

$$\frac{d^2}{dz^2}\left(EI\frac{d^2 y}{dz^2}\right) - \frac{d}{dz}\left(T\frac{dy}{dz}\right) = \frac{1}{2}\rho D C_D u_c^2 \quad (3-33)$$

比较式（3-31）和式（3-33）可知，海流引起的隔水管动态响应时不变分量不等同于隔水管静态分析时海流造成的静态响应。把波浪与海流联合作用看作分别单独作用下的简单迭加将会引起较大的计算误差，其主要原因是非线性水动力与水质点相对速度的平方有关。

2. 受力分析与求解方法

隔水管动态响应分析方法包括三种：时域规则波分析（时域确定性分析）、时域不规则波分析（时域随机振动分析）和频域分析。时域规则波分析采用规则波对隔水管进行动态分析，采用一给定周期和波高的波浪代表一定环境条件下出现的最大波，再根据一种恰当的波浪理论来描述波浪的响应特征。该单一设计波方法虽不能完全反映不规则波对海洋结构物的作用，但计算方法简单，使用方便，常为海洋工程设计采用。

时域随机振动方法建立在海况的统计特征基础之上，把波浪作为随机过程，将随机波浪谱按照波浪模拟方法分解为具有不同周期、不同相位、不同幅值的余弦波的叠加，然后计算隔水管对组成波列的动态响应。文献认为，设计波法计算隔水管对于给定波高和频率的波浪的确定性响应，但由于波浪是极其复杂和不规则，故应将波浪力看作随机过程，计算隔水管在随机波浪力作用下的随机响应分析法是取代设计波法的最现实的方法。

时域随机振动分析最为精确，该方法能够综合考虑拖曳力的非线性，隔水管的相对运动，以及作为动态响应来源的波浪力，该方法的缺点是浪费机时。文献认为，隔水管与钻井船组成一个复杂的动力系统，该系统受环境载荷（风，浪，流）和维持钻井船抵御环境载荷的钻井船推进器的控制力的影响。隔水管作为柔性结构，其侧向变形受施加的顶张力的影响而不是自身刚度的影响。由于是细长的柔性结构，隔水管底部与顶部之间的响应有一个显著的时间差，时间差随水深和施加的顶张力而变化。

以1200m隔水管为例，图3-17表明了隔水管顶部与底部位移响应的时间差。顶部的位移响应需经过30s的时间才能引起底部的响应。隔水管顶部的位移响应到达底部并从底部返回到顶部，完成整个过程大约需要60s的时间。一般来说，时域规则波法计算动态响应需要的计算时间为静态响应分析时间的1000倍，而时域随机振动分析所需要的时间更是规则波法所需要时间的10倍以上，故常把时域随机振动分析作为隔水管的最终设计校核方法。

关于波浪理论，由于只有线性的小幅波浪理论才允许进行单个组成波的速度势，波面高度，速度和加速度的叠加以得到更复杂的随机波浪，隔水管时域随机振动分析多采用线性（ARIY）波浪理论。而隔水管时域规则波动力分析既可以采用线性波浪理论也可以采用非线性波浪理论。

需要指出，时域随机振动分析比规则波分析预测的应力值高。这是由于在随机波浪分析时，波浪能量涵盖了一个宽的频率带，处于波浪频率带之内的隔水管固有频率都有可能被激发。而在规则波情况下，所有的波浪能量被集中于隔水管某个单一的固有频率处，如果波浪频率不接近于隔水管的固有频率，该阶模态就不会被激发。

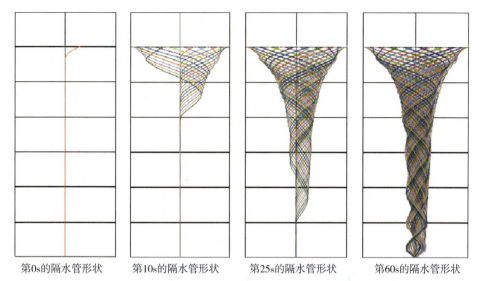

| 第0s的隔水管形状 | 第10s的隔水管形状 | 第25s的隔水管形状 | 第60s的隔水管形状 |

图3-17 深水钻井隔水管顶部与底部动态位移响应的时间差

频域分析法比时域分析法快，所需时间和静态分析大体相等，但必须采用线性波浪理论。由于Morison方程中的拖曳力项正比于水质点速度的平方，而采用频域分析法时必须将拖曳力线性化，这就造成精度上的误差，这也是频域分析法最大的缺点。但如果线性化技术处理精确，频域分析法将取得与时域规则波法和随机波浪法非常接近的结果。频域分析法常作为隔水管常规动态分析时替代时域动态分析的方法，可将频域分析结果用于隔水管初期设计阶段，而采用时域分析对隔水管最终设计进行验证。建议隔水管时域分析方法为，将时域规则波作为初步设计，而将不规则波作为最终的设计。DNV推荐的隔水管动态响应分析与验证方法见表3-2。

表3-2 DNV推荐的隔水管动态分析与验证方法

所采用的方法	验证的方法
线性化时域分析	非线性时域分析
频域分析	时域分析
规则波浪分析	不规则波浪分析

第三节 隔水管设计方法

一、设计原则

深水钻井隔水管的设计一般按照以下基本原则[18]进行：

(1)必须满足实际工况下的功能和钻井作业要求。

(2)隔水管系统须设计为能确保防止大的恶性事故的发生。

(3)可实现简单而可靠的安装和收回,且在作业过程中不容易损坏。

(4)系统比较容易进行检查、维修、更换和修理。

(5)结构的设计和材料的使用满足最大限度减小腐蚀、侵蚀和磨损影响的目的。

(6)满足当地法规或者技术规范的要求。

(7)配置尽可能简单。

(8)费用尽可能降低。

深水钻井隔水管性能要求的标准,主要参照API Spec 5L《管线管规范》和DNV-OS-F101《海底管线系统》。这两个标准是深海钻井隔水管设计的基础,也是其他设计标准的基础。其他标准还包括DNV-OS-F201《动态立管》、API Spec 16F《海洋钻井隔水管设备规范》、API RP 16Q《海洋钻井隔水管系统设计、选择、操作和维护的推荐做法》、ISO 13628-7/API RP 17G《石油和天然气工业水下才有系统的设计与操作 第7部分 完井修井隔水管系统》,以及SY/T 10037《海底管道系统规范》等。

二、主要约束参数确定方法

1. 可靠性方法

可靠性方法是根据可靠性理论与方法确定系统部件以及整个系统的结构方案和有关参数的过程。常规设计中,安全系数偏大影响经济性能,偏小则会出现安全隐患。从可靠性工程的角度来讲,隔水管系统可以采用概率性的设计方法,在设计中纳入可靠性指标,确保安全性水平。一是工程问题中所出现的很多现象本来就是概率性的;二是为使预测的工作性能与实际的工作性能尽量一致,需要考虑各种影响因素;三是系统中各个部分的可靠性必须保持一致。

在可靠性理论中,对于给定的极限状态,其功能函数可以由广义上的统计载荷和统计阻力描述。例如,用载荷S和抗力R表示的功能函数为

$$g(x) = R - S \tag{3-34}$$

失效概率计算公式为

$$P_f = P[g(x) < 0] = P(R - S < 0) \tag{3-35}$$

通过统计分析,可以建议R与S的分布函数,从而计算结构的失效概率。

2. 极限状态法

目前对极限状态的一般定义为:整个结构或结构的一部分超过某一特定的状态,就不能满足设计规定的某一功能要求,此特定状态就称为该功能的极限状态,

按此状态进行结构设计的方法称极限状态设计法。无论是单个载荷还是组合载荷都引起一组极限状态,每个极限状态将结构划分为安全状态和失效状态。按照隔水管失效的不同性质,极限状态可以分为四种类型:①正常使用的极限状态:如果超过这种状态,系统不再适于正常运行;②承载能力极限状态:如果超过这种状态,系统的完整性将遭到破坏;③疲劳极限状态:考虑累积循环荷载效应的承载能力极限状态;④意外极限状态:由偶然荷载导致的承载能力极限状态。

3.荷载抗力系数法

荷载抗力系数的设计方法是建立在极限状态和分项安全系数基础上的。极限状态如上所述分为四种,分项安全系数则是基于流体分类、区域分区以及不同的安全等级基础之上。荷载抗力系数法的基本原理是:对任何可能的破坏模式,系数化的设计荷载不超过系数化的设计抗力。其中,系数化的设计荷载通过特征荷载乘以荷载效应系数获得,系数化的抗力通过特征抗力除以抗力系数获得。如果设计荷载不超过设计抗力,则认为满足规定的安全水平。

荷载抗力设计方法将式(3-36)作为隔水管系统的设计准则:

$$\gamma_F S_{CF} + \gamma_E S_{CE} \leq \frac{R_C}{\gamma_R} \quad (3-36)$$

式中,S_{CE}为结构的环境载荷,kN;S_{CF}为结构的功能载荷,kN;R_C为结构抗力,kN;γ_F为结构的功能载荷系数,无因次量;γ_E为结构的环境载荷系数,无因次量;γ_R为结构抗力系数,无因次量。

4.鲁棒法

鲁棒优化设计方法的思想是在不能消除影响结构性能或产品质量的因素时,设法使结构或产品适应相应的影响因素,同时使其影响尽可能小,从而提高结构性能或产品质量。众多鲁棒设计方法中,适用于隔水管鲁棒设计的方法有:公差盒方法、随机优化方法和凸集模型等。

三、优化设计方法

深水钻井隔水管系统设计过程[19],如图3-18所示。先进行脱离模式硬悬挂分析,考虑10a或者100a一遇的波浪确定动态张力的安全裕量。如果安全裕量为负值,意味着隔水管可能会产生比较危险的动态屈曲,应当适当降低浮力系数。如果安全裕量较高,则应适当增加浮力系数。

依据脱离模式确定隔水管系统浮力系数后,则应进行钻井作业模式分析。正常钻井作业模式下,隔水管系统每一部分的等效应力都必须小于材料屈服强度的$2/3$,如果出现等效应力大于材料屈服强度的$2/3$,则该部分隔水管的壁厚应当增加$1/16$in

（1.588mm）。相反，如果等效应力小于材料屈服强度的$2/3$，则壁厚可减少$1/16$in（1.588mm）。隔水管壁厚调整以后，应根据新的隔水管参数重新计算脱离模式下动态张力的安全裕量，并相应调整浮力系数。

迭代上述过程以得到最终的隔水管设计。然后考虑隔水管每一部分的名义（公称）壁厚，无腐蚀和浮力块重量增加3%等条件确定最大顶部张紧力。根据规范，最大张紧力必须小于张力器的极限能力，而且接头的等级也应与最大张紧力相匹配（考虑辅助管线中压力的影响），此外每一根隔水管单根还应进行挤毁校核。

设计的最后阶段是进行动态计算。钻井船动态运动、海流及波浪对隔水管弯矩和底部挠性接头转角的影响都应当进行校核。

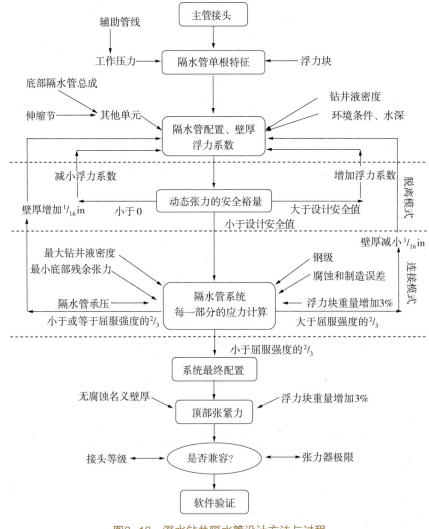

图3-18 深水钻井隔水管设计方法与过程

第四节 隔水管失效模式与损伤评估

作业过程中,隔水管系统承受一系列复杂的内外部载荷,包括外部静水压力和内部流体压力引起的压力载荷;为实现设计功能及因系统操作而产生的功能载荷;海洋环境直接或间接施加的环境载荷,以及由于异常条件、错误操作或技术失效等情况下可能产生的偶然载荷等。隔水管系统可能因为上述载荷遭受多种损伤。

一、失效模式

深水钻井隔水管系统作业环境恶劣,承受的作业载荷复杂多变,可能发生多种形式的失效。根据美国矿产管理局的海洋管道失效统计,30多年时间里墨西哥湾发生的3971起事故中有2168起(占55%)是由腐蚀引起的[20,21],其中外部腐蚀超过70%,可见腐蚀是隔水管失效的主要模式之一。其次,深水隔水管涡激振动的可能性较大,一旦发生将在很短时间内造成疲劳损伤。其他环境载荷也会引起隔水管疲劳,因此应将疲劳作为一种失效模式纳入分析和评估当中。再次,随着作业水深的增加,钻杆柱对隔水管内壁的磨损日益突出,更易引发磨损失效事故。

(一)腐蚀失效

海水的pH值通常在7.2~8.6之间,并含大量的溶解氧,大多数金属和合金在海水中的腐蚀过程是氧的去极化过程,腐蚀速度由阴极极化控制。另外海水中Cl^-浓度高,它破坏金属表面形成的钝化膜,易造成点蚀或孔蚀。

一般根据环境介质的差异,以及钢结构在这些介质中腐蚀机理的不同,将海洋腐蚀环境划分为海洋大气区、飞溅区、潮差区、全浸区和海泥区。海洋大气区的金属物表面易形成含有盐分的水膜,该水膜具备一定的导电性,为电化学腐蚀的发生提供了电子迁徙的条件。一般钢结构在海洋大气中的腐蚀速度比内陆地区高4~5倍。在海洋大气区,影响腐蚀的因素包括大气中盐分的含量、温度和湿度;飞溅区是指处于海水平均高潮位以上,因潮汐、风和波浪而导致钢结构干湿交替的部分。飞溅区腐蚀的影响因素包括:饱和的海水润湿、表面电解质浓度较高、日照下温度较高、富氧的浪花飞溅冲击和干湿交替、海面漂浮物的撞击、海水接触材料表面时气泡破灭造成的巨大冲击,破坏材料表面和防腐蚀保护层等。一般钢铁材料在此区腐蚀最强,防腐蚀保护层也最容易脱落;潮差区是高潮位和低潮位之间的区域,钢结构与含饱和空气的海水接触,会造成严重的腐蚀。通常情况下,金属物在潮差区的腐蚀速度比全浸区高得多,但对于隔水管而言,其结构是长尺寸,上下连续,潮差区水膜富氧,全浸区相对缺氧,因此,形成氧浓差电池,潮差区钢结构部分在电化学腐蚀体系中为阴极,腐蚀较轻;全浸区是金属物全部浸入海水中,影响腐蚀的因素包括溶解氧、盐度、pH值、流速和海生物等,尤其以溶解氧和盐度影响程度最大。另外，较大的流速不断给金属物表面供氧，同时冲走腐蚀产物，加速腐蚀。海泥区影响腐蚀的因素有微生物、电阻率、沉积物类型和温度等。海泥中的硫酸盐还原菌对腐蚀起着极其重要的作用，在存在硫酸盐还原菌的海泥中，钢的腐蚀速度比无菌海泥高10倍以上。钻井隔水管一般不涉及海泥区的腐蚀问题。

（二）疲劳失效

1. 大张力影响

深水隔水管壁厚和长度的增加导致重量大大增加，并且在连接状态下需维持系统稳定性、减小隔水管曲率、限制挠性接头转角以及抑制涡激振动，这些都要求对隔水管施加大的顶张力。但是，加大张力会带来一系列问题。首先，张力系统应具备更高的承载能力，可能要求增加张力器数量或采用高级别钻井系统。其次，隔水管轴向应力随之增大，对管壁强度要求更高，并且可能加速疲劳裂纹扩展。再次，高的隔水管顶张力增加了计划或紧急脱离后控制回弹及悬挂操作的难度。

解决前两个问题的直接方法是增加浮力装置，一般包括低密度材质浮力块和空气室两种。浮力装置提供的浮力能够抵消大部分系统重量，将张力装置的负荷降低到承载能力范围以内。同时，浮力装置覆盖隔水管的大部分长度，可以改善局部力学性能，避免局部应力过大。由于浮力装置外径加大，应避免安装于高流速区域，防止造成额外拖曳力；带浮力块的单根尽量位于波浪作用区以下，以减小隔水管上的侧向载荷，增大悬挂作业窗口；交错布置带浮力块的单根与裸单根有助于减轻隔水管涡激振动。对于隔水管系统断开后的反冲问题，试图在断开之前减小顶张力的做法是不现实的，这样将导致隔水管曲率增大以及下部隔水管总成受损。需要采用防回弹系统控制可能的过大垂向加速度，使隔水管系统以可控的方式上升，避免各种损伤的发生。

2. 动力定位问题

深水钻井装置有时会因动力中断、推进器故障或恶劣海况等造成定位失效而偏离预期位置，即使偏离程度不严重，也容易导致隔水管顶部球铰和底部挠性接头角度超过允许范围，导致其附近的隔水管严重磨损。若偏离过大，必须及时将隔水管从底部断开，避免隔水管及井口系统受损。在紧急断开的情况下，除了会发生前面提及的反冲问题，对断开之后隔水管的悬挂问题也须仔细分析。

3. 悬挂问题

海上钻井作业中如果遇到强风暴或其他恶劣天气，应尽量对隔水管进行计划脱离并回收。但风暴的形成和成长有时是始料不及的，而完全回收隔水管系统需要较长时间。这种情况下，应尽量多回收单根，以改善悬挂的隔水管柱的轴向运动性能。

深水钻井隔水管悬挂的困难主要来自于系统在空气中的重量与水中湿重的差

异，悬挂状态下浮力块的存在加剧了这种差异。安装有浮力块的隔水管单根水中重量只有几百磅，全部隔水管以及隔水管底部总成的水中重量之和与它们在空气中的重量相差将近一个数量级。这种重量差异降低了隔水管在水中的自由下沉加速度，大风浪条件下浮式钻井装置向下的升沉运动可能比隔水管快，推挤作用造成隔水管顶部的压缩。严重的动态压缩，会导致隔水管的局部屈曲失效，增加隔水管弯曲应力，也增大了隔水管上部碰撞月池的风险。随着回收单根数量的增加，隔水管系统的悬挂性能将大大改善。

（三）磨损失效

随着作业水深的增加，钻杆柱对隔水管内壁的磨损日益突出，易引发磨损失效事故。

深水环境中海流速度一般较大，大流速条件下，随流向拖曳力的增大，隔水管弯曲和变形加剧，管壁发生磨损的可能性加大。另一方面，深水大流速环境下隔水管涡激振动更易发生，加剧了隔水管及辅助管线的交变弯曲应力，导致疲劳损伤，危及隔水管系统的完整性。此外，大流速将导致钻井船定位困难，影响隔水管起下作业窗口。

二、腐蚀损伤评估

（一）腐蚀机理

隔水管的腐蚀可以分为均匀腐蚀、局部腐蚀、冲蚀腐蚀、隙间腐蚀、台面状侵蚀、应力腐蚀开裂、疲劳裂纹开裂等几类。引起腐蚀失效的可能原因，包括设计中缺乏腐蚀保护、飞溅区覆层失效、阴极保护失效、腐蚀性作业环境以及波浪等外部因素。其中，飞溅区的干湿交替以及覆层缺陷引起的腐蚀问题尤为突出。

影响腐蚀性能的因素包括海水的含氧量、盐度、温度以及流速和pH值等，其中含氧量的影响程度最为显著。钢的腐蚀速率与电解质（海水）内的含氧浓度成正比。由于波浪产生的大量气泡以及光合作用，海面附近的氧气溶解量是过饱和的，随水深增大，氧气被生物大量消耗，溶解量逐渐降低，约500~1000m水深时最低。由于低温、密度较高的含氧水体下沉，水深继续增大后含氧量又有所回升。

海水的盐度通过改变海水的导电性和影响氯离子穿透钝化膜的能力，影响腐蚀效果。盐度越高，海水的传导性越强，氯离子越容易侵入钝化膜，在金属表面产生局部点蚀和裂纹。海水中的盐度一般在几百米水深内较大，在深水中维持较低水平。

海水温度随水深增加而递减，5000m深度时接近零度。其他条件不变时，海水腐蚀性随温度升高而增强，但并不是单调变化关系。温度降低含氧水平升高，而其对腐蚀速率的影响通常大于温度本身的影响。

海水速度是复杂变量，其对腐蚀的影响取决于材料成分和形状、流体成分、流体物理性质以及腐蚀机理。多数金属对于海水流速比较敏感，对于钢铁材料存在一个临界速度，流速超过该速度会发生过度腐蚀。深水中流速降低，钢的腐蚀减轻。

总的来说浅水区域隔水管的腐蚀速率明显高于深水。各海域的深水腐蚀速率很接近，而浅水中为0.15~0.31mm/a不等，水面附近的腐蚀速率则为0.1~0.6 mm/a不等。

（二）腐蚀评估

1.腐蚀评估标准

目前尚没有专门针对海洋隔水管的腐蚀评估规范或标准，一般参考和借鉴金属管线腐蚀评价标准。评估管道腐蚀最常用的方法是ASME B31G，主要基于断裂力学的NG-18表面缺陷计算公式。该评估方法只使用两个缺陷参数（深度和长度）来评估在什么样的运行压力下含缺陷管道不发生断裂，评估结果过于保守，并且B31G标准只适用于钢级X52以下的低强度钢[22,23]。

API 579准则在B31G标准的基础上，考虑了相邻缺陷和附加载荷的影响，明确了含缺陷管道剩余承压能力、缺陷尺寸及材料强度参数之间的关系。其服役适应性评价把腐蚀缺陷分为均匀腐蚀、局部腐蚀和点蚀3类，对每一类缺陷都建立了二级评价体系。API 579准则根据设计压力确定最小允许壁厚t_{min}，通过测量实际最小壁厚t_{mm}确定腐蚀裕量AFC，剩余壁厚比Rt和剩余强度系数FRs，再通过应力计算进行分析评估[24,25]。

英国燃气公司和挪威船级社于1999年合作开发的DNV-RP-F101标准[26,27]，除内压之外还考虑管道的轴向和弯曲载荷。该标准提供分项安全系数法和许用应力法两种腐蚀缺陷评价方法。分项安全系数法采用概率修正方程确定腐蚀管道的许用操作压力，许用应力法以腐蚀缺陷的失效压力乘以一个基于初始设计系数的单一使用系数，来表示管道安全压力。DNV-RP-F101适用于钢级X42~X80的中高强度钢，可评估母材的内外腐蚀和焊缝腐蚀等。本章采用许用应力法对深水隔水管腐蚀缺陷进行评估。

2.缺陷类型划分

按照缺陷分布的离散程度，将腐蚀缺陷分为独立缺陷和组合缺陷两类。若两相邻缺陷之间的相对位置满足式（3-37）所示的环向或者轴向间距要求中的任一项，认为这两个缺陷相距足够远，可以忽略其相互影响而作为独立缺陷进行评估。否则，需按照组合缺陷方法评估[28]。

$$\phi > 360\sqrt{t/D} , s > 2\sqrt{Dt} \qquad (3-37)$$

式中，ϕ为相邻缺陷沿圆周方向的角度间隔，(°)；s为相邻缺陷的轴向间距，m；t为隔水管名义壁厚，m；D为名义外径，m。

图3-19中三个腐蚀缺陷各不相同。缺陷1发生在管壁的一个表面上（内表面或外表面），并且是单一的缺陷，尺寸参数最简单，轴向长度和深度分别为l_1和d_1。缺陷2也发生在一个表面上，但它包含了多个小的缺陷，或者说是由多个小缺陷相互重叠而成，长度l_2取缺陷的总长度，深度d_2取缺陷深度的最大值。缺陷3也可看作重叠缺陷，只是两缺陷发生在管壁的不同表面，此时长度l_3为重叠后的总长度，深度d_3等于两缺陷深度之和，即$d_3=d_{31}+d_{32}$。

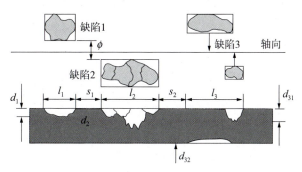

图3-19 缺陷相对位置

3. 独立缺陷失效压力

对于独立腐蚀缺陷，许用应力法的失效模型在形式上与ASME B31G类似，不同之处在于许用应力法根据数值分析结果将Folias系数M修正为系数Q，将流变应力定义为极限拉伸强度而非屈服极限，另外采用实际面积来表述缺陷形状。在内部压力作用下，隔水管的失效压力

$$P_{\text{press}} = \frac{2tf_u}{D-t} \cdot \frac{1-d/t}{1-d/(tQ)}, \quad Q = \sqrt{1+0.31\left(\frac{l}{Dt}\right)^2} \quad (3-38)$$

式中，f_u为设计中使用的拉伸强度，Pa；d为腐蚀深度，m；l为腐蚀轴向长度，m；Q为反映圆管结构尺寸特征及腐蚀区长短影响的系数，无因次量。

隔水管还承受外部载荷的作用，外部轴向载荷F_x和弯矩M_y在缺陷位置处分别引起轴向应力σ_A和σ_B，叠加后成为名义轴向应力σ_L。

$$\sigma_A = \frac{F_x}{\pi(D-t)t}, \quad \sigma_B = \frac{4M_y}{\pi(D-t)^2t}, \quad \sigma_L = \sigma_A + \sigma_B \quad (3-39)$$

对于式（3-40）定义的变量σ_1，当$\sigma_L \leq \sigma_1$时，认为轴向应力对于失效压力的影响可以忽略，式（3-38）即为隔水管失效压力计算公式。若$\sigma_L \geq \sigma_1$，在计算失效压力时就应考虑轴向应力的影响，失效压力按照式（3-41）计算。

$$\sigma_1 = -0.5 f_u \frac{1-d/t}{1-d/(tQ)} \quad (3-40)$$

$$p_{\text{comp}} = \frac{2tf_u}{D-t} \frac{1-d/t}{1-d/(tQ)} H_1, \quad H_1 = \frac{1+\dfrac{\sigma_L}{f_u A_r}}{1-\dfrac{1}{2A_r}\dfrac{1-d/t}{1-d/(tQ)}}, \quad A_r = 1-\frac{d}{t}\frac{c}{\pi D} \quad (3-41)$$

式中，A_r为环向面积缩减系数；c为腐蚀沿圆周方向的长度，m。

如果同时考虑隔水管的内部和外部载荷，则失效压力 P_f 取两种载荷条件对应的失效压力的较小值：

$$P_f = \min(P_{\text{press}}, P_{\text{comp}}) \tag{3-42}$$

4. 组合缺陷失效压力

进行组合缺陷评估时，首先沿管壁轴向和环向将腐蚀区域划分成较小区间，各区间的最小长度为 $5.0\sqrt{Dt}$，最小重叠量为 $2.5\sqrt{Dt}$，不同区间的环向角度间距为 $Z=360\sqrt{t/D}$（°）。在每个小区间内，使用总缺陷长度（包括间距）和有效深度作为缺陷尺寸参数，组合缺陷如图3-20所示。

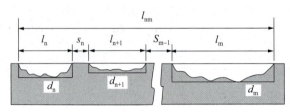

图3-20 腐蚀组合缺陷

对每一个小区间内发生的所有缺陷，P_1，P_2，…P_N 的计算方法与上一节相同。将相邻的多个缺陷 n 到 m 作为一个整体评估，称为组合缺陷 nm。组合缺陷的长度 l_{nm} 等于缺陷 n 到 m 的总长度。

$$l_{nm} = l_m + \sum_{i=n}^{i=m-1}(l_i + s_i) \quad n, m=1, 2, \cdots, N \tag{3-43}$$

组合缺陷的有效深度

$$d_{nm} = \frac{\sum_{i=n}^{i=m} d_i l_i}{l_{nm}} \tag{3-44}$$

于是，从缺陷 n 到 m 的组合缺陷的失效压力

$$P_{nm} = \frac{2tf_u}{D-t} \frac{1-\dfrac{d_{nm}}{t}}{1-\dfrac{d_{nm}}{tQ_{nm}}}, \quad Q_{nm} = \sqrt{1+0.31(\frac{l_{nm}}{\sqrt{Dt}})^2} \tag{3-45}$$

取所有单一缺陷失效压力 P_1，P_2，…，P_N 和所有组合缺陷失效压力 P_{nm} 中的最小值作为区间的失效压力，即：

$$P_f = \min(P_1, P_2, ..., P_N, P_{nm}) \tag{3-46}$$

5. 安全作业压力

将以上分析得出的腐蚀失效压力 P_f 乘以一个使用系数来表示安全作业压力，即

$$P_{sw} = FP_f \tag{3-47}$$

式中，P_{sw} 为安全作业压力，Pa；F 为使用系数。F 包含两部分，分别是模型系数 F_1（一般取0.9）和操作使用系数 F_2。引入 F_2 是为了确保操作压力和腐蚀失效压力之间有一个安全余量，可取为设计安全系数。因此，有 $F=F_1 \cdot F_2$。

对于独立缺陷，式（3-42）计算出的失效压力P_f乘以使用系数就是该缺陷的安全作业压力。对于组合缺陷，由式（3-46）计算出的失效压力P_f乘以使用系数只是轴向管段内某一环向区间的安全作业压力，应取所有环向区间安全作业压力的最小值作为该轴向管段的安全作业压力。

（三）腐蚀缺陷精细评估

作业过程中逐渐出现的腐蚀对于隔水管尤其是疲劳严重区域管段的性能影响值得关注。腐蚀缺陷将引起管壁应力集中，通过局部有限元分析能够较为精确地模拟缺陷附近的应力分布变化，将缺陷处最大应力与同一位置的名义应力相比，即得到应力集中系数。在计算系统疲劳损伤时引入应力集中系数，考虑腐蚀对疲劳的影响。

腐蚀缺陷的形状、尺寸和方向对应力分布均有影响，而实际腐蚀情况又是复杂多样的，因此需要建立多组缺陷有限元模型加以考虑。建模时以底部为半球形的圆柱体蚀坑表示点蚀缺陷，以带有方向性的长条形凹坑表示局部腐蚀，并考虑腐蚀深度不等的情况。采用有限元分析软件建立缺陷管段有限元模型，模型中缺陷位置应远离边界以避免边界效应影响。模型网格划分后加载适当弯矩，计算应力集中系数。

通过对集中系数的计算结果进行分析，可以发现一些规律：①缺陷宽度相同时，应力集中系数随深度的增大而增大；②缺陷径向深度相同条件下，应力集中系数随宽度增大而降低；③截面形状相同时，应力集中系数随缺陷尺寸增大而增大；④截面尺寸相同时，应力集中系数的大小顺序为环向腐蚀>轴向腐蚀>点蚀。当然，这些变化趋势是以特定尺寸范围为前提，不仅依赖于缺陷本身尺寸，还取决于与隔水管尺寸（外径、壁厚）的比值，不同缺陷/隔水管尺寸比条件下应力集中系数随缺陷参数变化的规律可能不同。

三、疲劳损伤评估

外部环境造成的隔水管疲劳主要源于海洋波浪的直接作用、钻井装置运动的影响以及海流引起的涡激振动，其中钻井装置的运动包括6自由度一阶运动以及二阶漫漂运动。挪威船级社推荐做法中将波浪载荷直接作用和波频下的浮式装置运动归纳为波频效应，或称为一阶波浪效应，浮式装置的二阶运动称为低频效应。波频和低频应力循环对隔水管的疲劳效应可采用相同的处理方法。涡激振动造成的隔水管涡激疲劳与波致疲劳机理不同，需单独进行评估。

（一）波致疲劳评估

波浪直接作用常使用小振幅波理论进行分析，该理论认为水质点以固定的圆频率作简谐振动，同时波形以波速向前传播。水质点的运动轨迹是一个椭圆，随着水深增加椭圆轨迹的周长迅速减小。波浪水质点作周期性往复振荡运动，水平速度时正时负，对隔水管的拖曳力也时正时负，从而形成对作用于隔水管的周期性交变力，引起隔水管疲劳。

浮式钻井装置作为刚体在波浪中受到扰动后，可能围绕其原始平衡位置作六个自由度的摇荡运动，如图3-21所示。连接于钻井平台（船）下部的隔水管不可避免将受到周期性载荷作用，产生疲劳损伤。另外，由于系统之间的耦合，浮式钻井装置的运动对隔水管将产生更复杂的影响。例如，钻井装置的升沉运动引起隔水管轴向载荷变化，改变系统固有频率，从而影响隔水管的涡激疲劳。

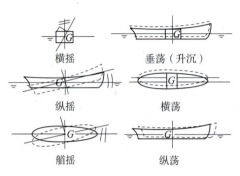

图3-21 浮式钻井装置运动状态

海浪是典型的随机事件，因而浮式钻井装置受到的波浪激励也是随机的，其中的常规非定常部分引起上述振荡运动，此外还有各种非线性影响造成的高阶定常部分。钻井装置的运动响应中一般包含非线性因素，多数情况下可忽略，但当运动响应水平增加或与一阶项相比不可忽略时必须加以考虑。

1. 波致疲劳载荷分析

鉴于波浪载荷的随机性，可以将作业环境划分为一系列海况，每种海况下用一种载荷代表所有的疲劳载荷。分别分析每种海况下的损伤情况，然后进行加权累积。海况分为短期海况和长期海况两种。短期海况的统计时间在数小时之内，在此期间假定波浪载荷等不变化。长期海况的统计时间为数月或数年，此时海况条件不再是平稳随机过程，但可处理为一系列短期海况的组合，其概率密度函数由多个短期海况的概率密度函数以其出现概率为权系数求和得到。

隔水管的疲劳工况划分如下：每个疲劳工况对应于某一特定波浪方向下的疲劳环境，同时计入不同水深因素的影响；依据波高和波周期的组合，每个疲劳工况又分为多个疲劳子工况。在每一个疲劳工况中，需考虑的疲劳载荷是循环主应力，对隔水管而言名义应力分量σ是轴向应力$\sigma_a(t)$和弯曲应力$\sigma_m(\theta,t)$的线性组合[29]，其表达式分别为：

$$\sigma_a(t) = \frac{T_e(t)}{\pi(D-t_{fat})t_{fat}} \quad (3-48)$$

$$\sigma_m(\theta,t) = [M_y(t)\sin\theta + M_z(t)\cos\theta] \cdot \left(\frac{D-t_{fat}}{2I}\right) \quad (3-49)$$

式中，T_e为有效张力，N；D和t_{fat}分别为隔水管外径和平均壁厚，m；M_y和M_z分别为y轴和z轴上的弯矩，N·m；I为二次惯性矩，m^4。θ给出了隔水管圆周上热点的位置，这样就合成了隔水管圆周上的应力变量。

钻井隔水管底部由球铰约束，顶部受张力作用，可以简化为常张力梁，其模态振型是标准正弦曲线，则弯矩可以表示为：

$$M = EIA_n \frac{\pi^2 n^2}{L^2} \sin\left(\frac{n\pi z}{L}\right) \tag{3-50}$$

式中，A_n为模态振幅，将弯矩代入弯曲应力公式得到应力幅的分布，再取2倍为最大应力范围$S_{\max}$。应力范围S是名义应力范围S_0、应力集中系数SCF和厚度修正系数的函数：

$$S = S_0 \cdot SCF \cdot \left(\frac{t_{fat}}{t_{ref}}\right)^k \tag{3-51}$$

式中，$\left(\dfrac{t_{fat}}{t_{ref}}\right)^k$为厚度修正系数，当隔水管平均壁厚$t_{fat}$大于参考壁厚$t_{ref}$（取25mm）时，须引入厚度修正系数以考虑壁厚对焊接节点疲劳强度的影响。其中，厚度指数k取决于隔水管实际结构，取值可参照文献[28]的规定；而平均壁厚t_{fat}则定义为名义壁厚t_{nom}减去腐蚀裕度t_{corr}的一半。

2.无缺陷单根损伤评估

分别计算每种海况下的隔水管疲劳损伤，然后假定不同海况下各级应力幅引起的疲劳损伤是独立的，按照Miner线性累积法则进行叠加。对于无缺陷单根，采用S-N曲线评估累积疲劳损伤[28,29]。

对于应力范围长期分布的分段连续性模型，各海况中应力范围的短期分布可以用连续的理论概率密度函数来描述。当应力范围S给定时，基本疲劳能力由S-N曲线中的失效应力循环次数N表示：

$$S^m N = A \tag{3-52}$$

或者等效为

$$\log(N) = \log(A) - m\log(S) \tag{3-53}$$

式中，A和m是由试验确定的常数，它们分别是对数坐标疲劳曲线的纵轴截距及斜率。

对于由非恒定应力循环引起的累积疲劳损伤，采用Miner准则进行计算。

$$D = \sum \frac{n(S_i)}{N(S_i)} \tag{3-54}$$

式中，$n(S_i)$为应力范围S_i对应的应力循环次数，$n(S_i)$为失效时的应力循环次数。对于线性S-N曲线，时间段L内的预期疲劳损伤为

$$D_L = \int_L \frac{\mathrm{d}n}{N} = \frac{N_L}{A} \int_L s^m f_s(s) \mathrm{d}s = \frac{L}{A} f_m E(S^m) \qquad (3-55)$$

式中，$\mathrm{d}n$是落在区间$[s, s+\mathrm{d}s]$内的应力范围的循环次数，N是当应力范围为S时根据$S-N$曲线确定的疲劳循环次数，N_L为时间段L期间的平均应力循环次数，$f_s(s)$为应力循环短期分布的概率密度函数，$f_m = N_L/L$为应力范围的作用频率。

于是，线性$S-N$曲线下单位时间内的预期疲劳损伤为

$$D_L = \frac{f_0}{A} \int_0^\infty s^m f_s(s) \mathrm{d}s = \frac{f_0}{A} E(S^m) \qquad (3-56)$$

式中，f_0为单位时间内的平均应力循环次数。对于双斜率$S-N$曲线，相应的表达式如下：

$$D = \frac{f_0}{A_2} \int_0^{s_w} s^m f_s(s) \mathrm{d}s + \frac{f_0}{A_1} \int_{s_w}^\infty s^m f_s(s) \mathrm{d}s \qquad (3-57)$$

其中，S_{sw}为两曲线交点对应的应力值，Pa。

根据Miner线性疲劳累积法则，所有海况的加权累积疲劳损伤为

$$D_{\text{fat}} = \sum_{i=1}^{N_S} D_i P_i \qquad (3-58)$$

式中，D_{fat}为总的疲劳损伤；N_S为波浪离散图中离散海况的数目；P_i为海况i的发生概率，通常根据主要波高、峰值周期和波浪方向来确定；D_i为海况i条件下的疲劳损伤。

3. 含缺陷单根损伤评估

对于含有缺陷的隔水管单根，采用断裂力学中的裂纹扩展方法评估其疲劳损伤。由裂纹扩展速率确定一定裂纹扩展量对应的应力循环次数，再根据应力频率计算疲劳损伤。

对于波致疲劳损伤，首先划分疲劳海况，将波浪环境离散成一定数量的典型区域，海况i的发生概率用P_i表示。对每一海况下的隔水管响应进行有限元模拟，通过瞬态动力分析确定名义应力时间历程。其中，应力范围通过对应力时间历程进行雨流计数获得，初始裂纹尺寸由无损检测确定。

（二）涡激疲劳评估

隔水管完全浸没在海水中，受到风、浪、流、冰等复杂的海洋环境荷载影响，其中尤以波浪和海流荷载为甚。在海水和洋流等的剪切、冲击等的综合作用下，隔水管两侧交替形成涡。涡的脱落会使隔水管受到周期性变化的流体力作用，使隔水管在顺流向（即流体流动方向）和横流向（即垂直于流体流动方向）产生明显的振动，隔水管的振动反过来又会扰动流场，强化了涡的生成和脱落，流体力增大，这种流体和固体相互作用的现象即所谓的涡激振动（Vortex-induced Vibration，VIV）。涡激振动是隔水管发生疲劳损伤的主要诱因之一。

1. 涡激振动基本理论

（1）涡激振动机理。

以图3-22中的圆柱体为例。根据伯努利方程，流体接近物体前缘时，愈近圆柱，流速愈小，流体因受阻滞而压力增加。当液体质点到达驻点后，便停滞不前。由于液体具有不可压缩性，继续流来的液体质点，在圆柱两侧压强较大的停滞点的压强作用下，将压能部分转化为动能，改变原来的运动方向，沿着圆柱两侧继续向前流动，流线在停滞点呈分歧现象。液体自驻点向两侧面流去时，由于圆柱面的阻滞作用，在圆柱面上产生边界层。自驻点经过四分之一圆周到圆柱的最宽位置以前，由于圆柱面向外凸出，流线趋于密集，边界层内流体处于加速减压的状态，这时压能的减小部分尚能补偿动能的增加和克服流体阻力而消耗的能量损失，边界层内液体质点的流速大于零。过了圆柱最宽处后，由于流线的疏散，边界层内液体处在减速增压的状态，这时动能部分恢复为压能。另外，由于克服流动阻力而消耗的能量也取之于动能，导致边界层内流体

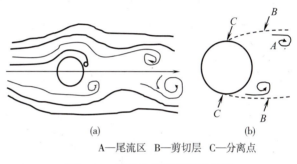

A—尾流区　B—剪切层　C—分离点

图3-22　圆柱体漩涡脱落示意图

质点的速度迅速降低，到分离点形成新的停滞点。继续流来的液体质点则被迫脱离原来的流线，沿着另一条流线流去，从而使边界层脱离圆柱面。边界层在分离点脱离柱体表面，并形成向下游延展的自由剪切层。两侧的剪切层之间即为尾流区。在剪切层范围内，由于接近自由流区的外侧部分流速大于内侧部分，流体便有发生旋转并分散成若干个旋涡的趋势[30]。在柱体后面的旋涡系列称为"涡街"。分离点的位置是不固定的，它和流体所绕流的物体或流经管、渠的形状以及壁面粗糙程度、流动的雷诺数等有关。当流体遇到固体表面的锐缘时，分离点就是锐缘所在处。成型的漩涡流动和圆柱体运动的相互作用成为涡激振动的根源[31]。

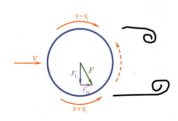

图3-23　交替漩涡泄放对圆柱体的作用力

旋涡在柱体左右两侧交替地、周期性地发生。当在一侧的分离点处发生旋涡时，在柱体表面引起方向与旋涡旋转方向相反的环向流速v_1，如图3-23所示。发生旋涡一侧沿柱体表面的流速$v-v_1$小于原有流速v，而对面一侧的表面流速$v+v_1$则大于原有流速v，从而在来流垂直方向形成作用于柱体表面上的压力差，也就是升力F_L。当一个旋涡向下游泄放、自柱体脱落并向下

游移动时，它对柱体的影响及相应的升力F_L也随之减小，并逐渐消失，而下一个旋涡又从对面一侧发生，并产生同前一个升力相反方向的升力。因此，每一对旋涡都会产生相反方向的升力，共同构成垂直于流向的周期性交变力。当结构物的自振周期和这个升力的周期接近时，流体与结构物之间的耦合效应就会增强。与此同时，旋涡的产生和泄放，还会对柱体产生顺流方向的曳力F_D。F_D也是周期性的力，它并不改变方向，只是周期性地增减；增减周期为升力F_L的一半，即每个单一旋涡的产生和泄放，便构成曳力F_D的一个周期。

（2）涡激振动的基本参数。

对于低马赫数（Mach Number）的黏性流体流经固定不动、表面光滑的圆柱体，雷诺数Re是描述流动过程最重要也是最基本的参数之一，其反映了黏性力与惯性力的比值，定义式为

$$Re = \frac{\rho UD}{\mu} = \frac{UD}{\nu} \quad (3-59)$$

式中，ρ为流体的密度，g/cm³；μ、ν分别为流体的运动学和动力学黏性系数，Pa·s；U为来流流速，m/s；D为圆柱直径，m。

流体的流动特征与雷诺数有关。流体绕过圆柱体，旋涡尾流随Re变化的规律见表3-3。当Re很低时，流体并不脱离圆柱体。当（5~15）≤Re<40时，流体紧贴圆柱体并在其背后形成一对稳定的小旋涡。Re继续提高时，旋涡拉长，并交替地脱离圆柱体，形成一个周期性的尾流和交替错开排列的涡街。当40≤Re<150时，涡街一直是层状的。Re≥150时，涡街开始向湍流状态过渡。当Re=300时，涡街全部变成湍流。当Re约为3×10^5时，圆柱体表面的剪切层突然变成湍流状态，因此把300≤Re<3×10^5区间，称为亚临界范围。在亚临界Re范围内，旋涡以一个非常确定的频率周期性地泄放。当3×10^5≤Re<3.5×10^6时，称为过渡状态，这时流体开始脱离圆柱体表面，旋涡泄放变得凌乱（泄放频率形成很宽的频带），曳力急剧下降。Re继续提高时，即进入超临界范围，涡街可重新建立起来[32]。

表3-3 不同Re数下均匀来流绕固定光滑圆柱体的尾流形式（Blevins，1990）

	$Re<5$	无分离现象发生
	（5~15）≤Re<40	圆柱后出现一对固定的小漩涡
	40≤Re<150	周期性交替泄放的层流漩涡

（续表）

	$300 \leq Re < 3 \times 10^5$	周期性交替泄放的紊流漩涡。完全的紊流可延续至50D以外，称为次临界阶段
	$3 \times 10^5 \leq Re < 3.5 \times 10^6$	过渡段，分离点后移，涡泻不具有周期性，拖曳力显著降低
	$3.5 \times 10^6 \leq Re$	超临界阶段，重新恢复周期性的紊流漩涡泄放

对于固定圆柱体，其漩涡泄放频率或称斯脱哈尔频率f_{st}与无量纲的斯脱哈尔数S_t、来流速度U以及圆柱体直径D有关。

$$f_{st} = \frac{S_t U}{D}$$

当S_t为常量时，斯脱哈尔频率与来流速度成线性关系。

图3-24给出了S_t与Re之间的关系曲线。在亚临界阶段，即$300 \leq Re \leq 3 \times 10^5$时，$S_t$的值基本上保持恒定，约为0.2；在超临界阶段，即$Re \geq 3.5 \times 10^6$时，$S_t$的值基本上保持恒定，约为0.27；而在过渡阶段，即$3 \times 10^5 \leq Re \leq 3.5 \times 10^6$时，由于出现随机性的漩涡泄放而不能直接确定$S_t$值，这时通常定义带宽频率的主频率为这一阶段的漩涡泄放频率。

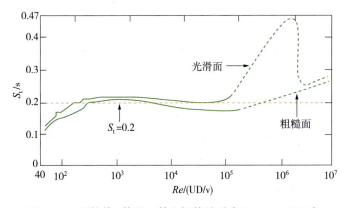

图3-24 圆柱体S_t数同Re数之间的关系（Blevins，1990）

当来流通过可自由振动的圆柱体时，会出现同步（synchronization）或锁定（lock-in）现象[33,34]。当流速较小时，漩涡泄放频率f_s与斯脱哈尔频率f_{st}几乎保持一致。随着流速的增大，f_s逐渐增大，当其接近圆柱体固有频率f_n的1/2时，泄放的涡对激励圆柱体在流动方向上产生振动，同时f_s又被圆柱体的流向振动所控制，发生第一次频率锁定现象。随着流速的增大，f_s开始脱离圆柱振动的控制，重新回到f_{st}的轨迹上。当f_s增大到f_n附近时，漩涡尾流激励圆柱体在横向产生振动，横向振动又反过来影响漩涡泄放的过程。在一定的流速范围内，f_s被圆柱体的振动所控制而不随流速的变化发生改变，此时发生第二次频率锁定现象。随着流速的继续增大，f_s脱离圆柱体的控制重新回到f_{st}的轨迹上。

2. 隔水管涡激振动疲劳分析方法

涡激振动是隔水管发生疲劳损伤的主要诱因之一，在高流速海流区域更大。漩涡泄放引起的隔水管高频振动将导致高频应力循环，造成疲劳损伤。隔水管的累积疲劳损伤可通过Miner准则进行计算：

$$D = \sum_{i=1}^{k} \frac{n_i}{N_i} \leq \eta \quad (3-60)$$

式中，D为累计疲劳损伤；n_i为疲劳应力幅作用的次数；N_i为疲劳失效时应力幅的循环次数；η为允许的疲劳损伤值，对于生产隔水管，η取0.1，对于钻井隔水管，η取0.3。

通常用S-N曲线评估隔水管的疲劳寿命。S-N曲线由Paris疲劳累积准则确定：

$$N \cdot S^b = C \quad (3-61)$$

式中，N为应力范围S在结构使用寿命内的循环次数；b与C是由实验确定的参数，b的取值通常在3~5之间。

（1）隔水管涡激振动疲劳强度的简化评估方法。

① 隔水管振型与频率。

对于底部由球铰约束、顶部受张力作用的钻井隔水管，其力学模型可采用顶张力简支梁模型，如图3-25所示。

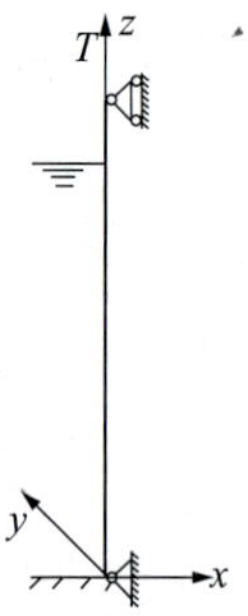

根据有关文献[35]，隔水管的n阶固有频率ω_n可由式（3-62）确定。

图3-25 顶张力隔水管分析模型

$$\int_0^L \sqrt{-\frac{1}{2}\frac{T(z)}{EI(z)} + \frac{1}{2}\sqrt{\left[\frac{T(z)}{EI(z)}\right]^2 + 4\frac{m(z)\omega_n^2}{EI(z)}}}\, dz = n\pi \quad (3-62)$$

式中，n为模态阶次；z为隔水管的轴向坐标；$T(z)$为张力，kN；$EI(z)$为弯曲刚度，N·m²；$m(z)$为单位长度质量，kg/m，水中部分包含附连水质量。

隔水管的模态形状由式（3-63）确定。

$$Y_n(z) = \sin\left[\int_0^L \sqrt{-\frac{1}{2}\frac{T(z)}{EI(z)} + \frac{1}{2}\sqrt{\left[\frac{T(z)}{EI(z)}\right]^2 + 4\frac{m(z)\omega_n^2}{EI(z)}}}\, dz\right] \quad (3-63)$$

隔水管在轴向各个位置处的张力$T(z)$是变化的，$T(z)$可以表示为下列形式：

$$T(z) = \begin{cases} T_{top} - mg(L-z) & z > L-l \\ T_{top} - mgl - \left(m - \rho\frac{1}{4}\pi D^2\right)g(L-z-l) & z \leq L-l \end{cases} \quad (3-64)$$

式中，m为隔水管干质量，kg；T_{top}为顶张力，kN；D为隔水管水动力外径，m；l为水面以上隔水管高度，m。

顶张力隔水管可以按常张力梁做简化处理。常张力梁的各阶固有频率由式（3-65）确定：

$$\omega_n = \frac{\pi^2}{L^2}\sqrt{\frac{EI}{m+m_a}\left(n^4 + \frac{n^2 TL^2}{\pi^2 EI}\right)} \quad (3-65)$$

式中，m_a为附连水质量；T按式（3-64）取$z=L/2$处张力。

常张力梁的模态振型是标准的正弦曲线

$$Y_n(z) = \sin\left(\frac{n\pi z}{L}\right) \quad (3-66)$$

② 最大应力幅的确定。

应力幅σ由弯矩M确定：

$$\sigma = \frac{M}{I}\frac{d}{2} \quad (3-67)$$

式中，I为截面惯性矩，m^4；d为隔水管应力外径，m。

弯矩M由模态曲率及模态振幅决定：

$$M = -EIA_n\frac{d^2 Y_n(z)}{dz^2} \quad (3-68)$$

如果按简化的常张力梁处理，式（3-68）可以表示为下列形式：

$$M = EIA_n\frac{\pi^2 n^2}{L^2}\sin\left(\frac{n\pi z}{L}\right) \quad (3-69)$$

将式（3-69）代入式（3-67），得到应力幅σ的分布

$$\sigma(z) = \frac{Ed}{2}\frac{A_n \pi^2 n^2}{L^2}\sin\left(\frac{n\pi z}{L}\right) \quad (3-70)$$

引入一个系数α，并认为$A_n=\alpha D$，将式（3-70）乘以2，可以得到最大应力范围S_{max}的表达式：

$$S_{max} = 2\frac{Ed}{2}\alpha D\frac{\pi^2 n^2}{L^2} = \alpha E\pi^2 n^2\left(\frac{dD}{L^2}\right) \quad (3-71)$$

对于涡激振动而言，可以认为结构的最大响应振幅为$1.5D$，即α取1.5。式（3-71）中，d与D是不同的结构参数，当隔水管外部无附加层（防腐层、绝缘层等）时，d与D相同，也就是说，d指纯隔水管外径，而D指外部流体对隔水管的作用外径。

③ 最大响应模态的确定。

对于剪切流，漩涡的最大泄放频率可以表示为

$$f_{s\max} = \frac{U_{\max} S_t}{D} \qquad (3-72)$$

将$f_{s\max}$与隔水管的各阶频率相比较，$f_{s\max}$必然落在f_i与f_{i+1}之间。如果$f_i < f_{s\max} < (f_i+f_{i+1})/2$，认为隔水管的最大响应模态为第$i$阶模态；如果$(f_i+f_{i+1})/2 < f_{s\max} < f_{i+1}$，则认为隔水管的最大响应模态为第$i+1$阶模态。由此可确定$n$的取值。

④ 疲劳寿命的粗略评估。

根据最大应力范围$S_{\max}$、最大激励模态阶次n及响应频率f_n，可以对隔水管疲劳寿命做初步的评估。疲劳寿命的表达式：

$$疲劳寿命（年）= \frac{一个周期包含的秒数}{一年包含的秒数} \times N_{\text{total}} \qquad (3-73)$$

如一年按365天计算，则包含3.15×10^7s；最小振动周期$T_{\min}=1/f_n$；N_{total}为$S_{\max}$在失效前的循环次数，$N_{\text{total}}=C/S_{\max}^b$。将式（3-71）代入式（3-73），则疲劳寿命$T_{\text{fl}}$可以表示为

$$T_{\text{fl}} = \frac{T_{\min}}{3.15 \times 10^7} \frac{C}{S_{\max}^b} = \frac{1}{3.15 \times 10^7 f_n} \frac{C}{E^b} \left(\frac{1}{\pi n}\right)^{2b} \left(\frac{L^2}{\alpha D d}\right)^b \qquad (3-74)$$

式中，$S_{\max}$与E的量纲均为MPa。

（2）隔水管涡激振动疲劳强度评估。

目前隔水管的涡激振动疲劳分析主要用工程软件来执行，如SHEAR7、VIVA、VIVANA等。这类软件主要采用基于模型实验结果的半经验参数化的横流向涡激振动载荷响应公式和线性结构模型，基于静平衡位置处的线性动平衡方程的频域分析结果，或者基于有限元模型计算得到的振型、固有频率等模态结果，进行频域疲劳损伤计算[36]。疲劳损伤的预测结果取决于多个基本参数，包括流速大小和剖面形状、涡激升力的大小及频率、激励区域、水动力阻尼，以及质量、张力、水力外径、抗弯刚度等结构参数。而且，不同的预测模型，预测结果也可能有较大区别。为鉴别和避免非保守解，应对关键参数执行灵敏度研究。仅以SHEAR7为例，介绍分析过程。

① 分析流程与原理。

（a）模态分析。

首先根据隔水管的约束情况选取合适的分析模型。隔水管可近似为变张力简支梁，模态频率计算依据式（3-62），模态形状计算依据式（3-63）。也可直接输入模态分析的结果，包括模态频率、模态形状、模态斜率以及模态曲率等。这些数据可通过有限元计算获得。

（b）潜在激励模态识别。

根据斯脱哈尔频率与流剖面计算漩涡泄放频带范围。漩涡最小与最大泄放频率

可根据式（3-75）计算。

$$f_{\min} = \frac{S_t U_{\min}}{D}, \quad f_{\max} = \frac{S_t U_{\max}}{D} \tag{3-75}$$

式中，$U_{\min}$和$U_{\max}$分别为流剖面的最小与最大流速，m/s。

（c）主要激励模态识别。

基于式（3-76）对各阶激励模态的振动能量进行初步估算：

$$\Pi' = \frac{|Q_r|^2}{2R_r} \tag{3-76}$$

式中，Π'为模态振动能量，W；Q_r为模态力，N；$Q_r = \int_{L'}^{L} \frac{1}{2}\rho_f C_L\left(z, V_{R(z)}\right) D(z) V^2(z) Y_r(z) \mathrm{d}z$；$R_r$为模态阻尼，N·s/m；$R_r = \int_{L-L'} R_h(z) Y_r(z) \omega_r \mathrm{d}z + \int_0^L R_h(z) Y_r^2(z) \omega_r \mathrm{d}z$；$L'$为$r$阶模态的能量输入区域，m；$R_h$和$R_r$分别为模态水动力阻尼和结构阻尼，N·s/m。$V$为剪切流速度或来流速度，m/s；$Y_r$为$r$阶模态振型，无因次量；$C_L$为脉动升力系数，无因次量；$V_R$为$r$阶模态约化速度，无因次量。

以振动能量最大模态的能量值作为基准，将其余各阶模态的振动能量与之相除，得到相应的能量比。依据实际经验选择合适的阈值，筛除低于该阈值的模态。若大于阈值的模态数只有一个，则进行单模态锁定响应计算；否则进行多模态响应计算。

（d）模态能量输入区域确定。

给定约化速度双带宽b的值，则：$V_L = V_P - 0.5bV_P$，$V_H = V_P + 0.5bV_P$（$V_P = S_t^{-1}$）。由约化速度的定义，$V(z_L) = V_L f_r D$，$V(z_H) = V_H f_r D$。V_L为约化速度下限，无因次量；V_H为约化速度上限，无因次量。

对线性剪切流而言，据此即可判断结构r阶模态能量输入区域的范围（$z_L \sim z_H$）。当r阶模态z处的约化速度处于r阶模态约化速度带宽内时，流体将激励结构并导致结构对该模态的响应。

（e）多模态重叠区域消除。

当多模态参与振动时，临近的能量输入区域可能存在重叠部分，程序将进行模态重叠消除。消除的原则是重叠部分每一模态的能量输入区域等量缩短直到重叠部分消失。在每一模态的能量输入区域内，认为升力发生在模态的固有频率上。

（f）模态响应振幅预测。

首先计算每阶模态的输入能量和输出能量。当系统的响应达到稳定状态时，r阶模态的输入能量与输出能量达到平衡。

下面以张力弹簧为例，简要说明计算步骤和主要公式。张力弹簧的控制方程为

$$m_t \ddot{y} + R\dot{y} - Ty'' = P(z,t) \quad (3\text{-}77)$$

式中，$P(z, t)$ 为升力分布。

$$P(z,t) = \frac{1}{2}\rho_f D V^2(z) C_L(z,\omega_r)\sin(\omega_r t) \quad (3\text{-}78)$$

系统总的位移响应可以表示为模态响应的叠加。

$$y(z,t) = \sum_r Y_r(z) q_r(t) \quad (3\text{-}79)$$

式中，$q_r(t) = A_r \sin(\omega_r t + \varphi)$。

将式（3-79）代入控制方程（3-77），得到

$$M_r \ddot{q}_r(t) + R_r \dot{q}_r(t) + K_r q_r(t) = P_r(t) \quad (3\text{-}80)$$

式中，M_r 为模态质量，kg；$M_r = \int_0^L Y_r^2(z) m_t \mathrm{d}z$；$R_r$ 为模态阻尼，N·s/m；$R_r = \int_0^L Y_r^2(z) R(z)\mathrm{d}z$；$K_r$ 为模态刚度，N/m；$K_r = -\int_0^L TY_r''(z) Y_r(z)\mathrm{d}z$；$P_r$ 为模态力，N；$P_r(t) = \int_0^L Y_r(z) P(z,t) \mathrm{d}z$。

在能量输入区域内，假定各位置处的升力与模态速度同向。计算时采用绝对值的形式，即

$$P_r(t) = \int_{\Gamma} |Y_r(z)||P(z,t)|\mathrm{d}z \quad (3\text{-}81)$$

r 阶模态的模态速度

$$\dot{q}_r(t) = A_r \omega_r \sin(\omega_r t) \quad (3\text{-}82)$$

r 阶模态的输入能量为模态力乘以模态速度

$$\Pi_r^{in} = \int_{L'} \frac{1}{2}\rho_f D V^2(z) C_L(z,\omega_r) A_r \omega_r \sin^2(\omega_r t) |Y_r(z)|\mathrm{d}z \quad (3\text{-}83)$$

一个周期 P 内的平均模态输入能量为

$$\langle \Pi_r^{in} \rangle = \frac{1}{P}\int_0^P \Pi_r^{in} \mathrm{d}t = \frac{1}{4}\int_{L'} \frac{1}{2}\rho_f D V^2(z) C_L(z,\omega_r) A_r \omega_r |Y_r(z)|\mathrm{d}z \quad (3\text{-}84)$$

r 阶模态的输出能量为 r 阶模态阻尼力乘以模态速度

$$\Pi_r^{out} = \int_L R(z) Y_r^2(z) A_r^2 \omega_r^2 \sin^2(\omega_r t)\mathrm{d}z \quad (3\text{-}85)$$

一个周期 P 内的平均模态输出能量为

$$\langle \Pi_r^{out} \rangle = \frac{1}{P}\int_0^P \Pi_r^{out}\mathrm{d}t = \frac{1}{2}\int_L \frac{1}{2} R(z) Y_r^2(z) A_r^2 \omega_r^2 \mathrm{d}z \quad (3\text{-}86)$$

对于该模态，当输入能量与输出能量达到平衡，即 $\langle \Pi_r^{in} \rangle = \langle \Pi_r^{out} \rangle$ 时，则

$$\frac{A_\mathrm{r}}{D} = \frac{\frac{1}{2}\int_{L'}\frac{1}{2}\rho_\mathrm{f}V^2(z)C_\mathrm{L}(z,\omega_\mathrm{r})|Y_\mathrm{r}(z)|\mathrm{d}z}{\int_{L-L'}R_\mathrm{h}(z)Y_\mathrm{r}^2(z)\omega_\mathrm{r}\mathrm{d}z + \int_0^L R_\mathrm{s}(z)Y_\mathrm{r}^2(z)\omega_\mathrm{r}\mathrm{d}z} \tag{3-87}$$

式（3-87）即为预测模态振幅的公式。程序会给升力系数赋一个初值，然后进行迭代计算求得模态振幅A_r。

（g）模态叠加计算。

均方根位移

$$y_\mathrm{rms}(z) = \left\{\sum_r \frac{1}{2}\left|\sum_n Y_n(z)\overline{P}_{nr}H_{nr}\left(\frac{\omega_\mathrm{r}}{\omega_\mathrm{n}}\right)\right|^2\right\}^{\frac{1}{2}} \tag{3-88}$$

均方根加速度

$$\ddot{y}_\mathrm{rms}(z) = \left\{\sum_r \frac{1}{2}\omega_\mathrm{r}^4\left|\sum_n Y_n(z)\overline{P}_{nr}H_{nr}\left(\frac{\omega_\mathrm{r}}{\omega_\mathrm{n}}\right)\right|^2\right\}^{\frac{1}{2}} \tag{3-89}$$

均方根应力

$$S_\mathrm{rms}(z) = \left\{\sum_r \frac{1}{8}\left|\sum_n Y_n''(z)Ed_\mathrm{s}\overline{P}_{nr}H_{nr}\left(\frac{\omega_\mathrm{r}}{\omega_\mathrm{n}}\right)\right|^2\right\}^{\frac{1}{2}} \tag{3-90}$$

式中，$Y''(z)$为模态曲率；d_s为应力外径，m。

第i阶模态响应造成的损伤根据瑞利公式计算：

$$D_i(z) = \frac{f_i T_\mathrm{yr}}{C}\left(2\sqrt{2}\sigma_{i,\mathrm{rms}}(z)\right)^b \Gamma\left(\frac{b+2}{2}\right) \tag{3-91}$$

式中，$\sigma_{i,\mathrm{rms}}$为z处的i阶模态响应均方根应力，Pa；Γ为伽马函数，表述为

$$\Gamma(\varphi) = \int_0^\infty e^{-t}t^{\varphi-1}\mathrm{d}t \tag{3-92}$$

结构在z处的总疲劳损伤

$$D(z) = \sum D_i(z) \tag{3-93}$$

② 升力模型与阻尼模型。

根据分析需要，选择相应的升力模型。保守的升力模型认为在锁定区域内升力系数仅是无量纲振幅的函数；非保守升力模型描述了升力系数与无量纲振幅以及约化速度（或无量纲频率比）之间的函数关系。无量纲频率比$f_\mathrm{n}/f_\mathrm{s}$由式（3-94）确定：

$$\frac{f_\mathrm{n}}{f_\mathrm{s}} = \frac{f_\mathrm{n}D}{S_\mathrm{t}\cdot U(z)} \tag{3-94}$$

式中，f_n 为圆柱体固有频率，Hz；f_s 为 z 处漩涡发放频率，Hz；$U(z)$ 为 z 处来流速度，m/s；D 为圆柱体的水动力外径，m。

阻尼区域由两部分组成，如图3-26所示。激励区上部称为高流速阻尼区，激励区下部称为低流速阻尼区。

低流速阻尼区的流体阻尼

$$R_h(z) = \frac{\omega_r \pi \rho D^2}{2}\left[\frac{2\sqrt{2}}{\sqrt{Re_{\omega_r}}} + C_{sw}\left(\frac{A_r}{D}\right)^2\right] + C_{rl}\rho D V(z) \quad (3-95)$$

式中，$Re_{\omega_r} = \omega_r D^2 / \upsilon$。

高流速区的流体阻尼

$$R_h(z) = C_{rh}\rho V(z)^2 / \omega_r \quad (3-96)$$

C_{sw}、C_{rl} 及 C_{rh} 分别为静水、低速与高速流体阻尼系数，N·s/m。

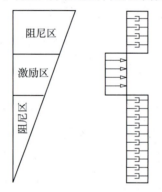

图3-26 激励区域与阻尼区域

四、磨损损伤评估

（一）磨损机理

钻柱以一定转速进行钻井作业时，与其经过的所有通道均可能发生接触和摩擦，如上部球铰、隔水管、下部挠性接头、防喷器组、井口、套管等。一方面，钻头在破碎岩石过程中产生周期性作用力、位移和扭矩，诱发钻柱发生纵向振动、扭转和横向振动；另一方面，隔水管顶部位置边界条件是变动的，而深水海流也会造成隔水管的弯曲和涡激振动。可见，钻柱与隔水管接触表面之间复杂的相对运动和受力状况，决定了磨损位置和磨损程度的多样性。

1.底部隔水管磨损

隔水管底部是磨损发生的主要区域，尤其是底部挠性接头以上15m左右范围内。下部挠性接头角度对于底部隔水管磨损至关重要，如图3-27（a）所示。几个常用的推荐做法对隔水管挠性接头角度都作了严格规定，一般要求钻进模式下平均角度不超过2°，最大角度不超过4°。现场实际作业时对角度的控制更为严格，要求保持在1°范围内。但水深增加使角度控制变得复杂。

2.狗腿磨损

深水中相对复杂的外部环境条件可能使隔水管在不同深度处发生不同方向的弯曲。浮式钻井装置与井口间的相对运动以及海流的拖曳力均会导致隔水管弯曲并承受侧向载荷。内部钻柱在轴向力作用下对与之接触的隔水管产生正压力，互相摩擦而造成隔水管内壁磨损，如图3-27（b）所示。海流曳力

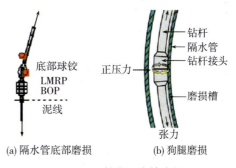

图3-27 钻井隔水管磨损

造成的侧向载荷与流速平方成正比，流速的轻微增大对隔水管弯曲便有较大影响。此外，漩涡的发生和泄放可能引起隔水管涡激振动，且振幅常常达到隔水管直径的数量级，这种横向（与流速方向垂直）的弯曲方向突变不仅是疲劳的重要原因，而且会造成钻柱和隔水管之间的大幅高频接触载荷，引发剧烈磨损。

（二）磨损评估

裂纹缺陷属于以强度损失为特征的平面缺陷，磨损缺陷与腐蚀缺陷一样均可看作体积缺陷，以质量损失为特征，以最大允许缺陷深度为缺陷量化指标。在一定的载荷条件下，最大允许缺陷深度能够唯一确定特定水深处允许的隔水管损伤程度。

在隔水管磨损剩余强度分析中，一般采用偏心圆筒模型模拟月牙形磨损。无论在内压、外压或内外压联合作用下，磨损最薄处内壁的周向应力总是最大的。因此，一般将该处周向应力达到强度极限作为失效判断条件，从而进行磨损剩余强度计算。

第五节 隔水管系统寿命评价及损伤减缓措施

鉴于深水钻井隔水管具有显著的作业周期性特征，应针对一个钻井周期制定寿命管理策略。同时，隔水管单根又是相对独立的，可以借鉴完整性管理理论建立单根寿命管理策略。此外，可靠性方法也是有效的隔水管评估手段。

一、隔水管系统寿命评估方法

（一）腐蚀寿命预测方法

外部海水腐蚀属于电化学腐蚀，开始时腐蚀速率较快，并随时间增加逐渐衰减，一般可以假设腐蚀量服从指数分布

$$t_r = ae^{bT} \tag{3-97}$$

式中，t_r为剩余壁厚，m；a、b为常数，T为剩余壁厚t_r对应的时刻。在两个时间点T_1和T_2对应的剩余腐蚀壁厚，检测值分别为t_{r1}和t_{r2}，由此得出参数a和b：

$$a = \frac{t_{r1}}{e^{\frac{T}{T_1-T_2}\ln\frac{t_{r1}}{t_{r2}}}}, \quad b = \frac{\ln\frac{t_{r1}}{t_{r2}}}{T_1 - T_2} \tag{3-98}$$

将a和b代入式（3-71），则剩余壁厚的发展趋势为

$$t_r = \frac{t_{r1}}{e^{\frac{T}{T_1-T_2}\ln\frac{t_{r1}}{t_{r2}}}} e^{\frac{T}{T_1-T_2}\ln\frac{t_{r1}}{t_{r2}}} \tag{3-99}$$

当剩余壁厚减小至最小允许剩余壁厚$t_{\min}$时，对应时刻即为失效时刻

$$T = \frac{\ln\frac{t_{\min}}{a}}{b} \tag{3-100}$$

失效时刻距离第二次检测的时间为剩余寿命

$$T_{re} = T - T_2 \tag{3-101}$$

针对特定作业地点和环境，可对不同水深处的平均腐蚀速率进行实际测定。

（二）疲劳寿命预测方法

无缺陷单根的波致疲劳寿命采用S-N曲线方法计算，寿命为单位时间内所有海况加权累积疲劳损伤的倒数。根据Miner法则，一旦计算的构件疲劳损伤D超过疲劳损伤临界值Δ，就会发生疲劳失效，损伤临界值Δ一般取为1。由于Miner法则没有考虑各应力幅之间的相互作用和加载的先后次序，疲劳损伤临界值存在不确定性。为了限制这种不确定性，规定损伤临界值Δ为累积损伤预测值D与一个安全系数的乘积。在挪威船级社规范中称这种安全系数为设计疲劳系数（DFF），并要求

$$D \cdot DFF \leq \Delta = 1.0 \tag{3-102}$$

DFF取决于结构组件的重要性和安全等级，也综合考虑检查和维修的难易程度。对于波浪引起的疲劳可使用表3-4所示的标准。

表3-4 标准设计疲劳系数

安全等级		
低	中	高
3.0	6.0	10.0

对于含有裂纹型缺陷的单根，根据断裂力学理论，疲劳寿命为裂纹从初始尺寸

扩展到临界尺寸对应的循环时间。由等效应力范围计算海况条件i的裂纹扩展寿命，采用Paris公式计算$\Delta\sigma_{\text{eff}}$作用下，裂纹从$a_0$扩展到$a_c$的载荷循环次数。

$$N_i = \int_{a_0}^{a_c} \frac{\mathrm{d}a}{C[Y\Delta\sigma_{\text{eff}}\sqrt{a\pi}]^m} \tag{3-103}$$

将N_i转换成以时间表示的疲劳寿命

$$T_i = N_i \cdot T_0 / n_i \tag{3-104}$$

海况条件i所占比例为p_i，所有海况加权累积得到总的裂纹扩展时间

$$T = \frac{1}{\sum_i p_i / T_i} \tag{3-105}$$

二、隔水管损伤减缓措施

（一）隔水管涡激振动抑制

1. 抑制机理

在深水环境下，由于隔水管基频很低，而海流流速又比较高，涡激振动是难以避免的。如果计算得到的隔水管涡激振动疲劳损伤不满足疲劳设计准则，则需要采取抑制措施将长期疲劳损伤降到可接受水平。

隔水管涡激振动抑制机理主要包括：（1）改变漩涡泄放频率与固有频率的比值，以免发生共振；（2）增加稳定性参数，降低响应振幅，如增大系统阻尼；（3）阻碍漩涡的形成或扰乱漩涡的泄放形式。

基于上述考虑，当隔水管不满足疲劳设计准则的要求时，设计者需要通过重新配置隔水管系统，包括改变质量（减小浮力）、增大张力、修改隔水管设计（如改变顶端形式）或从本质上改变隔水管设计（如用顶张力隔水管代替悬链隔水管）等。

另外，在隔水管柱添加改变漩涡尾流的装置，如各式各样的涡激振动抑制装置，也能起到较好的效果。在工程上，有时还会采取交错布置浮力块的方式来抑制涡激振动。

2. 抑制装置

隔水管涡激振动抑制装置主要通过降低升力、降低响应频率、增大系统阻尼，以及发生多模态响应等方式，改变漩涡尾流形态，从而达到减轻涡激振动的作用。涡激振动抑制装置有多种，最为常用的深水隔水管涡激振动抑制装置是螺旋列板和减振器[37]。

（1）螺旋列板。

螺旋列板是在隔水管外围螺旋布置一些流线结构，起引流作用，削弱漩涡泄放。其本质是通过不断改变径向的来流分离角度，扰乱漩涡的空间相关长度，从而

削弱漩涡强度并达到减小升力的目的[38]。已装在隔水管上的螺旋列板，如图3-28所示。

① 螺旋列板的响应特性。

（a）列板圆柱响应频率背离斯脱哈尔关系。

裸圆柱的响应频率遵循斯脱哈尔频率。与裸圆柱不同，列板圆柱的响应频率对于流速较不敏感。由于列板的存在扰乱了漩涡的泄放机理，导致列板圆柱响应频率背离了斯脱哈尔频率。

图3-28　螺旋列板实物图

（b）支配模态不随流速增大而前进。

裸圆柱的支配模态随流速增大而增加。列板圆柱的支配模态始终被低阶模态所控制，但响应模态数随流速增大而增加。

（c）宽带随机的响应过程。

对于裸圆柱而言，其峰值频率与零跨越频率基本一致，说明其响应是窄带的，响应过程为近似正弦过程。而列板圆柱的峰值频率与零跨越频率并不一致，显示其响应是宽带的，其响应规律符合正态分布，是一个高斯随机过程。

② 影响列板功效的因素。

（a）几何特性。

列板的几何特性可以通过高度、螺距以及一个圆周上的螺纹个数来表述。高度与螺距通常表示为外径D的倍数。

大量的实验研究表明，高度对列板性能的影响非常敏感，对于海洋环境，列板高度范围一般可取在$0.15D \sim 0.25D$之间。高度小于$0.15D$时，列板的减振功效不显著。但高度增大时，列板的曳力系数随之增大。螺距对列板性能的影响不甚敏感，合适的螺距有$5D$、$15 \sim 17.5D$。对于相同的螺高和螺距，3螺头和4螺头的螺旋列板其抑制效率基本没有太大变化，考虑到4螺头较3螺头列板的曳力系数更高，会给立管带来强度损坏，一般会选用3螺头的列板。

（b）表面粗糙度。

列板的性能还受表面粗糙度的影响。粗糙的表面会降低减振性能并增大曳力。由于长期暴露于海洋环境中，螺旋列板表会有海洋物附着。研究结果表明[39]，对于硬质海洋生物，在附着高度较低时，其对螺旋列板的抑制效率影响幅度不大；当附着物高度大于列板高度的60%时，隔水管会有显著的涡激振动响应。而对于软质海洋生物，35%的附着高度即可使立管产生显著的涡激振动响应。因此，一般需要对列板进行涂刷防海洋生物附着涂层，或定期进行水下清洗。

（c）包覆比例。

在深水隔水管系统中，螺旋列板通常安装在上部隔水管洋流速度较大的区域。螺旋列板包覆比例越高抑制效果越好。

③ 螺旋列板的曳力性能。

曳力系数是涡激振动抑制装置的一个重要特性。即便是能够有效抑制涡激振动的光滑螺旋列板，其曳力系数也是非常高的。而且曳力系数随着列板高度的增大而增大，随着表面粗糙度的增大而增大。对于 $0.25D$ 高的粗糙列板，曳力系数能达到光滑圆柱的2倍。

④ 螺旋列板的减振效果。

合理设计的螺旋列板具有良好的涡激振动抑制功效。Frank[40]等对3线螺纹、高 $0.25D$、螺距 $16D$ 的列板模型进行了实验研究。实验结果表明，无论一致流场还是剪切流场，圆柱体的响应振幅随着列板覆盖范围的增大而降低，而当圆柱体全部覆盖列板后，响应振幅的降低幅度可达95%以上。

（2）减振器。

减振器又称导流板，装置可沿隔水管的轴自由旋转，随来流任意转动。不管来流是何方向的，导流板均可使其成流线型，从而减小旋涡的尺寸，使交替泄放的漩涡强度变得最小。同时，减振器还能够带来大的水动力阻尼，有效降低涡激振动，减小了曳力[41~43]。如图3-29所示。

图3-29　减振器实物图

① 影响减振器性能的因素。

（a）几何特性。

从外形上看，减振器有多种形式，典型的减振器轮廓，如图3-30所示。减振器的侧面有平缘和凸缘两种，尾翼分扁平尾翼、钝尾翼（垂直尾翼）两种。根据弦厚比（弦长 C 与外径 D 的比值）大小则可分为短减振器（弦厚比小于1.7）与长减振器（弦厚比大于1.7）两种。总的来说，平缘、钝翼的长减振器具有优越的减振与减阻性能，但耗材多且重量大，制造与安装成本高；而平缘、扁平尾翼的短减振器具有足够好的减振与减阻性能，

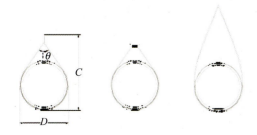

图3-30　典型的减振器轮廓

制造与安装成本相对较低。综合考虑减振器的减振性能与曳力性能，减振器尾角（θ）应小于60°。

（b）干扰效应。

短减振器对上游圆柱的减振功效要优于下游圆柱，但即便对于5D的间距，短减振器对下游圆柱的减振功效依然显著。可见，短减振器不仅适用于单个隔离隔水管，也同样适用于隔水管群。

（c）表面粗糙度。

附着在海洋管状结构上的海洋生物通常是柔软的，且不能保持固定的形状。Allen采用泡沫或地毯材料模拟了柔软的海洋生物，并测试了附着有以上材料的短减振器的减振功效[39]。实验结果显示，附着有柔软模拟海生物的减振器具有与光滑减振器相当的减振功效，但粗糙的表面特性将降低减振器对于隔水管群的减振功效。

② 减振器的曳力特性。

减振器能够显著降低圆柱体的曳力。在亚临界区域，装有光滑减振器的圆柱体的曳力系数约为1.0。表征隔水管群曳力性能的一个参数是曳力系数差值，即上游隔水管与下游隔水管曳力系数的差值。短减振器的曳力系数差值约为螺旋列板的1/2。

③ 减振器的减振效果。

合理设计的减振器既可降低圆柱的响应振幅，又可降低圆柱的响应频率，亦可降低圆柱的曳力系数，因此可有效降低圆柱的疲劳损伤。弦厚比小于1.7的短减振器，其减振性能非常卓越，且动态响应稳定，如图3-31所示[44]。

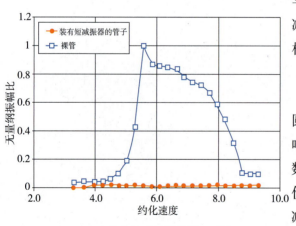

图3-31　装有短减振器的管子响应

（二）涡激疲劳减缓措施分析

隔水管涡激响应取决于系统自身的固有频率，通过改变作业条件，提高系统固有频率能够显著减缓涡激疲劳。隔水管系统湿重和顶张力对固有频率影响显著，其中系统湿重主要受到内部钻井液密度影响。

三种不同钻井液密度（1.4g/cm³、1.6g/cm³及1.8g/cm³），在顶张力不同时（370t、420t、470t）系统的弯曲应力和疲劳损伤分布曲线，分别如图3-32~图3-34所示。通过对比可以看出，顶张力变化对涡激振动损伤的影响显著。钻井液密度一定时，损伤均随顶张力增大而降低，并且降幅明显。钻井液密度为1.4g/cm³时，最大损伤率分别为0.415、0.145和0.058；钻井液密度为1.6g/cm³时，最大损伤率分别为

0.337、0.092和0.042；钻井液密度为1.800g/cm³时，最大损伤率分别为0.421、0.085和0.043。可见，增大隔水管顶张力是改善系统涡激疲劳的重要而有效的方法。

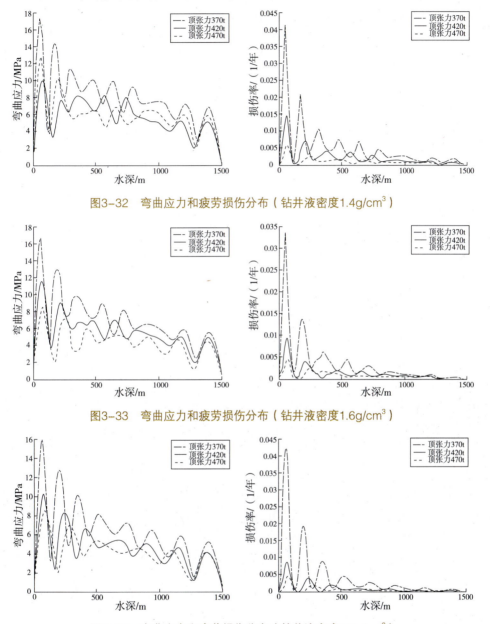

图3-32 弯曲应力和疲劳损伤分布（钻井液密度1.4g/cm³）

图3-33 弯曲应力和疲劳损伤分布（钻井液密度1.6g/cm³）

图3-34 弯曲应力和疲劳损伤分布（钻井液密度1.8g/cm³）

三种顶张力（370t、420t、470t），当钻井液密度不同时弯曲应力和疲劳损伤分布曲线，分别如图3-35~图3-37所示。当顶张力为370t时，最大损伤率分别为0.412、0.337和0.421；当顶张力为420t时，最大损伤率分别为0.142、0.092和0.08；当顶张力为470t时，最大损伤率分别为0.078、0.042和0.043。对比损伤变化可以看出，钻井液密度变化对损伤的影响受到顶张力条件的制约。中等顶张力（420t）条件下，疲劳损伤随钻井液密度增大而降低，但钻井液密度较大时降幅显著放缓；低顶张力（370t）和高顶张力（470t）条件下，钻井液密度增大使得疲劳损伤产生波动。低顶张力时大密度钻井液（1.8g/cm³）对应最大损伤率，高顶张力时小密度钻井液（1.4g/cm³）对应最大损伤率，钻井液密度增大后小幅回弹。可见，钻井液密度需与顶张力水平相适应，钻井液密度越大对顶张力要求越高，只有顶张力足够高才能摆脱大钻井液密度的影响。

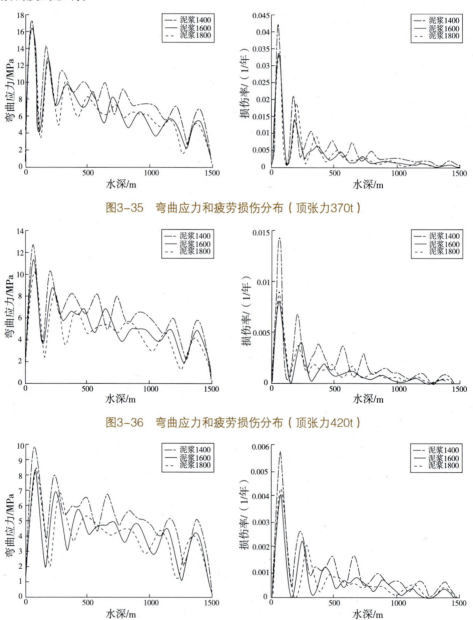

图3-35　弯曲应力和疲劳损伤分布（顶张力370t）

图3-36　弯曲应力和疲劳损伤分布（顶张力420t）

图3-37　弯曲应力和疲劳损伤分布（顶张力470t）

(三) 磨损减缓措施分析

由前面分析可知，管壁磨损随隔水管弯曲角度的减小显著降低。通过分析钻井船偏移量、顶部张力与隔水管顶部和底部球铰角度的关系，以采取措施，减小球铰角度。

尽管API RP 16Q规定深水钻井中平均球铰角度可以达到2°。但钻井经验表明，底部球铰角度超过1°时，钻柱就会接触隔水管壁并发生磨损。因此，正常钻井中一般将底部球铰角度极限值限定为1°。不同顶张力条件下底部球铰角度与浮式钻井装置偏移量的关系，如图3-38所示。其中，浮式钻井装置偏移量以相对于水深的百分比来表示，水深为1500m，钻井液密度为1.4g/cm³，顶张力变化范围为310~390t。

在小张力条件下，要想维持1°的底部球铰角度需将浮式钻井装置偏移量控制在约±1%范围。由于偏移可能在任意方向上发生，该范围实际上是一个以井口为圆心半径为15m左右的圆形区域。随顶张力的提高，维持同样角度的最大允许浮式钻井装置偏移量增大，顶张力390t条件对应的偏移量可达到±2%，相应圆形区域半径将增至30m。

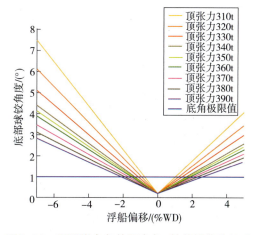

图3-38 不同张力条件下底角-钻井船偏移关系

参考文献

[1] CHANG Yuan-jiang, CHEN Guo-ming, SUN You-yi, XU Liang-bin, PENG Peng. Nonlinear dynamic analysis of deepwater drilling risers subjected to random Loads[J]. China Ocean Engineering. 2008, 22（4）: 683~691

[2] 畅元江, 陈国明. 深水钻井隔水管系统设计影响因素[J]. 石油勘探与开发, 2009, 36（4）: 523~528

[3] Joost Brugmans. Parametric instability of deep-water risers[D]. Delft University of Technology, Delft, the Netherlands, 2005

[4] Brugmans J. Parametric instability of deepwater risers [D]. Delft: Delft University of Technology, 2005

[5] Hugh Howells. Guidellines for Drilling Riser Joint Integrity. 2H Offshore Inc. Presented at the Deepwater Riser System Management Forum, Pennwell, League City, Texas, June 2000

[6] 畅元江, 陈国明, 许亮斌, 等. 深水顶部张紧钻井隔水管非线性静力分析[J]. 中国海上油气, 2007,19（3）: 203~207

[7] Lennon B A, Maxwell S D, Rawles J M. Analysis for running and installation of marine risers with end-assemblies[A]. The proceedings of international conference on computational methods in marine engineering[C]. Barcelona: International Association for Computational Mechanics, 2005

[8] Madhu Hariharan, Ricky Thethi. Drilling riser management in deepwater environments. 2H Offshore Inc, Houston, TX, USA, 2007

[9] J.Guesnon, Ch.Gaillard, F.Richard. Ultra deep water drilling riser design and relative technology[J]. Oil & Gas Science and Technology, 57（1）: 39~57

[10] Burke B.G.. An analysis of marine risers for deep water[R]. OTC 1771, 1974

[11] Simmonds D.G.. Dynamic analysis of the marine riser[R]. SPE 9735, 1980

[12] 蔡强康, 吕英民, 杨卫国. 浮船钻井隔水管的有限元时域动态分析[J]. 石油学报, 1986, 7（4）: 111~121

[13] 贾星兰, 方华灿. 海洋钻井隔水管的动力响应[J]. 石油机械, 1995, 23（8）: 18~23

[14] 李华桂. 海洋钻井隔水管的动力分析[J]. 石油学报, 1996, 17（1）: 122~126

[15] American Petroleum Institute.API RP 16Q-2001, Recommended practice for design selection operation and maintenance of marine drilling riser system[S]. Washington,DC: American Petroleum Institute, 2001

[16] J.F.威尔逊. 海洋结构动力学[M]. 杨国金，郭毅，唐钦满，等译. 北京：石油工业出版社，1991

[17] 何生厚，洪学福. 浅海固定式平台设计与研究[M]. 北京：中国石化出版社，2003：47~49

[18] CHANG Yuan-jiang, CHEN Guo-ming, SUN You-yi, XU Liang-bin, PENG Peng. Nonlinear dynamic analysis of deepwater drilling risers subjected to random Loads[J]. China Ocean Engineering. 2008，22（4）：683~691

[19] J.Guesnon, Ch.Gaillard, F.Richard. Ultra deep water drilling riser design and relative technology[J]. Oil & Gas Science and Technology，57（1）：39~57

[20] M.G.Lozev, R.W.Smith, B.B.Grimmett. Evaluation of methods for detecting and monitoring of corrosion damage in risers[C]. 22nd International Conference on Offshore Mechanics and Arctic Engineering. Cancun, Mexico, 2003

[21] R.G.Bea. A risk assessment & management based process for the re-qualification of marine pipelines[C]. Alaskan Arctic Offshore Pipeline Workshop. U.S. Minerals Management Service, Anchorage, AK, 1999

[22] ASME B31G-1991. Manual for determining the remaining strength of corroded pipelines[S]. 1991.

[23] 帅健，张春娥，陈福来. 腐蚀管道剩余强度评价方法的对比研究[J]. 天然气工业，2006，26（11）：122~125

[24] API 579-1/ASME FFS-1，Fitness-For-Service[S]. 2007

[25] 何东升，郭简，张鹏. 腐蚀管道剩余强度评价方法及其应用[J]. 石油学报，2007，28（6）：125~128

[26] Det Norske Veritas. Corroded pipelines[S]. RECOMMENDED PRACTICE DNV-RP-F101. 2004

[27] Det Norske Veritas. Riser fatigue[S]. RECOMMENDED PRACTICE DNV-RP-F204. 2005

[28] Det Norske Veritas.Fatigue strength analysis of offshore steel structures[S]. RECOMMENDED PRACTICE DNV-RP-C203，2001

[29] Tom Prosser. Riser system wear-an unrecognized drilling risk[C]. AADE National drilling conference，2001

[30] Shoei-Sheng Chen. 圆柱结构的流动诱发振动[M]. 冯振宇，张希农译. 北京：石油工业出版社，1993

[31] 聂武，刘玉秋.海洋工程结构动力分析[M].哈尔滨:哈尔滨工程大学出版社，2002

[32] Shoei-Sheng Chen（著），冯振宇，张希农（译）. 圆柱结构的流动诱发振动[M]. 北京：石油工业出版社，1993

[33] Blevins. Flow-Induced Vibration[M]. New York：Van Nostrand Reinhold Co. 1990

[34] N.Jauvtis，C.H.K.Williamson. Vortex-induced vibration of a cylinder with two degrees of freedom. Journal of Fluids and Structures，2003，17（7）：1035~1042

[35] J.Kim Vandiver，Li Li. SHEAR7 V4.3 program theoretical manual. Department of ocean engineering massachusetts institute of technology，2003

[36] DNV RP F204, Riser fatigue[S]. Norway: DetNorske Veritas, 2005

[37] V.Jacobsen，R.Bruschi，P.Simantiras，,L.Vitali. Vibration suppression devices for long，slender tubulars. OTC 8156，1996

[38] D.W.Allen，D.L.Henning，Li Lee. Performance comparisons of Helical Strakes for VIV suppression of risers and tendons. OTC 16186，2004

[39] Allen D W, Henning D L. Surface roughness effects on vortex-induced vibration of cylindrical structures at critical and supercritical reynolds numbers [C] // OTC13302, Houston USA,2001

[40] W.R.Frank，M.A.Tognarelli，S.T.Slocum，R.B.Campbell，S.Balasubramanian. Flow-induced vibration of a long，flexible，straked cylinder in uniform and linearly sheared currents. OTC 16340，2004

[41] D.W.Allen，Performance characteristics of short fairings，OTC 15285，2003

[42] L.Lee，D.W.Allen，D.L.Henning. Damping characteristic of fairings for suppressing vortex-induced vibrations,Accepted for publication in OMAE proceedings，2004

[43] Stephen P. VIV Suppression installation on existing horizontal pipeline spans. OTC 16600，2004

[44] L.Lee，D.W.Allen. The dynamic stability of short fairings. OTC 17125，2005

第四章　井身结构设计

井身结构设计是钻井工程的基础设计，它不仅关系到钻井施工的安全与顺利，而且还直接影响油井的质量和寿命。深水钻井存在水深、海底低温、浅层地质灾害、低破裂压力梯度等因素，钻井施工工艺与常规钻井也有较大区别，给井身结构设计带来了诸多难题。现有套管下入层次及深度确定方法不能满足深水钻井的工程需要。本章就深水井身结构的特殊性、导管下入深度的确定方法、表层套管下入深度确定方法、压力信息不确定条件下的套管层次及下入深度确定方法等进行介绍。

第一节　深水井身结构的特殊性

深水钻井作业中，由于复杂情况较多，缺乏完整的地质资料，地层压力信息具有较大的不确定性。为确保井下安全，一般套管层次较多。导管井段常采取喷射下入方式，表层井段一般开眼循环钻进。因此，其井身结构在套管层次、尺寸和设计方法上，与浅水及陆地钻井有着较大区别。

一、深水井身结构特点

深水井身结构的特点主要表现在：

（1）完井套管尺寸较大。深水钻井投资巨大，为保证其投资开发的经济效益及考虑完井或测试设备的配合便利，井身结构设计中最小尺寸套管（及油层套管）一般不小于177.8mm（裸眼尺寸为193.7mm）。

（2）通常表层套管尺寸为508.0mm。深水钻井过程中，为与防喷器配合，表层套管的尺寸一般为508.0mm，限制了后续套管的尺寸。同时，表层套管井段开眼循环钻进，使用海水作为钻井液，因此其下入深度受到地层压力的严格限制。尽管现场常通过开眼循环加重钻井液的方法，但由于严格的环保要求和较高的钻井液费用，所能增加的表层套管下深十分有限。

（3）浅层地质灾害的处理措施十分有限，不能完全通过增加套管层次来处理浅层复杂情况。开眼循环钻进井段不能采用长时间调整钻井液密度或性能的方法解决浅部地层问题，并且由于未安装防喷器，无法采取井控措施。目前主要通过预钻193.7mm或244.5mm领眼至表层套管设计下深，试探是否存有较为严重的浅层气、浅层水流等浅层地质灾害。660.4mm、609.6mm和558.8mm等备用套管层次也只能用来处理较为轻微的浅层异常情况。而且深水作业开眼下套管对准井眼需要较长的操作时间，会大大增加作业费用，因此表层套管层段以上一般不推荐设计较多的备用层次方案。

（4）广泛应用随钻扩眼技术。深水井尤其是探井普遍使用随钻扩眼技术，一部分是在设计阶段就要求采用该方式以保证后续井眼尺寸，另一部分则是在钻进过程中出现意外复杂情况时作为临时技术措施。

二、深水井身结构设计的难点

目前常规的井身结构设计要考虑能够有效地保护储层，避免产生井漏、井塌、卡钻等井下复杂事故，为安全、优质、高效和经济钻井创造条件；当实际地层压力超过预测值导致地层流体侵入井筒时，在一定的范围内，具有处理溢流的能力。但是由于深水钻井采用特殊的钻井工艺或特殊的作业环境，使得传统常规的井身结构设计方法不能适应深水钻井的需要，主要表现在以下几个方面：

（1）深水钻井导管普遍采用喷射下入方式，其施工工艺与陆地及浅水完全不同，其设计依据主要为浅部地层岩土性质、井口承载重量及所受到的横向载荷情况，常规以地层压力剖面和地层岩性确定必封点的方法不适应于导管下入深度的确定，而导管下入深度若设计的不合理，将会导致井壁失稳、井口不稳甚至井口作废的严重后果。

（2）表层套管井段采用开眼循环钻进的方式，钻井液经过井口直接排向海底，钻井液常为海水，钻井液的类型及密度调整范围小，与陆地及浅水存有不同，陆地的井身结构设计方法不完全适应于表层套管下入深度的确定。

（3）深水井的地质及物探解释资料精度有限，地层压力具有较大的不确定性，井身结构设计难度大。对大部分勘探区块而言，受现有地质勘探技术水平的限制，对地层压力信息认识程度有限，按照常规井身结构设计方法设计的单一套管层次及下深很难满足安全施工的需要。

（4）深水井安全钻井液窗口狭窄，若仍按照传统的安全钻井液密度窗口确定方法中所使用的各类设计系数参考值或经验值进行计算，很可能出现安全钻井液密度窗口为负的情况，从而导致无法依照常规设计方法继续井身结构设计。因此常规的设计方法不能够适应深水窄安全密度窗口的环境。

由此可知，需重点针对导管喷射下入、表层套管开眼循环钻井、地层压力信息存有不确定性等特点，提出能够满足深水钻井需要的井身结构设计方法。

三、常用井身结构

国外在深水钻井中采用的井身结构，随海域、水深、钻井目的及钻井技术水平的不同有较大差异。目前，墨西哥湾、西非、巴西和加拿大东部海域等主要热点深水区域采用的典型深水井井身结构，见表4-1。

在油藏位置相同的情况下，随着水深的增加套管层次逐渐增多。在墨西哥湾地区，钻井液安全密度窗口狭窄的问题非常突出，浅部地层经常会钻遇浅层水流或浅层气，一些复杂情况下，甚至需要下入7~9层套管。另外，由于地质条件复杂（如墨西哥湾的许多深水井都会穿越较厚的盐膏层），需要下入的套管层次更多。较常使用的复杂套管层次，如图4-1所示。

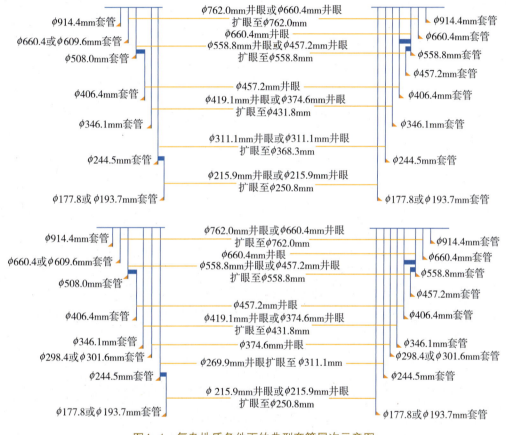

图4-1 复杂地质条件下的典型套管层次示意图

表4-1 深水钻井常用井身结构表[3]

序号	井眼/套管尺寸/mm	第1层	第2层	第3层	第4层	第5层	第6层
1	井眼		444.5或406.4	311.1			
	套管	914.4或762.0	238.1	339.7			
2	井眼		444.5	311.1			
	套管	914.4	355.6	244.5			

（续表）

序号	井眼/套管尺寸/mm	第1层	第2层	第3层	第4层	第5层	第6层
3	井眼		660.4	444.5	311.1		
	套管	914.4或762.0	508	339.7或346.1	238.1或244.5in		
4	井眼		660.4	444.5	$12\frac{1}{4}$in		
	套管	914.4	508	355.6	$9\frac{5}{8}$in		
5	井眼		660.4	444.5	311.1	215.9	
	套管	914.4或762.0	508	339.7或346.1	238.1或244.4	177.8或193.6	
6	井眼		660.4	444.5扩眼至508	444.5	311.1	215.9
	套管	914.4或762.0	508	16in	339.7或346.1	238.1或244.4	177.8或193.6

第二节　导管下深设计

为节约时间和费用，目前深水或超深水钻井作业多采用水力喷射方式钻导管井段并下入导管。导管钻达到目的层位后不起钻，直接钻进表层套管所需井眼，然后起钻下表层套管并固井，再下隔水管和防喷器组及高压井口，此后钻井下套管程序与陆地无异。导管主要起支撑作用而不承受压力，其下入深度一般为30~120m，这主要取决于海底浅部软土层支撑导管及后续套管柱的能力。导管下入深度过浅可能造成水下井口下陷失稳等事故，下入深度过大又会造成经济上的浪费。

一、喷射下入导管工艺

深水导管喷射安装是针对深水作业特点发展起来的一种导管安装工艺。该技术将钻进井眼与下导管两项作业"合二为一"，在利用水力喷射钻进的同时，导管随之安装到位。利用地层与导管之间的摩阻力固定导管，并承担后续载荷，保持井口稳定。

一般情况下，开钻时喷射下入914.4mm（36in）或762mm（30in）导管。如果地层资料显示在靠近海底附近存在较硬的岩石，仍然使用钻1066.8mm（42in）井眼下入914.4mm（36in）套管或者钻914.4mm（36in）井眼下762mm（30in）套管，然后对套管进行固井的传统方法，但是该方法容易因水泥浆密度过大而压破地层，或者因海底低温因素而影响固井质量。从墨西哥湾、西非安哥拉、尼日利亚、加拿大、澳大利亚、东南亚等世界大部分深水区域的钻井实践来看，喷射下导管的工艺是相当成功的[4]。

(一)钻具组合

早期喷射下入导管的底部钻具组合及工艺过程,如图4-2(a)所示。底部钻具组合主要由钻杆和钻铤钻成,以便提供导管下入到位的足够钻压,钻头处于底部导管内。由于底部钻具组合和导管之间没有循环通道,喷射的流体沿导管与地层环空返出到泥线,返出流体的冲刷大大降低了导管与地层的相互作用力,常常出现导管下陷问题。

目前喷射下入导管的底部钻具组合及工艺过程,如图4-2(b)所示。底部钻具组合主要由钻杆、钻铤、稳定器、MWD及动力钻具等组成,且钻头稍微露出导管外面一部分。喷射流体由导管与钻柱间环空上返,从井口及其下入工具的开口返出。这样,喷射出的井眼尺寸要略小于导管尺寸,导管在自身重力及钻压的作用下压入地层,从而使导管管壁和地层之间的摩擦阻力尽量不受扰动,利于导管的固定。

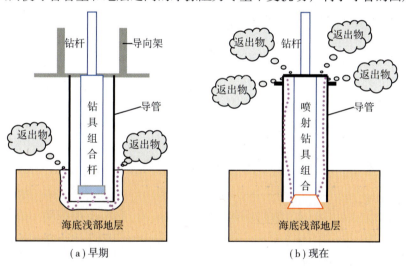

图4-2 喷射下入导管工艺示意图

(二)钻压确定

喷射下入导管过程中主要的控制参数是钻压,因为是导管安装作业,所以也称之为下入重力。钻压过大将使导管中和点位于泥线以上而压弯导管,过小则使导管下入受阻。保持合适的钻压,一方面可以保证导管在施工过程中处于垂直状态,另一方面保证钻具外环空畅通,确保钻井液从导管和管内钻具之间返出。

钻压控制的原则是保持泥线以上导管和

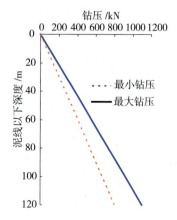

图4-3 钻压与导管入泥深度的对应关系

钻杆处于垂直拉伸状态,即保持中和点在泥线以下,同时控制钻压大于入泥导管的重力(最小钻压)且小于入泥导管和喷射管串总重力(最大钻压)。最大钻压为导管串、管内喷射钻具组合、低压井口和下入工具在海水中的总浮重。导管最终到位时的钻压不能低于最大钻压的80%,这样既可以避免管串过分受压发生弯曲,又可使导管的下入能力趋于最大。钻压与导管入泥深度的对应关系如图4-3所示。

二、导管受力分析

导管是井身结构中最外层的套管,它为整个套管柱、井下防喷器组以及海底采油树等提供重要支撑。导管合理喷射下入深度需要根据海底土壤性质和导管承载能力等进行计算分析确定[5]。

(一)导管受力情况

导管下入到位和悬挂表层套管柱的工况纵向受力示意图,如图4-4所示。

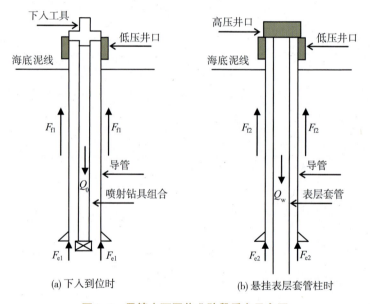

图4-4　导管在不同作业阶段受力示意图

1.导管下到位时的受力分析

为使导管顺利下入到位且不发生倾斜,必须保证喷射钻压能克服海底土壤的阻力。根据图4-4(a),导管下到位时

$$Q_0 = F_{f1} + F_{e1} \tag{4-1}$$

式中,Q_0为下入到位时的最大钻压,kN;F_{f1}为导管外壁受到的扰动侧阻力,kN;F_{e1}为导管底部受到的扰动端阻力,kN。

由于喷射对土壤的扰动,无法准确得到式(4-1)中被扰动的管侧和管端阻力,下入到位时的瞬时最大钻压可由相关文献[6]提供的理论钻压曲线得到,最大钻压等于

导管的初始承载力，即

$$Q_0 = R \cdot B_{fw} \cdot [(W_{con} + W_{col}) \cdot x + W_{lh} + W_{tool}] \quad (4-2)$$

式中，R为钻压系数，在0.8~1.0之间取值；B_{fw}为海水中浮力系数；x为设计的导管长度，m；W_{con}为导管线重，kN/m；W_{col}为喷射钻具线重，kN/m；W_{lh}为低压井口重力，kN；W_{tool}为下入工具的重力，kN。

2.悬挂表层套管柱时的导管受力分析

导管下到位，钻柱与导管解锁后，采用常规旋转钻进方式继续钻表层井眼，然后下入表层套管串及高压井口，坐放于导管上部的低压井口上，固井前整个表层套管柱及井口的重力由导管承担。一定恢复时间后的导管管侧与管端阻力由于扰动消失逐渐增大，受力平衡关系如图4-4（b）所示，其中

$$\begin{cases} Q_w = Q_t \\ Q_w = B_{fm} \cdot (W_{con} \cdot x + W_{sur} \cdot L_{sc}) + B_{fw} \cdot (W_{lh} + W_{hh}) \\ Q_t = F_{f2} + F_{e2} \end{cases} \quad (4-3)$$

式中，Q_w为导管承担的总载荷，kN；Q_t为t时刻导管实时承载力，kN；B_{fm}为钻井液中浮力系数；W_{sur}为表层套管线重，kN/m；W_{hh}为高压井口重力，kN；F_{f2}为t时间的管侧阻力，kN；F_{e2}为t时间的管端阻力，kN。

（二）导管实时承载力确定

深水导管的极限承载力一般依靠现场土壤取样并通过实验测定得到，其大小可根据式（4-4）确定，

$$Q_u = \pi D_c \sum_{i=0}^{x} q_{sui} L_i + \frac{\pi}{4}(D_c^2 - d_c^2) q_{pu} \quad (4-4)$$

式中，q_{sui}为管柱周围第i层土的单位面积极限管侧阻力，kPa；q_{pu}为单位面积极限管端阻力，kPa；d_c为导管内径，m²。单位面积极限管侧阻力及极限管端阻力的多种计算公式可见参考文献[7]。

桩基理论中，软黏土中摩擦桩的承载力随时间变化按一定规律增长。由于喷射下入导管的海底浅部地层多为软黏土层，处于其中的导管承载力同样具有随时间增长的现象，所以需要考虑时间效应影响下的导管实时承载力计算。国内外对桩承载力时间效应的预测提出了多种实用的方法，其中常用的有双曲函数法和对数函数法。

1.双曲函数法

工程中单桩承载力随时间变化近似呈双曲线特征，实时承载力计算公式为

$$Q_t = Q_0(1 + \frac{t}{at+b}) \quad (4-5)$$

式中，t 为恢复时间，d；a，b 为分别为与桩径、桩长和土质有关的经验系数，需要根据试桩试验回归得到。

2.对数函数法

根据试桩试验资料统计分析，Skov等提出如下实时承载力计算公式[7]：

$$Q_t = Q_0\left(1 + k_b \log\left(\frac{t}{t_0}\right)\right) \quad (4-6)$$

式中，t_0 为初始时间，d；k_b 为承载力增长系数。

我国采用较多如下实时承载力计算公式[8]：

$$Q_t = Q_0 + \alpha_b(1 + \log t)(Q_u - Q_0) \quad (4-7)$$

式中，α_b 为承载力增长系数。

Philippe Jeanjean根据墨西哥湾喷射导管载荷试验数据库回归出了如下公式[9]：

$$Q_t = Q_0 + 0.055(2 + \log t)Q_u \quad (4-8)$$

为了使式（4-8）具有通用性，可用承载力增长系数代替式中定值0.055，该值同样需要根据不同海域的地层特征试验得到。

上述公式都可以对导管的实时承载力进行计算，但双曲函数法需要确定两个经验系数，而对数函数法只需确定一个经验系数。根据式（4-8）可以算得 Q_u，由式（4-6）、式（4-7）反推出相应的承载力增长系数，结果见表4-2。

表4-2 承载力增长系数计算结果

位置	导管长度/m	导管直径/mm	恢复时间t/d	测得的Q_0/kN	测得的Q_t①/kN	计算的Q_u/kN	反推的k_b	反推的α_b
A	41	762	1/6	600	>756	2224	0.21	0.43
B	20	762	1	405	556	1374	0.19	0.16
C	53	914	5	578	>1334	5040	0.48	0.10

注：①——测的 Q_t 是承载力下限，因为此时导管并没有失效；计算 k_b 值时采用 t_0=0.01d。

从表4-2可以看出 k_b 和 α_b 在不同的区域取值不同，需要根据实际情况选取。式（4-6）中 t_0 对计算结果有一定影响，而式（4-7）中各参数均可根据具体情况确定，采用式（4-7）计算导管的实时承载力比较方便。由式（4-2）、式（4-4）、式（4-7）可得到扰动后一定恢复时间的实时承载力：

$$\begin{aligned}Q_t = &B_{fw} \cdot [(W_{con} + W_{col}) \cdot x + W_{lh} + W_{tool}] \\ &+ \alpha_b(1 + \log t)\{\pi D_c \sum_{i=0}^{x} q_{sui} L_i + \frac{\pi}{4}(D_c^2 - d_c^2)q_{pu} - B_{fw} \cdot [(W_{con} + W_{col}) \cdot x + W_{lh} + W_{tool}]\}\end{aligned} \quad (4-9)$$

为了防止导管下陷或下入过量，需要导管承担的总重力小于且接近于导管在被

扰动后一定恢复时间的实时承载力,可得到导管下入深度的设计准则:

$$\varepsilon_d < Q_t - Q_w < \varepsilon_u \quad (4-10)$$

式中,ε_d为合理的安全余量下限值,kN;ε_u为合理的安全余量上限值,kN。

三、导管下入深度确定方法

由上可知导管下入深度的确定方法,其流程如图4-5所示。

(1)首先需获取所使用的导管、喷射工具等数据,主要包括送入工具、水下井口等的重量,所使用的导管的内径、外径及导管的单位长度重量。

(2)假设导管的下入深度x,从而计算出假设深度条件下导管的重量,在此基础上,依据第(1)步中的相关数据,按照式(4-2)、式(4-3)即可计算出假设下入深度条件下导管需要承担的载荷Q_w及导管的初始承载能力Q_0。

(3)根据第(2)步假设的下入深度和所钻井浅部地层土壤参数按照式(4-4)计算此下入深度条件下导管的极限承载力Q_u。

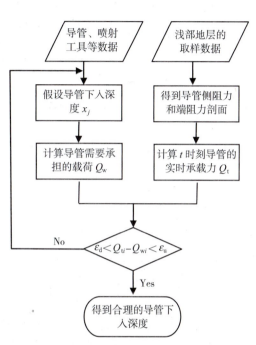

图4-5 导管下入深度计算机求解流程

(4)依据第(2)和第(3)步中的导管初始承载能力和极限承载能力值,依据式(4-5)~式(4-8)计算出t时刻的导管实时承载力Q_t。

(5)将Q_t与Q_w进行比较,若$\varepsilon_d < Q_t - Q_w < \varepsilon_u$,则$x$即为导管的合理下入深度,否则,重新给出$x$重复上述过程,直至满足设计要求。

第三节 表层套管下深设计

深水钻井表层套管井段一般使用海水开眼循环钻进,配合使用高黏钻井液清洗井眼,钻井流体密度性能调节能力较差。因此,采用常规的压力约束准则无法设计表层套管下深,需要采用新的设计依据。表层套管井段开眼循环钻进示意图,如图4-6所示。

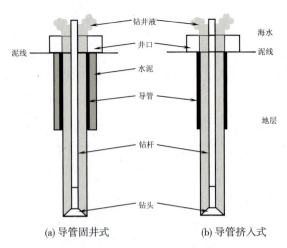

图4-6 表层套管井段开眼循环钻进示意图

一、表层套管下深设计依据

目前工程实践中,深水钻井表层套管设计的主要依据[10~12]如下:

(1)依据地层孔隙压力剖面,表层套管的理论下深可到达地层孔隙压力梯度出现异常位置的上部。

(2)根据地层岩性和构造性质,表层套管应下至地质资料提示的必封点处。

(3)探井表层套管下深一般不超过泥线以下800m,目前多数深水井的表层套管下深设计为泥线以下500~800m。

二、特殊情况下表层套管下深的确定方法

在表层套管设计过程中,有时会遇见工程必封点和地质必封点相近而又不相同的情况。如图4-7(a)所示,若地层孔隙压力在井深D_1以下开始出现异常高压,继续采用海水开眼钻进,则会出现地层坍塌、卡钻等复杂情况。按照常规表层套管设计原则,表层套管下深应确定在井深D_1处。而根据地质要求,地质必封点为井深D_2处,必须在D_2处下另一层套管以满足地质要求。为了尽可能加大表层套管的下深,可以通过加重循环钻进的方法,微调钻井液密度,使之能够通过异常压力层段,减少套管层次,如图4-7(b)所示。由于浅部地层较为疏松,岩石强度较低,若钻井液密度调整不当,又会引发地层漏失等复杂情况,因此需要严格控制井口使用的钻井液密度值。

1.增加的表层套管井段钻井液密度确定方法

设使用的钻井液密度为ρ_m,海水密度为ρ_{sea},水深为D_{sea},则井深D处(从海平面计算,$D_1<D\leq D_2$)的井底压力用当量钻井液密度表示为

$$\rho(D)=\frac{\rho_{sea}\cdot D_{sea}+\rho_m\cdot(D-D_{sea})}{D} \qquad (4-11a)$$

若井深D处的地层孔隙压力梯度为$\rho_p(D)$,为了平衡地层压力必须满足

$$\rho(D) = \rho_p(D) \qquad (4-11b)$$

则增加的表层套管井段($D_1 < D \leqslant D_2$)使用的钻井液密度需满足条件

$$\rho_m(D) = \max\left\{\frac{\rho_p(D)_{\max} \cdot D - \rho_{sea} \cdot D_{sea}}{D - D_{sea}}\right\} \quad D_1 < D \leqslant D_2 \qquad (4-12)$$

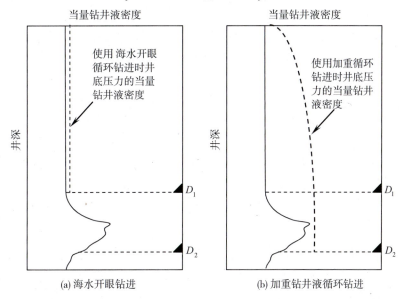

图4-7 不同钻进方式表层套管下深示意图

2.表层套管加深深度极限的确定

如有其他特殊要求,同样可以通过上述方法加深表层套管下深,增加的深度主要受到了以下几个方面的约束:

(1)增加深度受到钻井平台(船)泥浆池的容积和处理能力的限制。

由于是开眼钻进,钻井液完全排向海底。设钻井平台(船)钻井液极限供给量为Q_L,钻杆内径为d_{pi},钻杆外径为d_{po},钻铤内径为d_{ci},钻铤外径为d_{co},钻铤总长度为L_c,导管内径为d_i,导管长度为L_D,井眼尺寸为d_h,开始加重循环开眼钻进时,水深为D_w,表层套管下深极限为$D_{\max}$,必须满足

$$\begin{aligned}\frac{1}{4}\pi\big[&d_{pi}^2(D_{\max}-L_c)+d_{ci}^2 L_c+(d_h^2-d_{po}^2)(D_{\max}-L_c-L_D)\\&+(d_h^2-d_{co}^2)L_c+(d_h^2-d_i^2)L_D\big]\leqslant Q_L\end{aligned} \qquad (4-13)$$

则考虑钻井液存储能力的表层套管下深极限$D_{\max}$为

$$D_{\max}=\left(d_{pi}^2+d_h^2-d_{po}^2\right)^{-1}\left[\frac{4Q_L}{\pi}-L_c\left(d_{ci}^2+d_{po}^2-d_{pi}^2-d_{c0}^2\right)-L_D\left(d_{po}^2-d_i^2\right)\right] \qquad (4-14)$$

(2)地层破裂压力的限制。

井眼中的当量循环钻井液密度必须小于相同深度处地层的破裂压力梯度。设井深D处的破裂压力梯度值为ρ_{fD}，井深D处的钻井液密度为ρ_{mD}，根据常规井身结构设计钻井液密度约束条件，应满足

$$\left[\rho_{mD}(D-D_w)+\rho_{sea}D_w\right]D^{-1}+S_g+S_f \leqslant \rho_{fD} \qquad (4-15)$$

式中，S_g为激动压力系数，S_f地层破裂安全系数。则考虑防止压漏地层的表层套管下深极限为D'_{max}

$$D'_{max}=\min\left\{D\left|\left[\rho_{mD}(D-D_w)+\rho_{sea}D_w\right]\cdot D^{-1}+S_g+S_f\geqslant\rho_{fD}\right.\right\} \qquad (4-16)$$

（3）钻井泵的限制。

可以通过计算满足携岩要求的最小排量[13]，求取表层套管井段的最大下深位置。

根据携岩最小排量的计算公式

$$Q_a=\frac{\pi}{40}(d_h^2-d_p^2)\cdot v_a \qquad (4-17)$$

式中，$v_a=\dfrac{18.24}{\rho_d d_h}$，为钻井环空最低返速，m/s；$\rho_d$为钻井液密度，g/cm³；$d_h$为井眼直径，cm；$d_p$为钻柱外径，cm；$Q_a$为携岩最小排量，L/s。

平台管汇压耗为

$$\Delta p_g = K_g \cdot Q_a^{1.8} \qquad (4-18)$$

式中，Δp_g为平台管汇压耗，MPa；K_g为平台管汇的压耗系数。可知平台管汇的压耗不随井深发生变化。

钻铤内外压耗

$$\Delta p_c = K_c \cdot Q_a^{1.8} \qquad (4-19)$$

式中，Δp_c为钻铤内外压耗，MPa；K_c为钻铤内外的压耗系数。可知钻铤内外的压耗也不随井深发生变化。

钻头压耗

$$\Delta p_b = \frac{0.05\rho_d Q_a^2}{C^2 A_0^2} \qquad (4-20)$$

式中，Δp_b为钻头压耗，MPa；C为喷嘴流量系数，A_0为喷嘴出口截面积。可知钻头压耗也不随井深发生变化。

深水表层套管钻进钻杆内压耗

$$\Delta p_{pi}=\frac{B\rho_d^{0.8}\mu_{pv}^{0.2}(D-L_c)}{d_{pi}^{4.8}} \qquad (4-21)$$

钻杆外环空压耗

$$\Delta p_{\mathrm{pa}} = \frac{0.57503 \rho_{\mathrm{d}}^{0.8} \mu_{\mathrm{pv}}^{0.2} Q_{\mathrm{a}}^{1.8} (D - D_{\mathrm{w}} - L_{\mathrm{c}})}{(d_{\mathrm{h}} - d_{\mathrm{p}})^3 (d_{\mathrm{h}} + d_{\mathrm{p}})^{1.8}} \quad (4\text{-}22)$$

式中，Δp_{pi} 为钻杆内的压耗，MPa；Δp_{pa} 为钻杆外环形空间的压耗，MPa；μ_{pv} 为钻井液的塑性黏度，Pa·s；D 为井深，m；B 为常数。

设 $B_1 = \dfrac{B \rho_{\mathrm{d}}^{0.8} \mu_{\mathrm{pv}}^{0.2}}{d_{\mathrm{pi}}^{4.8}}$，$B_2 = \dfrac{0.57503 \rho_{\mathrm{d}}^{0.8} \mu_{\mathrm{pv}}^{0.2} Q_{\mathrm{a}}^{1.8}}{(d_{\mathrm{h}} - d_{\mathrm{p}})^3 (d_{\mathrm{h}} + d_{\mathrm{p}})^{1.8}}$，钻杆内外的总压耗表示为

$$\Delta p_{\mathrm{p}} = B_1 (D - L_{\mathrm{c}}) + B_2 (D - D_{\mathrm{w}} - L_{\mathrm{c}}) \quad (4\text{-}23)$$

在满足携岩要求的最小流量条件下，钻头、平台管汇以及钻铤内外的压耗均为一常数，不随井深改变，用 Δp_{n} 表示上述压耗的总和。则表层套管井段钻进时的总压耗为

$$\Delta p = \Delta p_{\mathrm{n}} + \Delta p_{\mathrm{p}} \quad (4\text{-}24)$$

由于钻进时钻井液循环所需功率不能超过钻井泵的额定功率

$$p_{\mathrm{r}} \geqslant \Delta p \cdot Q_{\mathrm{a}} \quad (4\text{-}25)$$

式中，p_{r} 为钻井泵的额定功率，kW。由于携岩最小排量小于钻井泵的额定排量，上式可转化为：

$$\Delta p_{\mathrm{r}} \geqslant \Delta p = \Delta p_{\mathrm{n}} + \Delta p_{\mathrm{p}} = \Delta p_{\mathrm{n}} + B_1 (D - L_{\mathrm{c}}) + B_2 (D - D_{\mathrm{w}} - L_{\mathrm{c}}) \quad (4\text{-}26)$$

式中，Δp_{r} 为钻井泵的额定泵压，MPa。由此可得表层套管井段的极限深度

$$D_{\max}'' = (B_1 + B_2)^{-1} \left[P_{\mathrm{r}} - \Delta p_{\mathrm{n}} + B_1 L_{\mathrm{c}} + B_2 (D_{\mathrm{w}} + L_{\mathrm{c}}) \right] \quad (4\text{-}27)$$

（4）表层套管下深的经验极限深度 $D_{\max}'''$。

基于工程上多因素的考虑（如井眼稳定、固井要求等）和大量实际深水井表层套管的下深统计，表层套管下深的经验极限深度 $D_{\max}'''$ 一般不大于 800 m。

综合考虑以上 4 个因素，表层套管下深的最大值为 $\min \{D_{\max}, D_{\max}', D_{\max}'', D_{\max}'''\}$。

第四节　考虑地层压力可信度的井身结构设计

现有的井身结构设计方法，重点以地层情况和地层压力信息为参考数据进行套管层次及下深的确定，但是所依据的压力剖面均是确定性的单一曲线，从而使得其设计结果也是确定性的。因此，传统方法无法针对本文所提出的具有可信度信息的压力剖面进行套管层次及下深的设计。文献[14~17]分别就地层压力信息的不确定性进行了研究，提出了通过概率统计理论定量分析地层各压力的不确定性因素，从而对钻井风险进行定量评判。文献[18~20]通过定量风险评价（QRA）的方法对不确定条件下的井身结构进行了风险评判，提出了相应的改进方案，并利用决策树方法提

出了实时调整的原则和步骤，这些进展使得井身结构设计结果具有一定的可选性，能够针对钻井突发情况等不确定因素进行实时调整和优化。但上述方法仍针对按照确定性方法设计出的井身结构进行分析评价，而不是在初始阶段就根据其不确定性压力剖面进行连续的设计，其得出的可选方案也都为几个确定的下深及层次，而不是连续的范围。考虑地层压力可信度的井身结构设计方法，能够针对不确定的压力剖面进行井身结构设计，得出含有可信度的套管层次及下深范围，使钻井决策者可以根据设计结果做好应急和实时调整方案[21~24]。

一、含可信度地层压力剖面的确定

地层压力剖面是进行井身结构设计的基础，但在勘探初期，由于邻井资料少，对地层压力分布情况掌握程度有限，采用确定性的压力预测方法得出的单一压力剖面不能满足实际工程的需要。利用含可信度的地层孔隙压力确立方法[22]，通过对压力预测过程中所使用的模型及其参数的不确定性进行分析，利用概率统计理论确定各参数的分布状态，可得出具有可信度的地层压力剖面。

压力预测方法有多种，而每一种压力预测模型都是多个参数的函数。设压力预测模型如下所示（某一深度处）：

$$p_t = P_t(X_1, X_2, X_3, \cdots, X_n) \tag{4-28}$$

式中，p_t 表示地层压力预测值，t 代表地层压力的种类，可分别表示地层孔隙压力（$t=p_p$）、坍塌压力（$t=p_c$）或者破裂压力（$t=p_F$）；$P_t(X_1, X_2, X_3, \cdots, X_n)$ 表示以 n 个参数 $X_1, X_2, X_3, \cdots, X_n$ 为变量的函数。由于参数具有不确定性，对每个参数依据概率理论进行分析，可得出每个参数的概率分布情况，其概率密度函数表达式如下所示：

$$p_{X_i}(x) = f_i(x_{i1}, x_{i2}, x_{i3}, \cdots x_{im}) \quad (i=1,2,3\cdots,n) \tag{4-29}$$

式中，$p_{X_i}(x)$ 表示参数 x_i 的概率密度分布函数，$x_{i1}, x_{i2}, x_{i3}\cdots x_{im}$ 则表示此函数的参量。例如在正态分布中，其共有两个参量 x_{i1}, x_{i2}，分别表示位置参数 μ 和尺度参数 σ。

压力预测函数中每一变量都有各自的分布形式，对变量较少、分布形式简单的，可直接由概率统计理论得出其压力值 p_t 的概率密度函数，确定其分布状态。对于变量繁多、直接理论计算过程过于繁琐的压力预测函数来说，可由 Monte Carlo 模拟根据其结果寻求较为简单的概率分布函数进行拟合。多位学者的研究表明，压力值的分布多为贝塔分布、正态分布或对数正态分布形式。从而可得在深度 h_i 处的地层压力 p_t 的累积概率函数 $F_{h_i}(p_t)$，在不同深度处分别求取其地层压力 p_t 的累积概率分布函数，即可组成一累积概率分布集合：

$$F(p_t) = \{F_{h_1}(p_t), F_{h_2}(p_t), F_{h_3}(p_t), \cdots, F_{h_n}(p_t)\}, \quad h_1 < h_2 < h_3 < \cdots < h_n \quad (4\text{-}30)$$

用符号 $(p_t)_{h_1}^j$ 表示 $F_{h_1}(p_t)$ 中累积概率为 j 的地层压力值,在式(4-30)中的每一深度处的累积概率函数中取相同累积概率值 j_0 的地层压力值,则原集合中的元素由一个分布变成一个具体的压力值,其组成的新集合如下:

$$(p_t)^{j_0} = \{(p_t)_{h_1}^{j_0}, (p_t)_{h_2}^{j_0}, (p_t)_{h_3}^{j_0}, \cdots, (p_t)_{h_n}^{j_0}\}, \quad h_1 < h_2 < h_3 < \cdots < h_n \quad (4\text{-}31)$$

将式(4-31)中的元素,以压力值 $(p_t)_{h_i}^j$ 为横坐标,深度 h_i 为纵坐标,连点成线即得出累积概率为 j_0 的地层压力曲线。由于预测深度 h_i 不连续,两相邻深度间的压力值采用线性插值获得。因此,深度为 h,累积概率为 j_0 的地层压力可表示如下:

$$f_{j=j_0}(p_t, h) = \begin{cases} (p_t)_{h_i}^{j_0}, & (h = h_i, \ i = 1, 2, 3, \cdots, n) \\ \dfrac{(p_t)_{h_{i+1}}^{j_0} - (p_t)_{h_i}^{j_0}}{h_{i+1} - h_i} h + \dfrac{(p_t)_{h_i}^{j_0} h_{i+1} - (p_t)_{h_{i+1}}^{j_0} h_i}{h_{i+1} - h_i}, & (h_i < h < h_{i+1}, i = 1, 2, 3, \cdots, n-1) \end{cases} \quad (4\text{-}32)$$

同理,获得累积概率为 j_1、j_2 ($j_1 \neq j_2$) 的地层压力曲线 $(p_t)^{j_1}$、$(p_t)^{j_2}$,两条曲线构成可信度为 $|j_1-j_2| \times 100\%$ 的地层压力剖面,它表示深度 h 处的地层压力落在区间 $[(p_t)_{h_i}^{j_1}, (p_t)_{h_i}^{j_2}]$ 中的几率为 $|j_1-j_2| \times 100\%$ 例如累积概率为10%的地层孔隙压力曲线和90%的地层孔隙压力曲线构成了可信度为90%-10%=80%的地层孔隙压力剖面,即表示地层孔隙压力有80%的可能落在此区间内。由此即可建立起含可信度的地层孔隙、坍塌及破裂压力剖面。

根据概率统计理论,每一深度处地层压力的概率密度函数和累积概率分布函数解析解表达式如下:

$$p_{t(h)}[p_{t(h)}] = \begin{cases} p_{h_i}[p_{t(h_i)}] & (h = h_i, i = 1, 2, 3, \ldots, n) \\ \int_{-\infty}^{+\infty} \dfrac{h_{i+1} - h}{h_{i+1} - h_i} \cdot p_{h_i}\left[\dfrac{h_{i+1} - h_i}{h_{i+1} - h}(y - y_2)\right] \cdot \dfrac{h - h_i}{h_{i+1} - h_i} p_{h_{i+1}}\left[\dfrac{h_{i+1} - h_i}{h - h_i} y_2\right] dy_2 & (h_i < h < h_{i+1}, i = 1, 2, 3, \ldots, n) \end{cases} \quad (4\text{-}33)$$

$$F_{t(h)}[p_{t(h)}] = \begin{cases} F_{h_i}[p_{t(h_i)}] & (h = h_i, i = 1, 2, 3, \ldots, n) \\ \int_{-\infty}^{p_{t(h)}} \int_{-\infty}^{+\infty} \dfrac{h_{i+1} - h}{h_{i+1} - h_i} \cdot p_{h_i}\left[\dfrac{h_{i+1} - h_i}{h_{i+1} - h}(y - y_2)\right] \cdot \dfrac{h - h_i}{h_{i+1} - h_i} p_{h_{i+1}}\left[\dfrac{h_{i+1} - h_i}{h - h_i} y_2\right] dy_2 dy & (h_i < h < h_{i+1}, i = 1, 2, 3, \ldots, n) \end{cases} \quad (4\text{-}34)$$

式中,$y_1 = \left(\dfrac{h_{i+1} - h}{h_{i+1} - h_i}\right) p_{t(h_i)}$,$y_2 = \left(\dfrac{h - h_i}{h_{i+1} - h_i}\right) p_{t(h_{i+1})}$。通过上述步骤,即可建立起地层压力(包括地层孔隙压力、地层破裂压力、地层坍塌压力)随深度的概率分布模型。

二、含可信度安全钻井液密度窗口的确定

传统井身结构设计方法中钻井液安全密度约束条件中各类系数（如抽汲压力系数S_b、激动压力系数S_g、附加钻井液密度值$\Delta\rho$、井涌允量S_k等）均为确定性的单一数值。在地层压力存在不确定性的情况下，可以根据设计井的具体情况，对每一设计系数设定数值范围及概率分布形式。对于具有邻井的区域，可根据已钻井实钻数据对各个系数的数值范围和分布形式进行统计和拟合。深水钻井中，还需要考虑由于深水低温导致钻井液密度增大对井身结构设计的影响，在钻井液密度上限约束条件中增加了深水增量S_w，修正防漏失钻井液密度上限约束条件。根据上述相关设计系数的分布和钻井液密度约束条件，即可建立具有可信度信息的钻井液安全密度窗口剖面[23]。

根据压力约束准则，安全钻井液密度上下限的数学表达式如下所示：

（1）防井涌钻井液密度下限$\rho_{k(h)}$：

$$\rho_{k(h)} = p_{t(h)} + S_b + \Delta\rho, \quad t = p_p \text{ 表示地层孔隙压力} \quad (4\text{-}35)$$

（2）防井壁坍塌钻井液密度下限$\rho_{c1(h)}$和钻井液密度上限值$\rho_{c2(h)}$：

$$\rho_{c1(h)} = p_{t(h)} + S_b, \quad t = p_{cmin} \text{ 表示地层最小坍塌压力} \quad (4\text{-}36)$$

$$\rho_{c2(h)} = p_{t(h)} - S_g, \quad t = p_{cmax} \text{ 表示地层最大坍塌压力} \quad (4\text{-}37)$$

（3）防压差卡钻钻井液密度上限$\rho_{sk(h)}$：

$$\rho_{sk(h)} = p_{t(h)} + \frac{\Delta P}{h \times 0.0098}, \quad t = p_p \text{ 表示地层孔隙压力} \quad (4\text{-}38)$$

（4）防井漏钻井液密度上限$\rho_{L(h)}$：

$$\rho_{L(h)} = p_{t(h)} - S_g - S_f - S_w - S_c, \quad t = p_f \text{ 表示地层破裂压力} \quad (4\text{-}39)$$

（5）防井涌关井井漏钻井液密度上限$\rho_{kl(h)}$：

$$\rho_{kl(h)} = p_{t(h)} - S_g - S_f - S_k \times \frac{h_{pmax}}{h} \quad (4\text{-}40)$$

式中，S_b为抽汲压力系数，g/cm³；S_g为激动压力系数，g/cm³；$\Delta\rho$为附加钻井液密度值，g/cm³；S_f为地层破裂压力安全增值，g/cm³；S_w为深水钻井液安全增值，g/cm³；S_c为循环压耗系数，g/cm³；S_k井涌允量，g/cm³；ΔP为压差卡钻允值，MPa；h_{pmax}为裸眼井段最大地层孔隙压力处的深度，m；h为井深，m。

上述压力约束准则中，地层破裂压力安全增值S_f在设计过程中的真正含义类似地反映了地层破裂压力不确定因素的大小，是对地层压力预测误差的一种估计和预判。地层压力预测的精度越低，则在设计过程中地层破裂压力安全增值的取值就会越大，反之就会越小。

依据含有可信度的地层压力剖面,确定安全钻井液密度上下限值时,式(4-35)改写为

$$\rho_{L(h)} = p_{t(h)} - S_g - S_w - S_c \quad (4-41)$$

$t=p_f$,表示地层破裂压力。

因此,依据具有可信度的地层压力剖面,即可按照由式(4-36)、式(4-37)、式(4-38)、式(4-39)、式(4-40)和式(4-41)共同组成的新的钻井液密度约束准则确定安全钻井液密度上下限值。

由于各深度处不同类型地层压力剖面的分布情况已知,而抽汲压力系数S_b、激动压力系数S_g、附加钻井液密度$\Delta\rho$、压差卡钻允值ΔP、深水钻井液安全增值S_w和循环压耗系数S_c,既可以根据经验和计算取一确定性的数值,也可以根据井的复杂情况分井段取不同的范围区间,结合相邻区块已钻井的统计资料,给定其值的分布形式,在其值没有侧重的情况下推荐采用均匀分布形式。因此,可得出任意深度h处的各系数变量$X_i(h_i)$的概率密度函数$p_{X_i(h_i)}(x_i)$,并设定$x_1=S_b$,$x_2=-S_g$,$x_3=-S_f$,$x_4=\Delta\rho$,$x_5=\dfrac{\Delta P}{h\times 0.0098}$,$x_6=-S_w$,$x_7=-S_c$。

根据式(4-33)、式(4-35)、式(4-36)、式(4-37)、式(4-38)及式(4-41),利用概率统计理论可推导出各深度h处钻井液密度上下限的概率密度函数和累积概率分布函数。

$$\begin{cases} p_{\rho_{k(h_i)}}(\rho_{k(h_i)}) = \int_{-\infty}^{+\infty}\int_{-\infty}^{+\infty} p_{t(h_i)}[\rho_{k(h_i)} - x_1 - x_4] \cdot \\ \qquad\qquad p_{X_1(h_i)}(x_1) \cdot p_{X_4(h_i)}(x_4) \mathrm{d}x_1 \mathrm{d}x_4 \\ F_{\rho_{k(h_i)}}(\rho_{k(h_i)}) = \int_{-\infty}^{\rho_{k(h)}}\int_{-\infty}^{+\infty}\int_{-\infty}^{+\infty} p_{t(h_i)}[\rho_{k(h_i)} - x_1 - x_4] \cdot \\ \qquad\qquad p_{X_1(h_i)}(x_1) \cdot p_{X_4(h_i)}(x_4) \mathrm{d}x_1 \mathrm{d}x_4 \mathrm{d}y \end{cases}, t=p_p \quad (4-42)$$

$$\begin{cases} p_{\rho_{c1(h_i)}}(\rho_{c1(h_i)}) = \int_{-\infty}^{+\infty} p_{t(h_i)}[\rho_{c1(h_i)} - x_1] \cdot p_{X_1(h_i)}(x_1) \mathrm{d}x_1 \\ F_{\rho_{c1(h_i)}}(\rho_{c1(h_i)}) = \int_{-\infty}^{\rho_{c1(h_i)}}\int_{-\infty}^{+\infty} p_{t(h_i)}[\rho_{c1(h_i)} - x_1] \cdot p_{X_1(h_i)}(x_1) \mathrm{d}x_1 \mathrm{d}y \end{cases}, t=p_{c\min} \quad (4-43)$$

$$\begin{cases} p_{\rho_{c2(h_i)}}(\rho_{c2(h_i)}) = \int_{-\infty}^{+\infty} p_{t(h_i)}[\rho_{c2(h_i)} - x_2] \cdot p_{X_2(h_i)}(x_2) \mathrm{d}x_2 \\ F_{\rho_{c2(h_i)}}(\rho_{c2(h_i)}) = \int_{-\infty}^{\rho_{c2(h_i)}}\int_{-\infty}^{+\infty} p_{t(h_i)}[\rho_{c2(h_i)} - x_2] \cdot p_{X_2(h_i)}(x_2) \mathrm{d}x_2 \mathrm{d}y \end{cases}, t=p_{c\max} \quad (4-44)$$

$$\begin{cases} p_{\rho_{sk(h_i)}}(\rho_{sk(h_i)}) = \int_{-\infty}^{+\infty} p_{t(h_i)}[\rho_{sk(h_i)} - x_5] \cdot p_{X_5(h_i)}(x_5) \mathrm{d}x_5 \\ F_{\rho_{sk(h_i)}}(\rho_{sk(h_i)}) = \int_{-\infty}^{\rho_{sk(h_i)}}\int_{-\infty}^{+\infty} p_{t(h_i)}[\rho_{sk(h_i)} - x_5] \cdot p_{X_5(h_i)}(x_5) \mathrm{d}x_5 \mathrm{d}y \end{cases}, t=p_p \quad (4-45)$$

$$\begin{cases} p_{\rho_{L(h_i)}}(\rho_{L(h_i)}) = \int_{-\infty}^{+\infty}\int_{-\infty}^{+\infty}\int_{-\infty}^{+\infty} p_{t(h_i)}[\rho_{L(h_i)} - x_2 - x_6 - x_7] \cdot p_{X_2(h_i)}(x_2) \cdot \\ \qquad\qquad p_{X_6(h_i)}(x_6) \cdot p_{X_7(h_i)}(x_7) \mathrm{d}x_2 \mathrm{d}x_6 \mathrm{d}x_7 \\ F_{\rho_{L(h_i)}}(\rho_{L(h_i)}) = \int_{-\infty}^{\rho_L(h)}\int_{-\infty}^{+\infty}\int_{-\infty}^{+\infty}\int_{-\infty}^{+\infty} p_{t(h_i)}[\rho_{L(h_i)} - x_2 - x_6 - x_7] \cdot p_{X_2(h_i)}(x_2) \cdot \\ \qquad\qquad p_{X_6(h_i)}(x_6) \cdot p_{X_7(h_i)}(x_7) \mathrm{d}x_2 \mathrm{d}x_6 \mathrm{d}x_7 \mathrm{d}y \end{cases}, t = p_f \quad (4\text{-}46)$$

通过上述钻井液密度上下限的分布形式，可知累积概率为j_0的安全钻井液密度窗口为：

$$\max\{\rho_{k,j=j_0}(h), \rho_{c1,j=j_0}(h)\} \leq \rho_{k,j=j_0}(h) \leq \min\{\rho_{c2,j=j_0}(h), \rho_{1,j=j_0}(h), \rho_{sk,j=j_0}(h)\} \quad (4\text{-}47)$$

则深度h处累积概率$j=j_0$时的安全钻井液密度上下限分别如下：

$$L(h)_{j=j_0} = \max\{\rho_{k,j=j_0}(h), \rho_{c1,j=j_0}(h)\} \quad (4\text{-}48)$$

$$H(h)_{j=j_0} = \min\{\rho_{c2,j=j_0}(h), \rho_{1,j=j_0}(h), \rho_{sk,j=j_0}(h)\} \quad (4\text{-}49)$$

与地层压力曲线类似，累积概率为j_0时，连续的安全钻井液密度的上下限曲线的数学函数，如式（4-50）、式（4-51）所示。

$$H(h)_{j=j_0} = \begin{cases} H_{j_0, h_i}, & i=1,2,3,\cdots,n \\ \dfrac{H_{j_0, h_{i+1}} - H_{j_0, h_i}}{h_{i+1} - h_i}h + \dfrac{H_{j_0, h_i}h_{i+1} - H_{j_0, h_{i+1}}h_i}{h_{i+1} - h_i}, & h_i < h < h_{i+1}, i=1,2,3,\cdots,n \end{cases} \quad (4\text{-}50)$$

$$L(h)_{j=j_0} = \begin{cases} L_{j_0, h_i}, & i=1,2,3,\cdots,n \\ \dfrac{L_{j_0, h_{i+1}} - L_{j_0, h_i}}{h_{i+1} - h_i}h + \dfrac{L_{j_0, h_i}h_{i+1} - L_{j_0, h_{i+1}}h_i}{h_{i+1} - h_i}, & h_i < h < h_{i+1}, i=1,2,3,\cdots,n \end{cases} \quad (4\text{-}51)$$

式中，$L(h)_{j=j_0}$为累积概率为j_0的安全钻井液密度下限函数表达式，$H(h)_{j=j_0}$为累积概率j为j_0的钻井液密度上限函数表达式。同理可得累积概率为j_1的安全钻井液密度下限$L(h)_{j=j_1}$和上限$H(h)_{j=j_1}$，从而可得到含有可信度$|j_1-j_0|\times100\%$的安全钻井液密度上限剖面和下限剖面。

三、压力不确定条件下的井身结构设计方法

油气井身结构设计有自上而下和自下而上两种设计方法。勘探井或者邻井资料较少的井常采用自上而下较好，开发井、调整井等地层压力相对确定的井可采用自下而上的设计方法，更为经济适用。

（一）自上而下的套管层次及下深确定方法

对于探井而言，由于对地层信息的了解程度有限，为了给后续钻进留有较大的调整空间，常采用自上而下的井身结构设计方法，使得每一层套管下至最深。此设计方法在实际工程设计中已被广泛使用。

按照前述步骤建立一定可信度的钻井液密度上下限剖面，如图4-8所示。图中

L_{j_0}、L_{j_1}分别表示累积概率为j_0和j_1的钻井液密度下限曲线,H_{j_0}、H_{j_1}分别为累积概率为j_0和j_1的钻井液密度上限曲线,安全钻井液密度上下限剖面可信度都为$|j_1-j_0|\times 100\%$。

1. 表层套管下深范围

根据地层岩性资料及邻井表层套管的下深数据,综合考虑确定表层套管下深范围(第一水平带带宽)为$D_{11}\sim D_{12}$($D_{11}<D_{12}$)。如图4-8所示,将深度范围$B_1=D_{12}-D_{11}$定义为第一水平带的带宽,并称D_{11}为水平条带的顶边,D_{12}为底边。

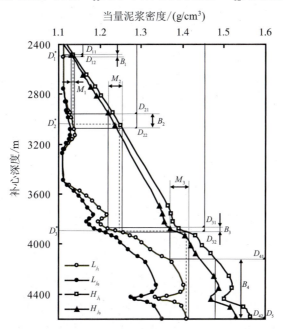

图4-8 自上而下压力不确定条件下套管层次及下深方法示意图

2. 第一竖直条带带宽

将带宽为B_1的水平条带水平延伸,条带分别与曲线H_{j_0}和H_{j_1}相交于四点$[H(D_{11})_{j=j_0},D_{11}]$、$[H(D_{11})_{j=j_1},D_{11}]$、$[H(D_{12})_{j=j_0},D_{12}]$、$[H(D_{12})_{j=j_1},D_{12}]$,并将$M_1$定义为第一竖直带的带宽。

$$M_1 = \max\{H(D_{11})_{j=j_0}, H(D_{11})_{j=j_1}, H(D_{12})_{j=j_0}, H(D_{12})_{j=j_1}\} \\ - \min\{H(D_{11})_{j=j_0}, H(D_{11})_{j=j_1}, H(D_{12})_{j=j_0}, H(D_{12})_{j=j_1}\} \quad (4-52)$$

与水平条带类似,称$\min\{H(D_{11})_{j=j_0}, H(D_{11})_{j=j_1}, H(D_{12})_{j=j_0}, H(D_{12})_{j=j_1}\}$为此竖直条带的顶边$\max\{H(D_{11})_{j=j_0}, H(D_{11})_{j=j_1}, H(D_{12})_{j=j_0}, H(D_{12})_{j=j_1}\}$为底边。

3. 带的延伸和折叠

与第一水平条带和第一竖直条带的确定方法类似,将第一竖直条带向下延伸,与曲线L_{j_1}相交产生第二水平条带,以此类推,条带成阶梯状延伸和折叠,直至最终井深。延伸和折叠过程中竖直条带和水平条带带宽的计算公式为：

$$\begin{cases} M_{i\max} = \max\{H(D_{i1})_{j=j_0}, H(D_{i1})_{j=j_1}, H(D_{i2})_{j=j_0}, H(D_{i2})_{j=j_1}\}, \\ M_{i\min} = \min\{H(D_{i1})_{j=j_0}, H(D_{i1})_{j=j_1}, H(D_{i2})_{j=j_0}, H(D_{i2})_{j=j_1}\}, \\ M_i = M_{i\max} - M_{i\max}, \\ D_{k1} = L^{-1}(M_{i\min})_{j=j_1}, \quad D_{k2} = L^{-1}(M_{i\max})_{j=j_1}, \\ B_{i+1} = D_{k2} - D_{k1}, \\ D_{i1} < D_{i2}, \quad k = i+1, \quad i = 1,2,3,\cdots,n-1 \end{cases} \quad (4-53)$$

式中，L^{-1} 为 L 的反函数，n 为套管总层数。

4.套管层次及下深范围

依据上述方法，套管层次及下深的设计结果不再是单一的数值，而是一个区间。每一层套管的下深范围分别为相应的水平条带的顶边和底边。且套管层次可能也会发生变化。从（表4-3）设计结果可以看出第四层套管的最深下深 D_{42} 可能直接下至最终井深 D_5，从而使套管层次由原来的5层减少至4层，如图4-13中虚线阶梯线所示，当前三层套管下深分别大于 D_1^*、D_2^* 和 D_3^* 时，只需4层套管即可满足设计要求，见表4-4。

表4-3 套管层次及下深设计结果

套管层次	下深或下深范围	可信度
表层套管	$D_{11} \sim D_{12}$	
技术套管1	$D_{21} \sim D_{22}$	$\lvert j_1 - j_0 \rvert \times 100\%$
技术套管2	$D_{31} \sim D_{32}$	$\lvert j_1 - j_0 \rvert \times 100\%$
技术套管3	$D_{41} \sim D_{42}$	$\lvert j_1 - j_0 \rvert \times 100\%$
油层套管（或裸眼完井）	D_5	$\lvert j_1 - j_0 \rvert \times 100\%$

表4-4 4层次方案每一层套管层次及下深所需达到的要求

4层次方案	下深或下深范围	可信度
表层套管	$D_1^* \sim D_{12}$	
技术套管1	$D_2^* \sim D_{21}$	$\lvert j_1 - j_0 \rvert \times 100\%$
技术套管2	$D_3^* \sim D_{32}$	$\lvert j_1 - j_0 \rvert \times 100\%$
油层套管（或裸眼完井）	D_5	$\lvert j_1 - j_0 \rvert \times 100\%$

（二）自下而上的套管层次及下深确定方法

考虑地层压力可信度的井身结构设计方法，也可以自下而上进行套管层次及下深设计，过程与自上而下的方法类似，只是条带是自下而上延伸，其带宽的确定方法和自上而下方法类似[24]，设计步骤如图4-9所示。

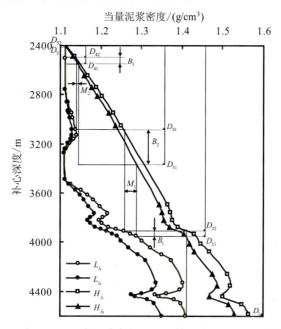

图4-9　自下而上压力不确定条件下套管层次及下深方法示意图

1.第一水平条带带宽

由设计井深D_1处累积概率为j_0的钻井液密度下限曲线$L_{j=j_0}$上的点（$L(D_1)_{j=j_0}$，D_1）竖直向上延伸，分别与累积概率为j_0和j_1的钻井液密度上限曲线$H_{j=j_0}$和$H_{j=j_1}$相交于点（$H(D_{21})_{j=j_0}$，D_{21}）和点（$H(D_{22})_{j=j_1}$，D_{22}），则第一水平条带带宽

$$B_1 = D_{21} - D_{22} \quad (4-54)$$

2.第一竖直条带带宽

将第一水平条带水平向左延伸，分别与累积概率为j_1的钻井液密度下限曲线交于点（$L(D_{21})_{j=j_0}$，D_{21}）和点（$L(D_{22})_{j=j_1}$，D_{22}），则第一竖直条带带宽

$$M_1 = \left| L(D_{21})_{j=j_0} - L(D_{22})_{j=j_0} \right| \quad (4-55)$$

3.带的折叠和延伸

与第一水平条带和第一竖直条带的确立方法类似，将第一竖直条带向上延伸，与曲线H_{j_1}和H_{j_0}相交产生第二水平条带，以此类推，条带成阶梯状延伸和折叠，直至表层套管下深处。延伸和折叠过程中竖直条带和水平条带带宽的计算公式为：

$$\begin{cases} D_{k1} = \max\{H^{-1}(L(D_{i1})_{j=j_1})_{j=j_0}, H^{-1}(L(D_{i1})_{j=j_1})_{j=j_1}, H^{-1}(L(D_{i2})_{j=j_1})_{j=j_0}, \\ \qquad\qquad H^{-1}(L(D_{i2})_{j=j_1})_{j=j_1}\}, \\ D_{k2} = \min\{H^{-1}(L(D_{i1})_{j=j_1})_{j=j_0}, H^{-1}(L(D_{i1})_{j=j_1})_{j=j_1}, H^{-1}(L(D_{i2})_{j=j_1})_{j=j_0}, \\ \qquad\qquad H^{-1}(L(D_{i2})_{j=j_1})_{j=j_1}\}, \\ B_i = D_{k1} - D_{k2}, \\ D_{k1} = L^{-1}(M_{i\min})_{j=j_1}, \quad D_{k2} = L^{-1}(M_{i\max})_{j=j_1}, \\ M_{i\max} = \max\{L(D_{k1})_{j=j_1}, L(D_{k2})_{j=j_1}\}, \\ M_{i\min} = \min\{L(D_{k1})_{j=j_1}, L(D_{k2})_{j=j_1}\}, \\ M_i = M_{i\max} - M_{i\min}, \\ D_{i1} > D_{i2}, \quad k = i+1, \quad i = 1, 2, 3, \cdots, n-1 \end{cases} \quad (4-56)$$

式中,H^{-1}为H的反函数,n为套管总层数。

4. 套管层次及下深范围

其设计出的套管层次及下深结果见表4-5。

表4-5 套管层次及下深设计结果

套管层次	下深或下深范围	可信度
表层套管	$D_{52} \sim D_{51}$	$|j_1-j_0| \times 100\%$
技术套管1	$D_{42} \sim D_{41}$	$|j_1-j_0| \times 100\%$
技术套管2	$D_{32} \sim D_{31}$	$|j_1-j_0| \times 100\%$
技术套管3	$D_{22} \sim D_{21}$	$|j_1-j_0| \times 100\%$
油层套管(或裸眼完井)	D_1	$|j_1-j_0| \times 100\%$

参考文献

[1] Rocha LAS, Junqueira P, Roque JL. Overcoming deep and ultra deepwater drilling challenges[R]. OTC 15233, 2003

[2] Juiniti R, Salies J, Polillo A. Campos basin: lessons learned and critical issues to be overcome in drilling and completion operations[R]. OTC 15221, 2003

[3] 管志川, 柯珂, 苏堪华. 深水钻井井身结构设计方法[J]. 石油钻探技术, 2011,39（2）：16~21

[4] 徐荣强, 陈建兵, 刘正礼, 等.喷射导管技术在深水钻井作业中的应用[J].石油钻探技术, 2007, 35（3）：19~22

[5] 苏堪华,管志川,苏义脑.深水钻井导管喷射下入深度确定方法[J], 中国石油大学学报（自然科学版）, 2008,32（8）:47~50

[6] Akers T J. Jetting of structural casing in deepwater environments: job design and operational practices[R]. SPE102378, 2006

[7] 史佩栋.实用桩基工程手册[M].北京:中国建筑工业出版社,1999

[8] 高大钊.土力学与基础工程[M].北京:中国建筑工业出版社,1998:273–325

[9] .Philippe Jeanjean. Innovative design method for deepwater surface casings[R]. SPE77357, 2002

[10] Cunha J C.Innovative design for deepwater exploratory wells[R].IADC/SPE 87154, 2004

[11] Baker J W.Wellbore design with reduced clearance between casing strings[R].SPE/IADC 37615,1997

[12] Robello Samuel G,Adolfo Gonzales,Scot Ellis,et al.Multistring casing design for deepwater and ultradeep HP/HT wells:a new approach[R].IADC/SPE 74490,2002

[13] 陈庭根, 管志川.钻井工程理论与技术[M].东营：石油大学出版社, 2000

[14] Dumans, C.F.F. Quantification of the effect of uncertainties on the reliability of wellbore stability model prediction[D]. Tulsa:Univ. of Tulsa,1995

[15] Nobuo Mortia. Uncertainty analysis of borehole stability problems[R]. SPE30502, 1995

[16] Sergio A.B., Dafontoura, Bruno B.Holzberg, Edson C.Teixira, Marcelo Frydman. Probabilistic analysis of wellbore stability during drilling[R]. SPE78179, 2002

[17] Q.J.Liang. Application of quantitative risk analysis to pore pressure and fracture gradient prediction[R]. SPE77354, 2002

[18] Dahlin, J.Snaas. Probabilistic well design in Oman high pressure exploration wells[R]. SPE48335, 1998

[19] Arlid, Thomas Nilsen, Malene Sandony. Risk-based decision support for planning of an underbalanced drilling operation[R]. SPE/IADC 91242, 2004

[20] J.C.Cunha. Recent development in risk analysis-application for petroleum engineering[R]. SPE109637, 2007

[21] 柯珂.深水钻井套管层次及下入深度确定方法研究[D]，中国石油大学，东营，2010

[22] 柯珂，管志川，周行.深水探井钻前含可信度的地层孔隙压力确立方法[J]，中国石油大学学报（自然科学版），2009，33（5）：61~67

[23] 管志川，柯珂，路保平.压力不确定条件下套管层次及下深确定方法，中国石油大学学报（自然科学版），2009，33（4）：71~75

[24] Guan Zhi chuan, Ke Ke, Lu Baoping. A New Approach of Casing Program Design with Pressure Uncertainties for Deep Water Wells，SPE130822，2010

第五章 双梯度钻井技术

常规钻井主要是单梯度钻井技术，在井眼环空中只有一个液柱梯度。深水钻井中，地层孔隙压力和破裂压力之间的间隙小，有时采用单梯度钻井很难顺利钻达目的层。国外20世纪90年代发展的双梯度钻井（Dual-Gradient Drilling，简称DGD）技术，已经发展了多种实现方法和装备系统，能够很好地解决这一难题。本章主要介绍深水双梯度钻井的原理和比较典型的已在现场工业应用的双梯度钻井技术。

第一节 双梯度钻井压力分布特征

所谓双梯度钻井技术，就是采取一定的措施使隔水导管内的流体密度与海水密度接近，有效控制井眼环空压力和井底压力，实现安全、有效钻井。采用双梯度钻井技术，钻井液柱的压力计算以海底为参考点，地层孔隙压力和破裂压力之间区域就相对变宽，使钻井液密度的选择更加灵活，解决了深水钻井工艺中的部分技术难题，有利于减少钻井作业中的井涌和井漏事故，从而可节省处理钻井事故的时间和成本。

一、技术原理

常规钻井和双梯度钻井钻井液静水压力曲线，如图5-1所示。由于深水海底疏松的沉积和海水柱的作用，地层孔隙压力和破裂压力曲线之间的间隙狭窄。常规钻井钻井液的静水压力曲线是从海面钻井装置延伸的一条斜直线，很难将井眼环空压力维持在这两条曲线之间，容易发生井漏事故。为了保证施工顺利，往往需要下多层套管柱。而采用双梯度钻井方法可将海底环空压力降低至与周围海水压力相当，双梯度钻井液静水压力曲线是从海底延伸的一条斜直线，孔隙压力和破裂压力之间间隙就相对变宽，有一个相对较大的范围

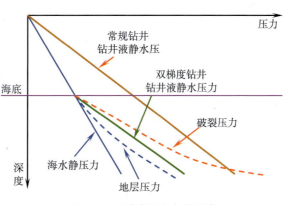

图5-1 双梯度静水力学梯度

保证安全钻进。这样一方面可以减小隔水管的余量，另一方面，海底以上隔水管内流体密度与海水密度相等，从而可以减少套管柱使用层数，降低钻井费用。

常规海洋钻井（单梯度钻井）和双梯度钻井对比示意图[1]，如图5-2所示。其中，图5-2（a）为常规钻井模式。图5-2（b）为典型海底泵双梯度钻井系统示意图。整个钻井循环回路分为三段：（1）从钻台到井底。该部分流体通过钻杆水眼到达井底；（2）从井底到海底。钻井液和钻屑通过钻杆和井筒的环空返回；（3）从海底到海面。钻井液通过独立的管线或隔水管环空返回，采用机械装置分隔并调节海底压力与静水压力相等，于是在钻井液返回环空中，只需着重考虑海底泥线下井筒环空的钻井液压力。图5-2（c）为采用水中泵模式，原理与图5-2（b）类似，只是钻井液举升泵及举升管线应用于隔水管的某一深度，而不是海底井口处。

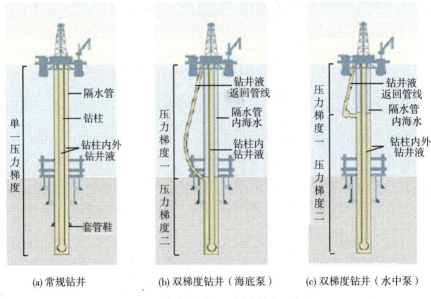

图5-2　常规钻井与双梯度钻井示意图

如果不考虑温度、压力对钻井液密度的影响，常规钻井在井眼环空中只有一个液柱压力梯度，即井底压力由海面到井底的钻井液柱压力来产生，那么井底压力

$$P_{CD} = \rho_m g D \times 10^{-3} \tag{5-1}$$

式中，P_{CD}为常规钻井井底压力，MPa；ρ_m为常规钻井采用的钻井液密度，g/cm³；g为重力加速度，m/s²；D为井眼总垂直深度，m。

而双梯度钻井井眼回路中有两个不同密度的流体柱，钻井液返回回路中将产生两个液柱压力梯度，在复合流体柱中压力随深度的变化必须考虑不同流体的影响[2~4]。双梯度钻井井底压力计算模型，如图5-3所示。从海面到海底为与海水密度相近的流体（或海水），海底环空压力与周围海水压力相当，泥线以下井段的液柱顶端压力等于泥线以上液柱的底端压力。由于井眼尺寸较大，可以忽略毛细压力。

这样泥线以下井段的液柱顶端压力可以用泥线以上液柱的底端压力$P=\rho_w gH$表示。则，井底压力

$$P_{\mathrm{DGD}} = [\rho_w gH + \rho_m g(D-H)] \times 10^{-3} \tag{5-2}$$

式中，P_{DGD}为双梯度钻井井底压力，MPa；ρ_w为海水密度，g/cm³；H为水深，m；ρ_m为DGD钻井液密度，g/cm³；D为井总垂直深度，m。

式（5-2）中，ρ_w、ρ_m被视为常数。其中海水密度取决于温度、盐度和压力（或深度），但在工程计算中对结果影响不大，一般取1.02~1.07之间的常数。ρ_m随温度、压力变化对计算精度会有影响，但总体规律不变。因此，工程计算中需要考虑温度和压力的影响。

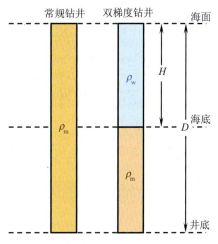

图5-3 双梯度钻井井底压力计算模型

二、当量密度计算

常规钻井井眼内液柱压力的当量密度可表示为

$$\rho_c = \frac{P-P_o}{0.0098D} \tag{5-3}$$

式中，ρ_c为常规钻井当量密度，g/cm³；P为井底压力，MPa；P_o为海面压力，MPa；D为井深，m。

采用双梯度钻井时，当量密度表示为

$$\rho_D = \frac{\rho_m(D-H) + \rho_w H}{D} \tag{5-4}$$

式中，ρ_D为双梯度钻井当量密度，g/cm³；ρ_w为海水密度，g/cm³；H为水深，m；D为任意给定深度，m；ρ_m为钻井液密度，g/cm³。

采用自下而上的方法进行井身结构设计时，常会用到另一种计算当量密度的方法[5]。双梯度钻井从深度D_2到海底采用钻井液，海底以上为海水。钻井液密度表示为

$$\rho_{\mathrm{DGD}} = \frac{(P_p + TM) \times D_2 - \rho_w \times H}{D_2 - H} \tag{5-5}$$

式中，ρ_{DGD}为双梯度钻井采用的钻井液密度，g/cm³；ρ_w为海水密度，g/cm³；H为水深，m；D_2为任意给定深度，m；P_p为给定深度D_2时相应的孔隙压力，MPa；TM为起下钻余量，MPa。

对于给定的深度D_2，则在较浅的深度D_1上，流体静压力当量密度

$$\rho_{D_1/D_2} = \frac{\rho_{DGD} \times (D_1 - H) + \rho_w \times H}{D_1} \quad (5-6)$$

式中，ρ_{D_1/D_2} 为给定深度 D_1 点的钻井液当量密度，g/cm³；D_1 为比 D_2 小的任意深度，m。令 $\rho_p = P_p + TM$，式（5-5）代入式（5-6）可得

$$\rho_{D_1/D_2} = \frac{\rho_p \times D_2 - \rho_w \times H}{D_2 - H} + \frac{D_2 \times (\rho_w \times H - \rho_p \times H)}{D_2 - H} \times \frac{1}{D_1} \quad (5-7)$$

定义两个常量 a、b。其中，$a = \frac{\rho_p \times D_2 - \rho_w \times H}{D_2 - H}$，$b = -\frac{D_2 \times (\rho_w \times H - \rho_p \times H)}{D_2 - H}$，则式（5-7）变为

$$\rho_{D_1/D_2} = a - b \times \frac{1}{D_1} \quad (5-8)$$

式中，a，b 均为正值，故 D_1 越小，ρ_{D_1/D_2} 越小。钻井液当量密度随深度的变化而不同。若令 $D_1 = D_2$，则有 $\rho_{D_1/D_2} = \rho_p$ 成立，双梯度钻井当量密度曲线，如图5-4所示。

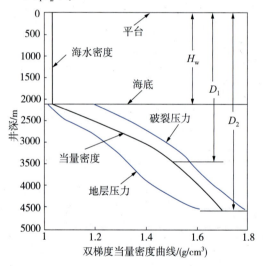

图5-4　双梯度钻井当量密度曲线

三、钻井液密度窗口

就工程应用而言，双梯度钻井技术原理的实质含义是钻井液密度的可调范围变宽[6]，这可通过对图5-5的分析来说明。

图5-5中，线段GH表示海面以下深度 I 处的孔隙压力和破裂压力之间的余量，采用常规钻井技术时，所有压力梯度均以海面（A点）为参考点。为了保证钻井安全，钻井液柱压力必须处于孔隙压力和破裂压力之间，而钻井液柱压力及钻井液密度与液柱高度有关，即

$$p_{m1} = \rho_{m1} g h_{m1} \quad (5-9)$$

式中，$h_{m1}=h_w+h_f$，h_w为水深，m；h_f为地层深度，m；ρ_{m1}为常规钻井时的钻井液柱压力，Pa；ρ_{m1}为钻井液密度，kg/m³；g为重力加速度常数，9.8m/s²。

为简便起见，这里按照理想的情况，不考虑各种因素引起的环空压力损失，在实际作业中，环空的压力损失可以通过修正系数进行修正，此处的简化并不影响分析结果。

钻井过程中，钻井液液柱的压力通常主要通过改变钻井液的密度来调整。为了确定常规钻井时钻井液密度的可调范围（钻井液密度窗口），这里考虑两种极限情况，一种是钻井液液柱压力等于孔隙压力p_G时的情况，另一种是钻井液柱压力等于破裂压力p_H时的情况。

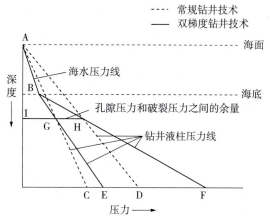

图5-5 钻井液密度可调范围变宽的几何解释示意图

由式（5-9）可得常规钻井时所允许的钻井液最小密度ρ_{m1}^{min}和最大密度ρ_{m1}^{max}。

$$\rho_{m1}^{min} = \frac{p_G}{gh_{m1}} \quad (5-10)$$

$$\rho_{m1}^{max} = \frac{p_G}{gh_{m1}} \quad (5-11)$$

则常规钻井钻井液密度的可调范围

$$\Delta\rho_{m1} = \rho_{m1}^{max} - \rho_{m1}^{min} = \frac{p_H - p_G}{gh_{m1}} \quad (5-12)$$

为了确定双梯度钻井时钻井液密度的可调范围，同样考虑上述2种极限情况。可推导得到双梯度钻井时所允许的钻井液的最小密度和最大密度

$$\rho_{m2}^{min} = \frac{p_G - \rho_w g h_w}{g h_f} \quad (5-13)$$

$$\rho_{m2}^{max} = \frac{p_H - \rho_w g h_w}{g h_f} \quad (5-14)$$

则采用双梯度钻井技术后的钻井密度可调范围

$$\Delta\rho_{m2} = \rho_{m2}^{max} - \rho_{m2}^{min} = \frac{p_H - p_G}{g h_f} \quad (5-15)$$

用式（5-15）除以式（5-12）可得：

$$\frac{\Delta\rho_{m2}}{\Delta\rho_{m1}} = \left(\frac{p_H - p_G}{g h_f}\right) \div \left(\frac{p_H - p_G}{g h_{m1}}\right) = \frac{h_{m1}}{h_f} = \frac{h_w + h_f}{h_f} > 1 \quad (5-16)$$

由此可见，采用双梯度钻井技术后，钻井液密度的可调范围变宽了，这有利于处理深水钻井中的各种井下复杂情况。

根据式（5-16），定义一个双梯度效果因子

$$\eta = \frac{\Delta\rho_{m2}}{\Delta\rho_{m1}} = \frac{h_{m1}}{h_{m2}} = \frac{h_w + h_f}{h_f} = \frac{h_w}{h_f} + 1 \quad (5-17)$$

式中，η的物理意义是采用双梯度技术时钻井液窗口变宽的倍数，它直接与水深和地层深度有关。这样，借助η，一方面可以评估双梯度技术的效果（即η越大，钻井液窗口越宽，双梯度钻井技术效果越好）；另一方面，也可以确定采用双梯度技术的必要性（η越大，越有必要采用双梯度钻井技术）。

从式（5-17）可以看出，h_w较小，η也小，h_w越大，η值也越大，说明双梯度钻井技术在浅水的效果不明显，在深水中更有应用价值。当h_w一定时，如果h_f很大，则双梯度钻井的效果也不很明显，所以双梯度钻井主要适用于浅地层。而常规深水钻井遇到的主要问题也往往出现在浅地层，因此双梯度钻井技术可以较好地解决深水钻井的一系列浅层问题。

第二节　双梯度钻井工艺技术

目前，双梯度钻井的实现形式主要分为海底泵举升钻井液钻井、无隔水管钻井和双密度钻井三类，如图5-6所示。其中海底泵举升钻井液方法中使用的海底泵按类型和驱动动力可以分为海水驱动隔膜泵、电力驱动离心泵、电潜泵三种。双密度钻井按照注入流体的不同又分为注空心球、注气和注低密度流体三种方法。在海底泵举升钻井液钻井中可以使用隔水管，也可以不使用隔水管。采用双密度钻井方法需要隔水管，无需使用海底泵，减少了海底装置的数量，但要增加注入设备。根据需要，以上方法也可联合使用。

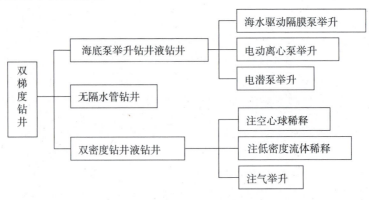

图5-6　双梯度钻井系统的分类

一、海底举升钻井液钻井工艺

海底举升钻井液钻井是在海底的井口装置（BOP等）附近，装设一套海底回输泵系统以及海底岩屑（钻井液中的）清除系统。自井底返回至海床井口处的钻井液，经专用设备对所携岩屑进行初步处理后，使用海底泵通过小直径的旁路管线，返回钻井平台（船）上的钻井液处理装置，然后再通过钻井泵重新注入钻杆内。目前已工业应用的海底泵可以是隔膜泵、离心泵或是电潜泵。海底举升钻井液系统结构，如图5-7所示。

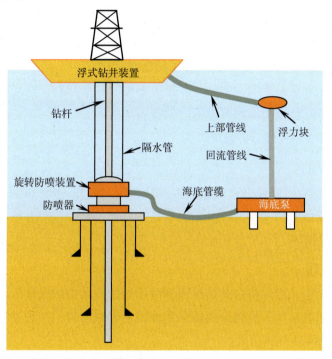

图5-7 海底钻井液举升钻井的简化示意图

（一）隔膜泵举升

20世纪末，西方石油公司通过开展工业联合项目（Joint Industry Project，简称JIP）开发了海底举升钻井液钻井（Subsea Mudlift Drilling，简称SMD）[7-11]技术。采用海底举升钻井液钻井技术，在钻井作业过程中，隔水管与钻柱环空充满海水，采用海底泵和小直径管线旁路返回钻井液，从而降低井眼环空内液柱静压力，有效控制海底泥面下井眼环空压力和井底压力，实现安全钻井作业。在该钻井方法中，充满海水的隔水管可以对钻柱进行导向或者在紧急情况下及时转换成常规钻井方式。

其地面设备与常规钻井设备一样（或者经过升级改造），系统需要配套的关键设备和装置包括钻柱阀、固相处理装置和钻井液举升装置，其中钻井液举升装置由旋转分流器和海底钻井液举升泵组成。在进行钻井作业时，钻井液经过钻杆、钻柱阀和钻头进入井眼环空。位于海底井口的海底旋转分流装置将井眼环空和隔水管环空分隔开来，钻井液转而进入固相处理装置。固相处理装置处理包括岩屑在内的所有直径大于40mm的固相颗粒进行细化处理。而后钻井液举升泵通过单独的回流管线循环钻井液和钻屑至海面进入钻井液循环池。根据系统的硬件设备、水深、循环速度和其他应急要求，可使用多路回流管线和其他的设备。

1.钻杆阀

当钻井液从环空经钻井液管线返回地面时，在钻杆内将会形成明显的U型管效应，该效应能提供有效的水马力协助钻井泵推动钻井液通过钻杆、井下钻具和钻头。然而，停止循环，如接单根或停泵检查溢流时，U型管效应的平衡状态将会打破，这种不平衡对钻井不利，因此设计了钻杆阀。

钻杆阀实际上是一个带大弹簧的靠压力平衡的钻杆浮鞋，连接在靠近钻头处，可以在地面调节开启压力。钻井液通过钻杆阀到达钻头后进入环空，到达海底处隔水导管处进入海底钻井液举升装置。

2.固相处理装置

一般配备1台岩屑破碎机，用来破碎大的岩石、坚硬的黏土以及水泥块等。经过破碎的岩屑直径小于38 mm（$1\frac{1}{2}$in），含这些微粒的钻井液能够顺利通过隔膜泵，而不会对泵造成损坏。

3.旋转分离器

装设在海床上，用以将自井筒返回到海床处钻井液中的气体分离出去。分离后的钻井液进入隔膜泵中。旋转分离器采用橡胶元件来密封钻柱和旋转体，并通过旋转体的转动将钻井液分离出来。

4.隔膜泵

隔膜泵是一种特殊结构的往复泵，它用弹性隔膜与泵缸组成一个工作容积可以变化而又密封良好的工作室，来吸入及排出钻井液。隔膜由金属或非金属弹性材料制成。隔膜泵以海水为动力，高压海水自平台（船）上通过专用输水管线，泵送到海底的隔膜泵内驱动隔膜，将自井筒返至海底井口处的钻井液举升到平台（船）上。海水通过隔膜泵之后，即可排入海中，不会造成环境污染。隔膜泵不仅适用于举升自井筒返回的钻井液，也可用来泵送气体混合物。隔膜泵同时也是井涌检测和井控操作的必要工具。

（二）离心泵举升

海底电动离心泵举升钻井液钻井系统[13,14]实现双梯度钻井的原理与SMD技术类似，不同点是在海底处使用电动离心泵。

根据水深不同，配备不同扬程的离心泵1~5个，装设于海床上，用以将泥浆举升到钻井平台（船）上。离心泵采用电驱动，一般多安装3级，系统通过自动调节离心泵的速率控制井底压力。离心泵的叶片经特殊设计，可以处理坚硬的黏土、砂砾、硬的石灰石，以及水泥和橡胶等。

海床以上至钻井平台（船）上的隔水管柱的环空中充满海水，因此，系统配备有海水-泥浆隔离装置SMIS（Sea water Mnd Isolating System），通过该装置将自井底沿井筒返回到海床处的泥浆与海床以上的隔水管柱内环空中的海水隔离开来。隔水管用于下放和回收海底设备以及离心泵系统，以及支撑动力管线和控制管缆。自返回泥浆中分离出气体的分离装置与前述旋转分离器类同。

该系统也可将海底泵组下入到合适水深（900~1500m），补偿环空当量循环密度偏差，而不是将泵组下入海底举升海底以上的整个钻井液柱，从而降低系统复杂性。

（三）电潜泵举升

海底电潜泵举升钻井液钻井系统[15,16]实现双梯度钻井的原理与SMD技术类似，不同点是在海底处使用串联组成的电潜泵系统把钻井液回输到钻井平台（船）。其水下部分还包括分离装置、水下固相处理装置以及隔离工具总成等。

1.电潜泵组

电潜泵组一般由6台电力驱动的电潜泵串联组成，位于海床井口附近。所用电潜泵与陆上油井举升用电潜泵类似，但需解决在海水中的防腐问题。自井筒中返回的钻井液经清除岩屑及分离气体之后，由电潜泵通过单独的返回管线，举升到钻井平台（船）上。再由钻井泵将处理后的钻井液经水龙头泵入钻柱循环。

2.分离装置

水下液气体分离设备与陆上常用设备类似，可将自井筒中返回的钻井液中的气体分离出来。分离出气体后的钻井液可储存于海床上的储罐中，通过电潜泵举升到钻井平台（船）上。

3.岩屑处理设备

水下岩屑处理设备位于海床上，应用机械切割原理，在钻井液进入电潜泵之前，将大于6.35 mm（$\frac{1}{4}$in）的岩屑切成碎片并分离，使举升到钻井平台上的钻井液中岩屑的含量小于1%，增加了系统的可靠性。

4.隔离工具总成

主要由隔离阀组成，它的上面通过挠性球接头及液压连接器与隔水管柱相连，下面与防喷器组相连。自井筒返回的钻井液经此阀流出，进入到海底电潜泵举升泥浆系统。自水面平台上的压缩机压送出来的氮气等气体，经压气管线通过它进入隔水管柱内的环空中。

由于该系统将大量的岩屑留在海底，影响海底生态环境，所以该系统的使用受到了限制。

二、无隔水管钻井工艺

无隔水管钻井液回收系统[17,18]去除了常规钻井隔水管，钻柱直接裸露在海水中，海底井口返出钻井液，由海底举升泵组经专门的返回管线举升至水面。海底泥线以上钻杆外为海水，钻柱水眼以及从海底井口到井底的井眼环空充满钻井液，这样从海面到井底就存在两个压力梯度。通过控制海底举升泵组入口压力保证井眼环空顶部压力等于海底静水压力，从而可以有效地控制海底泥线以下的井眼环空压力和井底压力，使地层孔隙压力和破裂压力之间狭小的间隙相对变宽，井下的压力不受海水压力的影响，从而减少井涌、井喷和井漏等事故，实现安全钻井作业。

无隔水管钻井液回收系统由海底泵和马达模块、吸入和对中模块、下放控制工具以及密封装置、海底控制舱以及动力供应系统、回流管线系统、管缆绞车控制装置、意外事故应急关井系统等组成。系统简化示意图如图5-8所示。

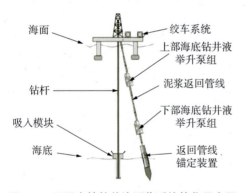

图5-8　无隔水管钻井液回收系统简化示意图

无隔水管钻井液回收系统不使用隔水管以及隔水管相关设备，在理论上不受水深限制，可以在任意水深钻井。但由于受到海底钻井液举升泵功率和钻井液返回管线的限制，该技术应用的水深适应范围还需要进一步提高。2008年9月该技术在南中国海水深1419m海域成功进行现场试验。

三、双密度钻井液钻井工艺

（一）空心微球钻井液

空心球双梯度钻井[19,20]采用在隔水管环空中注入低密度空心球的方法，以降低隔水管环空内钻井液的密度，实现双梯度钻井。

典型空心球双梯度钻井原理如图5-9所示。空心球和钻井液在海面混合形成低密度的钻井液，泵送到海底并注入隔水管的底部，降低隔水管中钻井液的密度，使其与周围的海水密度相当。钻井液返回海面后通过振动筛分离出空心球和钻屑，分离出的空心球和钻屑进入海水池，重的钻屑沉入底部，轻的空心球浮在水面，被重新收集利用。通过振动筛后，大部分钻井液进入钻井液循环池，小部分钻井液与分离出的空心球重新混合形成低密度流体，泵送到海底注入隔水管内继续循环。

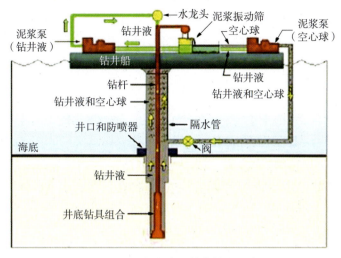

图5-9 空心微球双梯度钻井系统

（二）钻井液气举

典型的隔水管气举双梯度钻井如图5-10所示。将气体（空气、氮气、天然气）压缩输送到海底，注入隔水管底部以降低隔水管环空中钻井液密度，维持隔水管环空钻井液和气体的混合液的密度与海水相当，相对密度大于预测的地层压力和起下钻余量之和。该系统的主要设备包括：制氮充氮设备、注入管线、注入接头、以及井口控制和地面处理设备等。制氮充氮设备主要包括空气处理系统、氮气分离系统和氮气增压系统。系统的气体注入管线是一套附加的专用管线或使用压井或节流管线。

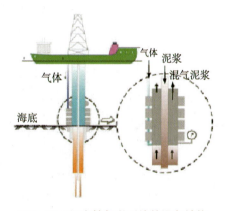

图5-10 隔水管气举系统的设备结构

与传统的单梯度深水钻井相比，不需要对钻井设备进行太多的改造，只需要添加氮气分离设备、附加管线和注气泵，因而可以有效降低设备改造投入。

（三）钻井液稀释

隔水管稀释双梯度钻井[21,22]应用钻井基液或钻井基液乳化剂作为低密度流体，基液通过辅助管线在海底（或泥线下）注入隔水管内，通过调节注入速率，使隔水管内流体密度与海水密度相当。在海面利用为该系统特制的离心分离装置分离高密度的钻井液和注入基液。该系统不需要特殊的海底装置。隔水管内钻井液的密度可用式（5-18）计算：

$$\rho_r = (\rho_m \cdot v_m + \rho_b \cdot v_b)/(v_m + v_b) \quad (5\text{-}18)$$

式中，v_m 为钻井液流速，m/s；v_b 为进入隔水管的基液速度，m/s；ρ_m 为钻井液密度，g/cm³；ρ_b 为基液密度，g/cm³；ρ_r 为混合后隔水管内钻井液的密度，g/cm³。

钻井液循环过程如图5-11所示。一系列同心钻井管具（套管、钻杆、隔水管）从平台下入海底与井口相连，钻井液注入立管（或增压管线）从海面到达换向阀。海底以上的注入管线用于在海底处或之上将基液注入隔水管以稀释从海底返回的钻井液。海底以下的注入管线用于在海底以下将基液通过井口注入设备注入井眼以稀释返回的钻井液。

隔水管稀释双梯度钻井系统能在一些第三代钻井平台、大部分第四代钻井平台和第五代钻井平台上使用，而且仅需要很少的改造，系统使用普通钻井液、常规钻井方法和油田常用设备。

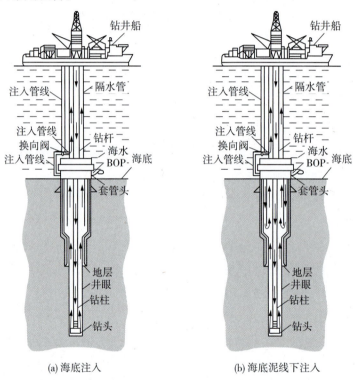

(a) 海底注入　　(b) 海底泥线下注入

图5-11　隔水管稀释双梯度系统的液体循环路径

四、适应性分析

与常规钻井比较，双梯度钻井可以有效地匹配地层孔隙压力和破裂压力间隙，降低钻井风险[23]，就双梯度钻井的不同方法而言，在设备、操作工艺、以及成本等方面都有不同。实际应用中可根据平台条件、技术需求、安全性以及成本目标等区别选用。

（1）海底泵举升钻井液方法是降低隔水管环空压力最有效的方式，而且也是目前最成熟的技术方案。但海底泵的使用费用高，而且受到复杂泵系统在海底作业的可靠性的限制。

（2）无隔水管钻井液返回系统已在浅海上部井眼钻进作业中进行大量的工业应用，很好地解决了浅层水流动等浅层风险问题。试验水深已超过1400m，平均每口井节约165万美元，适应水深范围有待进一步提高。

（3）隔水管气举钻井与欠平衡钻井类似，在技术原理上有比较成熟的参考依据。主要利用现有的工艺设备，与其他双梯度钻井工艺相比，设备改造费用显著降低。但该技术氮气制备和气体压缩费用较高，气体的可压缩性会导致压力梯度的非线性，同时还存在一定的井控风险。隔水管稀释钻井技术，适合在多数现有平台上使用，安全性较好，但费用降低效果不是很明显。注空心球方法，系统仅需要较小的动力便能产生线性压力梯度，比较容易实现，但该技术有效降低钻井液密度的范围较小。

第三节 空心微球双梯度钻井技术

早在20世纪60年代初，前苏联就曾使用含空心玻璃微球的低密度钻井液在许多漏失严重的地层进行钻井作业。国外的一些服务公司和国内许多油田也曾使用空心玻璃微珠进行低密度钻井液的研究和施工[24, 25]。国内蒲晓林等人开展了空心玻璃微球（Hollow Glass Spheres，HGS）低密度水基钻井液研究，开发了一种可用于2000m水深钻井的新型空心玻璃微球、一种低密度钻井液性能控制方法以及空心玻璃微球的回收技术，利用常规旋流分离设备结合清水稀释，可以回收40%~70%的空心微球。

一、钻井液性能分析

（一）空心微球物理性能

空心玻璃微球是一种球型粉体材料，在化学成分上属于碱石灰硼硅酸盐体系。商用空心玻璃微球主要用于涂料、凝胶，也可以用作润滑剂或低密度液体减轻剂。其主要化学成分如表5-1。空心玻璃微球不溶于水和油，具有不可压缩性。选用空心玻璃微球作为钻井液减轻剂，是基于其良好的物理性能以及其在油气井高温高压条件下仍能保持这些性能的能力，其中最主要的是较低的微球体密度和较高的破裂压力。

表5-1 空心玻璃微球的主要化学成分

SiO_2/%	Al_2O_3/%	Fe_2O_3/%	CaO/%	MgO/%
65.91~69.90	22.71~46.20	3.86~7.16	2.13~3.01	0.44~1.08

（二）钻井液密度

如果空心玻璃微球直接注入钻井液中，隔水管中的钻井液密度为

$$\rho_r = \frac{(100-v) \times \rho_m + v \times \rho_s}{100} \quad (5-19)$$

式中，ρ_r为隔水管中的钻井液密度，g/cm^3；ρ_m为不含空心微球的钻井液密度，kg/m^3；ρ_s为空心微球的密度，g/cm^3；v为空心微球的体积百分含量，%。

随空心玻璃微球百分含量的增加钻井液密度降低的情况如图5-12所示。钻井液密度随空心微球含量的增加而减小，50%的含量可以把钻井液密度从1.678g/cm³降低至1.038g/cm³，18%的空心微球体积含量可以把钻井液密度从1.198g/cm³降低至与海水相当。

但随着钻屑的增多，钻井液中的固相含量增大，钻井液黏度随空心微球含量的增加而增加。钻井液中空心微球的实际最大浓度控制在35%~45%之间时，实际的钻井液最低密度可控制在0.779~0.814g/cm³之间。这表明用空心玻璃微球实现双梯度钻井在原理上是可行[24]的。

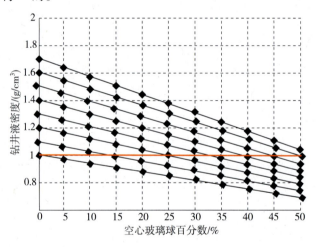

图5-12　钻井液密度与空心玻璃微球体积百分数之间的关系

（三）钻井液流变性

含空心玻璃微球的钻井液与常规水基钻井液有类似的流变性，其塑性黏度和屈服值随着固相含量的增加而增大。图5-13和图5-14分别表示在50℃和65℃条件下，含空心玻璃微球低密度钻井液的塑性黏度和屈服值随空心玻璃微球体积百分比及质量浓度增加而变化的情况。可以看出，当钻井液中空心玻璃微球的浓度达到40%，钻井液的塑性黏度为60mPa·s，仍然在钻井液容许范围内，屈服值也在容许范围内。同时，随着温度的升高，钻井液的塑性黏度和屈服值均有所下降。

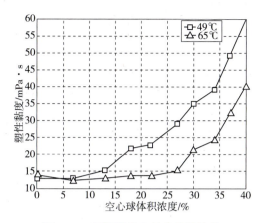

图5-13 不同温度下钻井液塑性黏度与空心微球体积百分比的关系

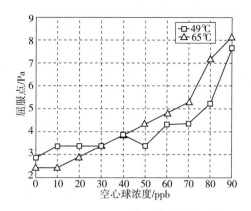

图5-14 不同温度下钻井液屈服值与空心微球质量浓度的关系

表5-2为常规部分水解聚丙烯酰胺（PHPA）钻井液和空心微球体积浓度为40%的钻井液性能对比情况。可以看出，由于含空心玻璃微球的钻井液中固相含量较高，该钻井液比常规PHPA钻井液的塑性黏度、屈服值、初切力和终切力都要高。

表5-2 常规部分水解聚丙烯酰胺钻井液与空心微球钻井液性能对比

钻井液性能	常规PHPA钻井液	含空心微球钻井液
钻井液密度/g·cm^{-3}	1.05	0.79
塑性黏度/mPa·s	13.0	59.0
屈服值/Pa	3.0	8.0
初切力/Pa	1.5	2.0
终切力/Pa	1.5	3.0
固相含量/%	4.0	42.0

（四）钻井液滤失性

含空心微球钻井液的API滤失量随玻璃微球体积百分比的增加而变化的情况如图5-15所示。随着玻璃微球含量从0增加到25%，钻井液的API滤失量从8.3mL/30min减少到6.2mL/30min，但当玻璃微球的含量继续增加到40%时，钻井液的滤失量缓慢增加到6.5mL/30min，滤失量的变化规律与常规PHPA钻井液类似，并且都在容许值之内。

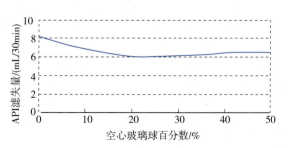

图5-15 空心玻璃微球钻井液滤失量与玻璃微球体积百分比的关系

（五）润滑性能

在钻井液中加入空心微球可以有效地降低钻柱摩擦阻力和防止套管磨损。室内实验表明，在水基聚合物钻井液中加入35%的空心玻璃微球，摩擦系数从0.25下降到0.18，而套管磨损降低78%（磨损量从壁厚的18%降至4%）。钻井液中砂子含量为2%时，套管磨损降低65%（从20%降至7%）。

三、空心微球注入分离工艺

（一）传输及注入

在空心微球双梯度钻井系统中，一般使用常规双隔膜泵把空心微球混进入钻井液，由钻井液携带空心微球进入海底。一般情况下空心微球的浓度只能达到25%~35%。可以采用以下几种注入方案，有效提高空心微球的浓度和进一步降低流体密度。

1.轻质携带液注入系统

循环轻质流体携带空心微球进入海底，空心微球从混合液（轻质流体和空心微球的混合液）中分离出来进入隔水管底部环空，轻质携带液经独立管线返回平台，如图5-16所示。通过控制携带液在回流管线内的上返速度，使其与携带液输送空心微球时在管线中的速度相近，这样可以避免携带液进入隔水管。理想的携带液一般是钻井液基液，少量携带液进入隔水管后，不会对钻井液造成污染，还可以补偿钻进过程中的钻井液损失。如果轻质携带液比海水轻，U型管效应将使轻质携带液返回平台而不需要泵的作用。如果携带液比海水稍重，则需要一个小型泵（45~150kW）海底泵使其返回平台，同时需要一个调节闸门供携带流体沿上返管线回到平台。利用该方案，可以使空心微球在钻井液中的浓度高达40%~60%，携带液和空心微球在平台回收后重复利用。

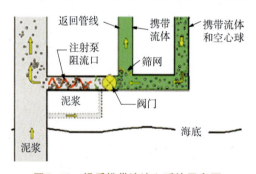

图5-16　轻质携带液注入系统示意图

2.海水-微球注入系统

空心微球由海水输送到海底，经筛网分离后，再注入到隔水管环空，作为携带液的海水则被排放到海洋中，如图5-17所示。利用该方案，可以使空心微球在钻井液中的浓度高达40%~50%。但钻井液返回平台后必须除去回收的空心微球上附着的岩屑和残余钻井液，然后才能再次被送入海底，否则这些岩屑和残余钻井液排入海水中会造成污染。而在通常的循环速度（0.03~0.1m^3/s）下，去除空心微球上残余岩屑和钻井液的工作量比较大。

3. 微球-氮气混合举升系统

空心球被海水输送到海底，利用充满氮气的腔进行分离，然后再注入到隔水管环空，同时海水被排到海洋中去，如图5-18所示。在微球-气举升系统中，将高压氮气与空心微球混合注入隔水管环空，产生气体泡沫，在隔水管内产生额外的举升力，能更有效地降低钻井液密度。通过向隔水管环空注入氮气，相当于额外增加空心微球浓度10%~25%。而且该系统对压缩机的压力和氮气纯度要求较低。

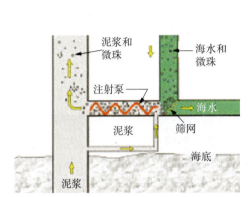

图5-17 海水-微球注入系统

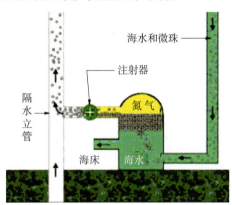

图5-18 微球-氮气混合举升系统示意图

4. 钻杆-微球随钻注入系统

含空心微球的钻井液在平台上泵入钻杆水眼，在海底附近空心微球经分离器从钻井液中分离出来，进入隔水管环空，分离后不含空心球的钻井液通过钻头进入井眼环空，如图5-19所示。这种注入方式如果不考虑环空内返回钻井液携带的岩屑，隔水管环空和分离器以上钻杆内钻井液密度相等，所以不会产生U型管效应。这种注入方式没有携带液的稀释，空心微球的浓度可以高达50%~60%。钻井液返回平台后不必分离空心微球而直接循环利用。设备所占空间小，操作简单。

（二）分离及回收

在空心微球双梯度钻井系统中，空心微球需要从返回的钻井液中分离出来，不含空心微球的钻井液重新泵入钻杆水眼，空心微球也再次进入隔水管环空循环利用。

使用低胶凝点钻井液时，加入少量

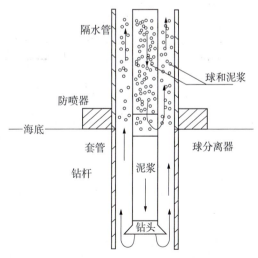

图5-19 钻杆-微球随钻注入系统示意图

稀释剂，只使用泥浆池，利用海水做分离液，很容易实现浮选。钻屑密度比分离液密度大直接沉降，而空心球密度小，则浮在分离液表面。大直径空心微球（直径大于0.1mm）可以用普通的振动筛分离出来。由于密度差异较大，岩屑和空心微球容易从装有海水的容器里分离出来。目前，如何利用振动筛（泥浆池）、离心机及旋流分离器等常规钻井固相处理装备高效回收空心微球，人们仍在探索。

四、多梯度钻井工艺

（一）技术原理

多梯度钻井是在海底泥线以下井眼环空钻井液中某一位置或多个位置注入轻质介质，从而在井眼环空中产生多个压力梯度的钻井方式。双梯度钻井和多梯度钻井对比示意图如图5-20所示。采用双梯度钻井时，井眼压力曲线是从海底延伸的直线；采用多梯度钻井时，井眼压力是以轻质介质注入点为节点的多条直线。多梯度钻井比双梯度钻井能更好地匹配地层的压力间隙，使井底压力在较长的距离内维持在地层压力和破裂压力之间，从而有效避免井下复杂情况。

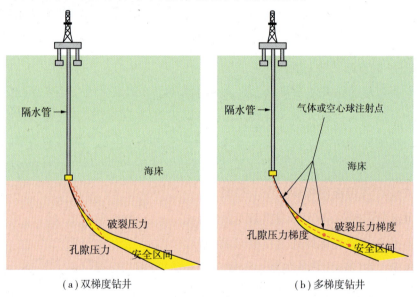

图5-20　双梯度钻井和多梯度钻井比较

多梯度钻井物理模型如图5-21所示。图中，H表示水深，m；$h(t)$表示海底到井底的距离，m。则钻井的总深度

$$D=H+h(t) \tag{5-20}$$

根据钻井实际的需要可以设置一个或多个注入点，这些注入点位置可以固定，也可以随钻柱移动而移动。可根据具体情况，计算相应的井底压力。

1. 单注入点

$$P = (D-l)\rho_0 g + \rho_1 g l \quad (5-21)$$

其中，P 为井底压力，MPa；l 为注入点至井底的距离，m；ρ_0，ρ_1 分别为注入点以上和以下环空钻井液密度，g/cm³。

2. 双注入点

$$P = (D-l_1-l_2)\rho_0 g + \rho_1 g l_1 + \rho_2 g l_2 \quad (5-22)$$

其中，l_1，l_2 分别为一级注入点与二级注入点，以及二级注入点至井底的距离，m；ρ_1，ρ_2 分别为一级注入点与二级注入点，以及二级注入点至井底之间环空钻井液密度，g/cm³。

3. 多注入点

$$P = \left(D-\sum_{i=1}^{n} l_i\right)\rho_0 g + \sum_{i=1}^{n} l_i \rho_i g \quad (5-23)$$

其中，l_i 为第 i 级注入点与（$i+1$）级注入点的距离，m；ρ_i 为第 i 级注入点与（$i+1$）级注入点之间环空钻井液密度，g/cm³。

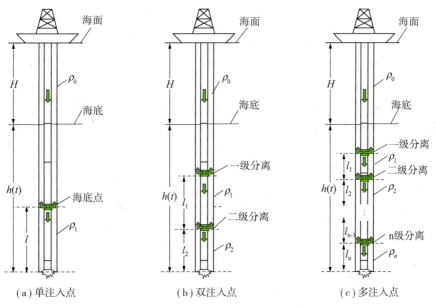

图5-21 多梯度钻井模型

（二）工艺方法

将空心玻璃微球等轻质介质注入到海底以下井眼环空实现多梯度钻井，有利用双壁钻杆、附加管线、内衬套管以及井下分离注入短节等多种注入实现方法，如图5-22所示。

采用井下分离注入短节是最为经济适用的注入方法。采用该方法，空心玻璃微球的注入点位置随井深增加不断变化,井眼环空将产生一条变化的压力梯度曲线。

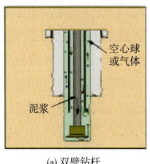
(a) 双壁钻杆

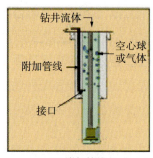
(b) 附加管线

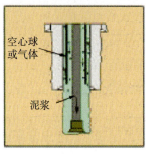
(c) 内衬套管

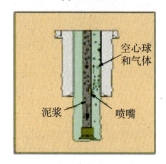
(d) 井下分离注入短节

图5-22　多梯度钻井的几种实现方法

基于空心微球随钻分离注入的多梯度钻井系统,如图5-23所示。系统主要装置包括:随钻旋流分离注入装置、井下安全阀和钻井液处理装置。其中钻井液处理装置包括:振动筛、钻井液池、输送泵和旋流分离器、钻井液存储池和钻井泵等。

在实际钻井中,空心微球和钻井液按照一定的比例在钻井液池混合,通过钻井泵和钻杆进入井下,到达随钻分离注入装置。随钻分离装置将空心微球和钻井液分离开来,钻井液通过注入模块返回钻柱内继续循环,轻质空心微球通过空心微球注入模块进入井眼环空,与从井底上返的钻井液混合,形成新的钻井液和空心微球混合物,降低钻井液密度,在井眼环空中形成两个密度梯度。当在钻杆中连接多个随钻分离注入装置,就会在井眼环空中形成多个不同的环空压力梯度,实现多梯度钻井。

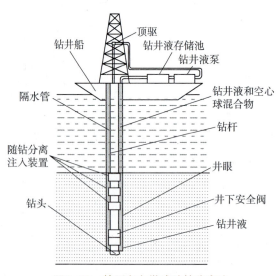

图5-23　基于空心微球随钻分离注入的多梯度钻井系统示意图

随钻旋流分离注入装置如图5-24（a）所示。中心连轴上下分别与钻杆相连，在钻井过程中随钻柱移动，中心连轴外连接有一圆柱筒，其上安装有上部空心微球注入、水力旋流分离、钻井液回注等三大功能模块。其中，空心微球注入模块呈圆盘状，具有多个相互隔离的腔室，各个腔室间歇地与水力旋流分离模块连通或隔离，如图5-24（c）所示。钻井液回注模块与空心微球注入模块的结构大致相同，也分为与水力旋流分离模块连通和与中心连轴连通两部分。水力旋流分离模块关键设备是一水力旋流器。

在实际钻井中，中心连轴上的通孔与水力旋流器入口连通，含有空心微球的钻井液进入水力旋流分离模块进行分离，上部空心微球注入模块和钻井液回注模块都有部分腔室与水力旋流分离模块连通，分离后的空心微球通过上流口进入空心微球注入模块，钻井液通过低流口进入钻井液回注模块。同时空心微球注入模块部分腔室与随钻分离注入装置外井眼环空连通，腔室内分离出的空心微球循环进入环空，随井底返回的钻井液一起上返。钻井液回注模块部分腔室与中心连轴连通，钻井液重新进入钻柱内，继续循环。

随钻分离注入装置的支撑装置，如图5-24（b）所示。包括弹簧、连杆和滑轮。弹簧嵌装在圆筒的滑槽中，连杆连接弹簧和滑轮，由于弹簧弹力的作用使滑轮压紧井壁，同时提供摩擦力，防止圆筒随钻杆旋转。

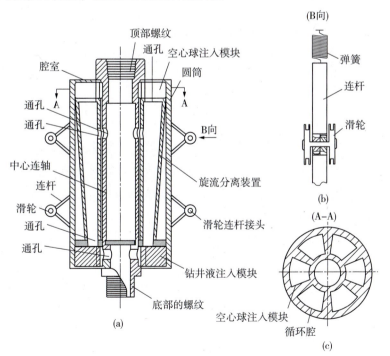

图5-24 随钻旋流分离及注入接头结构示意图

第四节　水中泵双梯度钻井系统

采用海底钻井液举升钻井技术时，海底泵下入深度超过1000m后，泵系统往往会出现可靠性降低、控制管线响应时间变长、出现故障后回收及重新下放时间过长等问题。目前许多深水区块的水深达到甚至超过了3000m，为了提高海底泵系统的适用水深范围，人们提出了采用水中泵的方法[28]，即将钻井液举升泵安装在一个大的浮筒中，下入海平面下500~1500m，浮筒可以潜浮在水中，也可以布置在海底。该系统一方面可以解决常规海底泵方法水深能力不足的问题，同时浮筒还能有效地保护钻井液举升泵系统，减少在水下的意外故障。

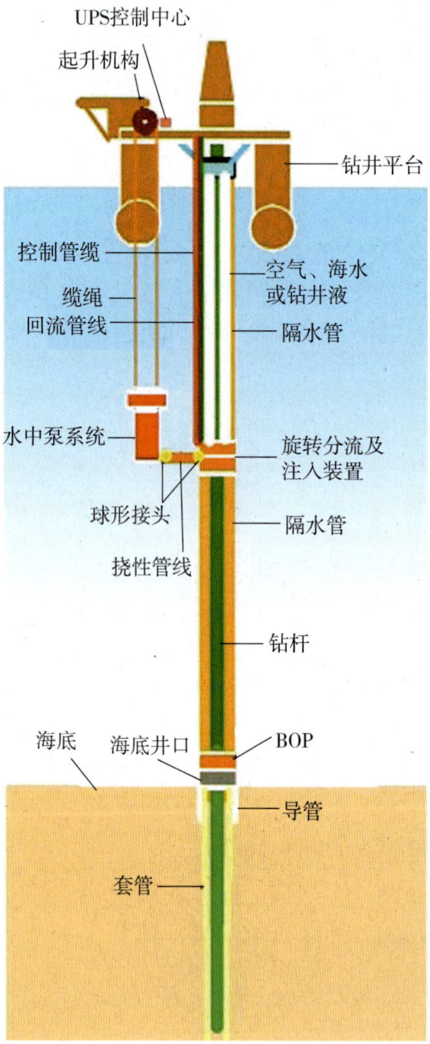

一、系统组成

水中泵双梯度钻井系统由四个子系统组成：①水中浮筒，放置在海底或者潜浮在水中，用于安放钻井液举升泵并提供与隔水管旋转分流及注入装置的连接接口；②钻井液举升泵系统；③隔水管旋转分流及注入单根；④监测和控制系统。其结构图如图5-25所示。

从旋转分流器流出的钻井液进入水中泵系统的入口端，水中泵系统在海面动力海水的驱动下，使钻井液经回流管线返回海面。若水中泵采用电力驱动，则无海水动力回路。如利用该系统实现隔水管稀释双梯度钻井，轻质钻井基液在水中泵的作用下注入隔水管环空内，稀释隔水管中上返的钻井液。

二、系统关键设备

1. 井控设备

井控设备如图5-26所示，包括隔水管底部组件（LMRP）和海底防喷器（BOP）组。其中海底防喷器组包括一对双闸板防喷器。闸板防喷器用于密封钻杆，当有井喷事故发生时及时剪断钻杆，防止造成重大人员伤亡和设备损失。闸板防喷器的出口分别连

图5-25　多功能水中泵系统模型

接在节流和压井管线上。井口连接器用来连接闸板防喷器底端和井口上端。

隔水管底部组件包括两个环形防喷器以及柔性接头。环空防喷器有连接到节流、压井管线的出口，其底端与闸板防喷器的顶端相连，隔水管适配器连接到柔性接头的顶端。隔水管底部组件上的控制模块用于控制闸板防喷器、环形防喷器以及井口装置的连接器和阀以及其他需要控制的设备。

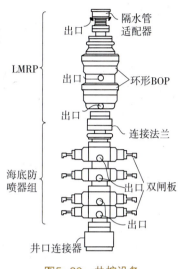

图5-26 井控设备

2. 隔水管系统

水中泵双梯度钻井系统选用双梯度钻井专用隔水管系统（Dual Gradient Drilling Mud Return Marine Riser System，简称DMRS），如图5-27所示。其设计充分考虑了双梯度钻井和欠平衡钻井的特点，并具有常规钻井隔水管系统的功能。系统将钻井液返回管线和隔水管隔离工具（SSIT）集成于钻井隔水管系统，能够同时满足常规钻井和双梯度钻井的需要。

如果水中泵布放位置在水中，而不是海底情况下，系统还可采用另外一种型式的隔水管结构。下部采用常规钻井的隔水管系统，而隔水管旋转分流短节以上的部分采用双梯度钻井专用隔水管系统。

3. 回流管线

从水中泵系统出口流出的钻井液通过回流管线返回海面，回流管线可以采用双梯度钻井专用隔水管系统的返回管线，也可以采用独立于隔水管外单独的回流管线。回流管线的选型和设计是钻井液循环系统很重要的内容，钻井液流速和泵的功率极限决定了回流管线的内径，海面动力功率依据回流管线的内径确定。

图5-27 双梯度钻井专用隔水管系统（DMRS）

4. 隔水管旋转分流及注入单根

隔水管旋转分流及注入单根（也称多功能单根）的结构如图5-28所示。其上下端分别与相邻的隔水管单根相连，由旋转分流器、注入及泄流装置、压力调节装置以及其他辅助功能模块组成。主要具备四部分功能：①提供上下部隔水管的连接通道，实现常规钻井功能；②提供钻柱清洁功能，防止海水污染；③压力平衡调节功能；④旋转分流器；⑤注入及泄流接口。

（1）隔水管压力平衡装置。

如图5-28所示，压力平衡装置是带有两个腔室的圆筒体，与隔水管形成环空腔，密封活塞将环空分为上下两个腔室：海水腔和钻井液腔。海水腔通过上接口与海水连通，保持海水腔与周围海水压力相等。钻井液腔通过下接口与海底泵入口相连，海底泵调节钻井液腔的压力等于、高于或者低于周围海水压力。

当海水腔和钻井液腔的压力不同时，活塞在环空腔内上下往复移动，在海水腔接口处的流量表监测进出海水腔的海水流量和钻井液液面的变化。通过活塞位置传感器得到环空内活塞的位置，根据活塞的位置计算钻井液腔的钻井液体积，调节海底泵的速率以维持压力平衡。隔水管压力平衡装置允许钻柱、井眼底部钻具以及其他钻井工具通过。

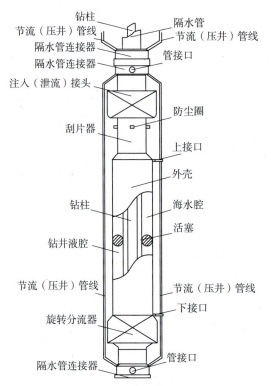

图5-28 隔水管旋转分流及注入单根结构示意图

（2）旋转分流器。

旋转分流器（Subsea Rotating Diverter，简称SRD）装配在多功能单根下端靠近隔水管连接器的位置，分隔海水和钻井液，同时分流钻井液到达钻井液举升泵。

（3）钻柱清洁装置。

如图5-29所示，钻柱清洁装置上装有弹性圈组成的擦拭工具，弹性圈环绕在钻柱周围提供低压力密封，当钻柱通过擦拭工具，弹性圈去除掉钻柱上的钻井液。

（4）注入及泄流接头。

当系统在隔水管稀释和可控钻井液帽钻井功能模式下工作时，水中泵系统将向隔水管内注入或者从隔水管内泄放钻井液。

5. 水中泵系统

钻井液举升模块安放在水中浮筒中，水中浮筒通过柔性接头与多功能单根相连，以适应浮式钻井装置的移动。为了保证

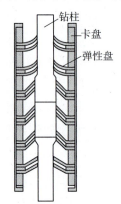

图5-29 钻柱清洁装置结构示意图

系统在水下的可靠性，采用耐用的水力驱动隔膜泵，海面的钻井液泵泵送动力海水到达海底隔膜泵动力液腔侧，驱动隔膜移动，释放动能后排放到海水中。

水中泵系统还包括海面动力源、海水过滤装置、海水供给管线以及钻井液阀等其他设备。

6. 固相控制装置及岩石粉碎器

固相处理装置的主要功能是采取一定的措施降低从环空返回的钻井液中固相颗粒尺寸达到一定的要求，以便于能通过钻井液举升泵的管线和回流管线，小于规定尺寸的钻屑不需要处理便可通过。

7. 水中浮筒系统

水中浮筒系统的结构组成如图5-30所示，主要由压载舱、水中浮筒、底部支脚板三部分组成。压载舱下部设计有与水中浮筒的连接装置，通过调节舱室中的压载水量，改变提供给浮筒的浮力大小，另外在压载舱上部安装有平台缆绳连接装置，在水中泵系统吊装、工作时提供向上的拉力。水中浮筒为一夹层圆柱壳结构圆筒，其内安装钻井液举升模块，并提供与隔水管旋转分流、注入装置以及海面控制系统管缆的连接接口。当系统布放在海底时，底部支脚板提供与海底支撑架（基盘）之间的连接，支撑整个泵系统。

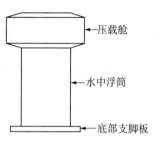

图5-30 水中浮筒系统结构组成

参考文献

[1] Gaddy E D. Industry group studies dual-gradient drilling[J]. Oil & Gas Journal, 1999, 97（33）: 32

[2] Bourgoyne A T. Overview of dual-density drilling[R]. Houston: DOE/MMS Deepwater Dual-Density Drilling Workshop, 2002

[3] Kennedy J. First dual gradient drilling system set for field test[J]. Drilling Contractor. 2001, 57（30）: 20

[4] 殷志明, 陈国明, 许亮斌, 等. 深水双梯度钻井技术研究进展[J]. 石油勘探与开发, 2007, 34（2）: 251~257

[5] Clovis A Lopes, Adam T Bourgoyne Jr. The dual density riser solution[A]. SPE/IADC 37628, 1997

[6] 许亮斌, 蒋世全, 殷志明, 陈国明. 双梯度钻井技术原理研究[J]. 中国海上油气, 2005, 17（4）: 260~264

[7] Smith K L, Gault A D, Witt D E, et al. Subsea mud lift drilling joint industry project: delivering dual gradient drilling technology to industry[A]. SPE 71357, 2001

[8] Schumacher J P, Dowell J D, Ribbeck L R, et al. Subsea Mud Lift Drilling（SMD）: planning and preparation for the first subsea field test of a full scale dual gradient drilling system at green canyon136, Gulf of Mexico[A]. SPE 71358, 2001

[9] Eggemeyer J C, Akins M E, Brainard P E, et al. Sub Sea mud lift drilling: design and implementation of a dual gradient drilling system[A]. SPE 71359, 2001

[10] Schubert J J, Juvkam-Wold H C, Weddle C E, et al. HAZOP of well control procedures provides assurance of the safety of the subsea mud lift drilling system[A]. IADC/SPE 74482, 2003

[11] Choe J, Schubert J J, Juvkam-Wold H C. Analyses and procedures for kick detection in subsea mud lift drilling[A]. IADC/SPE 87114, 2004

[12] Hariharan P R, Judge R A. The economic analysis of a two-rig approach to drill in deepwater Gulf of Mexico using dual gradient pumping technology[A]. SPE 84272, 2003

[13] Forrest N, Bailey T, Hannegan D. Subsea equipment for deep water drilling using dual gradient mud system[A]. SPE/IADC 67707, 2001

[14] Fontana P, Sjoberg G. Reeled pipe technology (DeepVision) for deep water drilling utilizing a dual gradient mud system[A]. IADC/SPE 59160, 2000

[15] Gonzalez R. Shell drilling system[R]. Houston: DOE/MMS Deepwater Dual-Density Drilling Workshop, 2002

[16] Furlow W. Shell's seafloor pump, solids removal key to ultra-deep dual-gradient drilling[J].Offshore, 2001, 61(6): 54~55

[17] Morten Wiencke, Demo2000. Enabling technologies for subsea to beach production. http: //www. intsok. no/docroot/downloads/DEMO-2-PDF-4-Enabling-technolo. pd.f 2009

[18] Brown J D,UrvantV V, etal. Deployment of a Riserless Mud Recovery System Offshore Sakhalin Island[R]. SPE 105212-MS, 2007

[19] 毛雷尔W C, 小梅德利G H, 麦克唐纳W J. 多梯度钻井方法和系统[P]. 中国专利: CN1446286, 2003-10-01

[20] Maurer W C, Medley G H, McDonald W J. Multi-gradient drilling method and system[P].United States Patent: 006530437, 2003-03-11

[21] De Boer L. Method and apparatus for varying the density in drilling fluids in deep water oil drilling applications[P].United States Patent: 6536540, 2003-03-25

[22] De Boer L. System and method for treating drilling mud in oil and gas well drilling applications[P]. United States Patent: 20030217866, 2003-11-27

[23] Choe J, Juvkam-Wold H C. Riserless drilling: concepts, applications, advantages, disadvantages and limitations[R].Calgary: CADE/CADOC Drilling Conference, 1997

[24] Lopes C. Feasibility study on the reduction of hydrostatic pressure in a deep water riser using a gas-lift method[D]. Baton Rouge: Louisiana State University, 1997

[25] Stanislawek M. Analysis of alternative well control methods for dual density deepwater drilling[D]. Baton Rouge: Louisiana State University, 2003

[26] Medley, Jr. ,George H., etal. Use of Hollow Glass Sphere for Underbalanced Drilling Fluids. SPE30500

[27] 张振年, 鄢捷年, 樊世忠. 低密度钻井流体技术[M]. 东营: 石油大学出版社, 2003

[28] R R Brrainard. A process used in evaluation of managed-pressure drilling candidates and probabilistic cost-benefit analysis[A].OTC 18375, 2006

第六章 钻井液与水泥浆技术

深水钻井液面临的技术难题主要有深水低温条件下流变性不易控制、浅层含气砂岩所引起的气体水合物生成、海底泥岩稳定性差及钻井液用量大、井眼清洗困难、环保要求高等。因此,深水钻井液一般要求具有较好的防塌性能、润滑性能、低温流变稳定性以及能有效抑制天然气水合物的形成等特点。同时,深水低温延缓了水泥的水化,影响了水泥石抗压强度的发展。地层孔隙压力和破裂压力之间"窗口"狭窄,易压漏地层。环空尺寸大,顶替速度低,顶替效率差,还伴随着潜在的浅层水窜和气窜风险等。一般要求水泥浆具备在低温条件下候凝速度较快、密度低等性能[1-3]。本章主要从低温钻井液、水合物抑制性钻井液以及低温低密度水泥浆和环保与废弃物处理四个方面介绍深水钻井液与水泥浆技术。

第一节 低温钻井液技术

在深水低温条件下,钻井液的流变性会发生较大变化,具体表现在黏度、切力大幅度上升,易出现凝胶现象。目前主要防治方法是在管外加保温层,减少钻井作业过程中井筒或相关设备热量的耗散,限制温度降低的程度。

一、温度对钻井液性能影响

温度对钻井液的性能影响较大。深水低温条件下钻井液易增稠、黏切升高,给深水钻井带来很多问题:①压力传导系数降低,井控更加困难;②钻井液循环压耗增大,从而导致当量循环钻井液密度(ECD)升高;③水泥浆对钻井液的顶替效率下降,固井质量难以保证。

(一)密度

钻井液密度预测模型主要有复合模型和经验模型两种。复合模型认为钻井液是由水、油、固相和加重物质等组成,而每种组分的性能随温度和压力改变的情况不同。确定了这些单一组分的温压变化规律后,便可以得出钻井液密度变化的复合预测模型。经验模型主要通过对实验数据进行回归分析得到,因而有不同的数学表达形式[4,5],精度也各有不同。目前较常用的钻井液当量静态密度模型

$$\rho = \rho_0 e^{\Gamma(P,T)} \qquad (6\text{-}1)$$

其中,

$$\Gamma(P,T) = \gamma_P(P-P_0) + \gamma_{PP}(P-P_0)^2 \\ \gamma_T(T-T_0) + \gamma_{TT}(T-T_0)^2 + \gamma_{PT}(P-P_0)(T-T_0) \qquad (6\text{-}2)$$

式中,P_0 为地面压力,Pa;T_0 为地面温度,℃;γ_P、γ_T、γ_{TT}、γ_{PP}、γ_{PT} 为钻井液特性常数;ρ_0 为钻井液地面密度,g/cm³。

大量实验表明,上述模型对钻井液密度的预测是较为准确的,可以满足工程计算的要求。

(二)黏度

温度的变化会改变固相颗粒吸附水的排列方向,因而对钻井液性能影响很大[6]。许多流体温度对流体黏度的影响可用式(6-3)表示

$$U = A e^{\frac{B}{T}} \qquad (6\text{-}3)$$

式中,U 为流体黏度,mPa·s;T 为流体温度,℃;A、B 为某一给定流体的特性常数。

随着温度的降低,钻井液中颗粒的动能减少,各种粒子的热运动减弱,流动阻力增大,从而使液体内颗粒的流动更加困难,导致钻井液黏度升高。一般情况下温度对钻井液塑性黏度的影响可用式(6-4)描述

$$\eta_p = A_d \times \eta_{p_0} \times e^{E/T} \qquad (6\text{-}4)$$

式中,η_p 为在温度为 T 时钻井液的塑性黏度,mPa·s;η_{p_0} 为常温时钻井液的塑性黏度(设定常温温度为20℃),mPa·s;A_d、E 为钻井液的特性常数。

(三)屈服值

钻井液的宾汉屈服值与温度的关系曲线和塑性黏度与温度的半对数曲线不同,二者不是线性关系。国内外学者一般通过室内试验来描述温度变化对动切力的影响。根据实验结果统计,屈服值一般最初随着温度的上升而降低,当温度超过一定值以后,屈服值又有所回升。这是因为温度的升高,阻碍了黏土与处理剂结合形成网架结构,使钻井液屈服值降低;当温度升高至一定程度,黏土双电层释放离子改变了双电层性能,促使处于亚稳定状态的黏土发生絮凝,从而钻井液的屈服值增加,钻井液的动塑比提高。根据实验结果,拟合曲线如下[6]

$$\tau_0 = B_0 \times \tau_{B0} + B_1 \times \left(\frac{T}{T_0}\right) + B_2 \times \left(\frac{T}{T_0}\right)^2 \qquad (6\text{-}5)$$

式中,τ_0 为温度为 T 时钻井液的宾汉屈服值,Pa;T_0 为设定常温温度,20℃;τ_{B0} 为常温时钻井液的宾汉屈服值,Pa;B_0,B_1,B_2 为钻井液的特性常数。

式（6-5）为二次曲线，屈服值有一个极值点，在极值点左边，屈服值随温度的降低逐渐增大；在极值点右边，屈服值随温度的升高逐渐增大。因此，在研究钻井液的低温屈服性能时，应先确定极值点。

将温度对钻井液塑性黏度和屈服值的影响关系式代入宾汉流变方程，得到宾汉温度流变方程

$$\tau = B_0 \times \tau_{B_0} + B_1 \times \left(\frac{T}{T_0}\right)^2 + B_2 \times \left(\frac{T}{T_0}\right)^2 + A \times \eta_{p_0} \times e^{\frac{E}{T}} \gamma \tag{6-6}$$

式中，τ为钻井液剪切应力，Pa；γ为钻井液剪切速率，s^{-1}。

式（6-6）建立了钻井液剪切应力τ与剪切速率γ和温度T的关系函数。通过该式可以考察不同温度、不同剪切速率下钻井液的流变特性，为提高低温钻井液携岩性能、保持井壁稳定及水力计算提供相应的依据。

由式（6-6）可以看出，钻井液剪切应力随温度的变化比较复杂，存在一个极值点，该点左边钻井液剪切应力随着温度的降低而增大，该点右边随温度升高而增大。极值点确定以后，便可以预测低温条件下钻井液剪切应力的变化，从而评价钻井液性能。

二、钻井液体系流变性

（一）水基钻井液

水基钻井液以水为分散介质，是含有水溶性聚合物、黏土、加重材料等的多组分悬浮体。水基钻井液黏度-温度特性的测试结果[7, 8]表明：不同密度的水基钻井液流体，随着温度的降低，其黏度和切力均会上升，低温对黏度和切力的影响程度大致相当。

1.膨润土加量的影响

选用KCl钻井液和阳离子钻井液作为研究对象，分别加入1%、2%、3%、4%和5%的膨润土，对其低温流变性能进行评价[9]。不同膨润土加量对KCl钻井液和阳离子钻井液低温流变性的影响，如图6-1和图6-2所示。

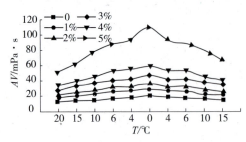

图6-1 膨润土加量对KCl体系低温流变性的影响

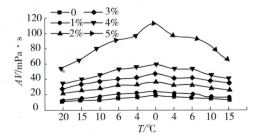

图6-2 膨润土加量对阳离子体系低温流变性的影响

由图6-1和图6-2可以看出，膨润土加量不同的钻井液随着温度的降低，其表观黏度和切力均有不同程度的上升。随着膨润土加量的增加，钻井液表观黏度和切力随着温度的降低有明显上升趋势。表明黏土含量是造成钻井液在低温条件下表观黏度和切力上升的重要因素。主要原因在于低温条件下黏土颗粒表面扩散层的阳离子扩散能力减弱，水化膜变薄，ζ电位下降，水分子渗入黏土内部的能力减弱，黏土颗粒分散度降低，从而导致黏土颗粒之间的摩擦增加，造成钻井液的表观黏度上升；而且黏土颗粒容易以端—端、面—面形式构成较强的网架结构，从而导致钻井液的切力增加。黏度增加程度与黏土颗粒之间的摩擦程度有关，黏土含量越高，黏土颗粒之间的摩擦程度越大，表观黏度上升越快。因此，在现场作业过程中，应注意按要求使用固控设备，尽量减少固相含量，避免钻井液在低温条件下流变性的过大变化。

2. 相对高分子质量聚合物加量的影响

选用无黏土相弱凝胶钻井液作为研究对象，分别加入0.3%、0.5%、0.7%和1%的相对高分子质量聚合物，对其低温流变性能进行评价[9]。不同相对高分子质量聚合物加量对钻井液体系低温流变性的影响，如图6-3所示。

由图6-3看出，不同相对高分子质量聚合物加量的钻井液随着温度降低，表观黏度和切力均有不同程度上升。且随着相对高分子质量聚合物加量的增加和温度的降低，钻井液表观黏度和切力上升趋势明显。表明相对高分子质量聚合物也是造成钻井液在低温条件下表观黏度和切力上升的重要因素。主要原因在于相对高分子

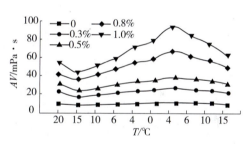

图6-3 相对高分子质量聚合物加量对无黏土相弱凝胶钻井液低温流变性影响

质量聚合物类型以及分子链的舒展程度直接影响钻井液流变性。相对高分子质量聚合物高分子内链段间有不同程度的缠结和内摩擦，当温度下降时，高分子线团间互相缠结几率大大增加，形成缔合或空间网，阻碍了流动，同时也束缚了一部分溶剂分子，进而造成钻井液黏度、切力增加。相对高分子质量聚合物含量越高，高分子内链段间互相缠结和内摩擦程度越大，表观黏度上升越快。因此，现场作业过程中，在满足流变性要求的情况下，应尽量减少相对高分子质量聚合物的加量，以避免钻井液在低温条件下流变性的过大变化。

（二）合成基钻井液[10]

1. 水相含量的影响

合成基钻井液配方：3%有机土+4%乳化剂E+0.5%润湿剂+3%HiFLO+2%石灰，

用重晶石调节密度至1.15/cm³。不同水相比例对合成基钻井液黏度—温度特性影响实验结果，如图6-4所示。在相同测试温度下，随水相体积比的增加，合成基钻井液塑性黏度、动切力和表观黏度均上升。随测试温度降低，水相比例越高，其塑性黏度和表观黏度上升幅度也越大。水相比例超过20%以后，合成基钻井液黏度上升幅度明显变大，而动切力上升幅度则较小。

2.有机土加量的影响

合成基钻井液配方：80%线性α-烯烃+20%水相+有机土+4%乳化剂E+0.5%润湿剂+30%HiFLO+2%石灰，用重晶石调节密度至1.15g/cm³。有机土加量变化对合成基钻井液黏度-温度特性的影响实验结果，如图6-5所示。随着有机土含量的增加，合成基钻井液表观黏度上升，而且因低温造成的增稠程度也随之上升。

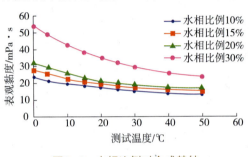

图6-4 水相比例对合成基钻井液黏度-温度特性影响

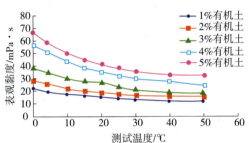

图6-5 有机土加量对合成基钻井液黏度-温度特性的影响

3.加重材料的影响

合成基钻井液配方：80%线性α烯烃+20%水相+有机土+4%乳化剂E+0.5%润湿剂+30%HiFLO+2%石灰，用重晶石调节至不同的密度。不同密度时合成基钻井液的黏度-温度特性测定结果，如图6-6所示。随测试温度降低，不同密度的合成基钻井液表观黏度也上升，但其上升幅度基本相当，表现在黏度-温度曲线图中，不同密度时的黏温曲线大致平行，这表明加重材料不会造成合成基钻井液在低温时的增稠。

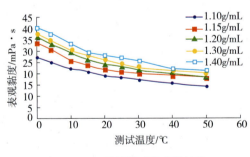

图6-6 加重材料对合成基钻井液黏度-温度特性的影响

4.基油种类的影响

油包水钻井液配方：80%油相+20%水相+3%有机土+4%乳化剂+0.5%润湿剂+3%HiFLO+2%石灰，用重晶石调节密度至1.15g/cm³。矿物油、气制油和线性α-烯烃为基油的3种油包水钻井液的黏度-温度特性实验结果，如图6-7所示。相同条件下，矿物油配制出的油包水钻井液表观黏度最高，其次是气制油，线性α-烯烃最小。

三、常用深水钻井液体系

目前常用的深水钻井液体系有：海水钻井液、低毒（无毒）油基钻井液、合成基（酯、α-烯烃、线性石蜡）钻井液、高盐/PHPA聚合物加聚合醇钻井液、水基（硅酸盐、$CaCl_2$）强抑制性钻井液以及高性能水基（高盐/木质素磺酸盐、甲酸盐）钻井液等。

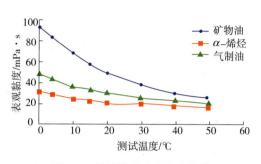

图6-7 基油种类对油包水钻井液黏度-温度特性的影响

（一）海水钻井液体系

海水的总矿化度一般为3.0%~3.7%，人们通常以3.5%作为世界海水总矿化度的平均值。海水的密度随着含盐量的不同而不同，一般为1.03g/cm³。海水的pH值通常在7.5~8.4之间。在深水钻井浅层或表层套管井段钻进过程中常使用海水钻井液。

海水钻井液是一种多相、多级胶体分散体系，属于溶胶和悬浮体的混合物，大多由海水、黏土、化学剂和惰性物质组成。海水为分散介质，黏土和惰性物质为分散相，化学剂在海水中形成溶液。海水含有一定量的阳离子，能抑制黏土水化膨胀，有利于井壁稳定，有利于保护油气层。其缺点是配浆困难，抗盐处理剂价格昂贵、并对自然电位电测解释有影响。

（二）油基钻井液体系

柴油基钻井液曾一度因其价格低廉和优良的井壁稳定作用而得到广泛应用，但对环境有极大的危害。

符合环境安全要求的油基钻井液体系使用矿物油（芳香族含量<0.1%）和棕榈油（完全不含芳香族）代替柴油。矿物油和棕榈油均无毒，并且易生物降解，有较好的环境可接受性，对环境影响极小。这种钻井液主要由白油（或矿物油、棕榈油）、有机土、油酸、乳化剂、CaO粉和盐水等组成。

并非所有经过精制的矿物油都可以作为低毒油包水乳化钻井液的连续相。除了芳烃含量必须首先考虑外，油的黏度、闪点、倾点和密度等也是应考虑的因素。

（三）合成基钻井液体系

合成基钻井液（SBM）是以人工合成或改性的有机物即合成基液为连续相，盐水为分散相，加上乳化剂、有机土、石灰等组成的非水溶性合成油基钻井液，根据性能需要加配降滤失剂、流变性调节剂和重晶石等。合成基钻井液既具有油基钻井液的优良性能，又能较好地解决油基钻井液对环境的污染问题。

酯基钻井液于1990年在北海首次应用并获得成功之后，合成基钻井液的种类不断增加，如酯（Ester）、醚（Ether）、聚α-烯烃（PAO）基钻井液等。后来在权衡环保要求和成本等约束条件下，开发的第二代合成基钻井液，以线性α-烯烃（LAO）、内烯烃（IO）和线型石蜡（LP）基钻井液为代表，其特点是运动黏度和钻井液成本较低。

与矿物油基钻井液相比，合成基钻井液具有以下优点：①抑制性和润滑性良好，且性能稳定，便于调控；②有利于井壁稳定，钻屑悬浮携带能力强，钻速快、降低了压差卡钻的发生率；③合成基液的闪点高，发生火灾和爆炸的可能性小。凝固点低，低温可泵送性好，可在低温地区使用；④对录井影响小，保护油气层效果好；⑤合成基液易于降解，本身毒性较小，利于环境保护。

主要合成基液的物理性能，如表6-1所示。

表6-1　合成基液的物理性能

基液	$\rho/(g/cm^2)$	黏度/（mm²/s）	闪点/℃	倾点/℃	降解温度/℃
酯	0.85	5.0~6.0	>150	<-15	171
醚	0.83	6.0	>160	<-40	133
聚α-烯烃	0.80	5.0~6.0	>150	<-55	167
线型α-烯烃	0.77~0.79	2.1~2.7	113~115	-14~-2	
内烯烃	0.77~0.79	3.1	137	-24	
线型石蜡	0.77	2.5	>100	-10	

注：除线型石蜡中有微量芳烃外，其余基液均不含芳烃。

（四）水基钻井液体系

水基钻井液成本低，性能维护简单，在稳定井壁、提高机械钻速等方面具有很大的优势。从抑制水合物效果和环保角度来看，水基钻井液体系优于油基钻井液体系。常用的体系有高盐/木质素磺酸盐钻井液、高盐/PHPA（部分水解聚丙烯酰胺）聚合物加聚合醇钻井液等。

第二节　水合物抑制性钻井液技术

深水钻井若钻遇浅层含气砂岩，易产生天然气水合物。水合物一旦生成很难清除，可堵塞控制管线和海底防喷器组等。水合物在井筒中分解膨胀，甚至会造成严重的井控事故及灾难性后果。因此，需要采用能够有效抑制水合物的钻井液施工。

水合物抑制性钻井液一般以水基钻井液或海水钻井液为基础，添加相应的水合物抑制剂。

一、水合物抑制剂

一般说来，能影响溶液活度性质的物质通常都能作为天然气水合物的抑制剂。水合物抑制剂分为热力学抑制剂、动力学抑制剂和防聚集剂三大类。

（一）热力学抑制剂

采用热力学抑制剂法是目前用于水合物控制的最常用方法。这些化学抑制剂通过降低水分子的活性，使水合物平衡曲线向较高压力和较低温度移位，从而使钻井液的温度和压力条件位于水合物稳定区域之外。最实用的方法是添加盐和醇类抑制剂，减少游离水量[11]。

盐溶液抑制水合物的能力较强，价格低廉，在很多情况下常被作为水合物抑制剂。但会带来一系列腐蚀问题，另外在钻井液中使用时还要考虑到与其他钻井液成分的配伍性。大量实验证明$NaCl$、$NaBr$、Na_2CO_3、KCl和$CaCl_2$均可不同程度地降低水合物形成的温度，其中$NaCl$抑制效果最好。但随着盐的浓度升高，钻井液性能维护及其调控愈加困难。

常见的醇类抑制剂有甲醇、乙二醇等。该类抑制剂也必须在高浓度下才能发挥作用。这类抑制剂用量大，费用高，处理残留的工艺复杂。

（二）动力学抑制剂

动力学抑制剂主要通过降低水合物形成的速率，延长水合物晶核形成的诱导时间或改变晶体的聚集过程等，延缓水合物形成时间。抑制剂具有亲水基团，可与溶液和水合物晶体中的水分子形成氢键。对聚合物、糖和表面活性剂等的试验研究表明，在外加压力作用下，这些物质均不能防止水合物晶体的生成，但可吸附在晶体和水的界面上，控制水合物晶体的生长和聚集。动力学抑制剂主要有表面活性剂和聚合物两类[12]。

表面活性剂通过降低水的表面张力，使气体更快地分散到水中，从而降低气体分散到晶体表面的速率，控制水合物的形成。

表面活性剂在接近临界胶束浓度（Critical Micelle Concentration，简称CMC）时，对流体热力学性质没有明显的影响。但与纯水相比，能够降低水和气体分子的接触机会，从而降低水合物的生成速率。表面活性剂类动力学抑制剂主要包括聚氧乙烯壬基苯基酯、十二烷基苯磺酸钠、羧酸与二乙醇胺的混合物、聚丙三醇油酸盐等。

聚合物类动力学抑制剂主要有以下几类：①酰胺类聚合物，包括聚N-乙烯基己内酰胺、聚M-乙烯基己内酰胺、聚丙烯酰胺、N-乙烯基-N-甲基乙酰胺和含有二烯丙基酰胺单元的聚合物；②酮类聚合物，如聚乙烯基吡咯烷酮；③亚胺类聚合物，如聚乙烯基-顺丁二烯二酰亚胺和聚酰基亚胺；④其他聚合物，包括二甲氨基异丁烯酸乙酯、乙烯基吡咯烷酮、乙烯基己内酰胺三元共聚物、二甲氨基乙基异丁烯酸、1-丁烯、1-己烯、乙烯基乙酸盐、乙烯基乙酸酯、丙烯酸乙酯、2-乙基己基丙烯酸盐、2-乙基己基丙烯酸酯、苯乙烯共聚物等。

（三）防聚集剂

防聚集剂多为聚合物和表面活性剂。防聚集剂的作用机理是改变水合物晶体的尺寸，通过抑制剂分子吸附于水合物笼上而改变其聚集形态。防聚集剂的功效并不依赖于热力学条件，因此它们应用的压力—温度范围较广。但防聚集剂仅在水和油相同存在时才能抑制水合物的生成，其效果与油相组成、水的矿化度及含水量有关。这意味着不同的井筒流体需要采用不同的防聚集剂，而且还不能用于含水量高的井筒流体中。

可用作防聚集剂的表面活性剂，包括防聚集剂大致有烷基芳香族磺酸盐、烷基聚苷、烷基配醣烷基苯基羟乙基盐、四乙氧基盐、胆汁酸类（如苷油胆汁酸）等。国外部分学者[13]提出了采用烷基乙氧苯基化合物等表面活性剂作为防聚集剂。

二、抑制剂浓度选择

在钻井液当中添加一定浓度的抑制剂，可以有效防止井筒中天然气水合物的生成，这也是目前较为常用的天然气水合物防治措施。

根据井筒温度压力场的计算方法，计算停钻1h条件下的井筒温度压力场[14]，得出其温度压力曲线L_{PT}。

根据所选择的天然气水合物抑制剂，设定其初始浓度C_0，计算出此抑制剂浓度下含有水合物抑制剂时的相平衡条件，依据井筒压力场计算结果，得出其沿井筒深度分布的相平衡曲线L_{C_0}，如图6-8所示。

若两条曲线L_{C_0}、L_{PT}包络区域深度范围$D_0>1m$，则设定新的抑制剂浓度为$C_1=2C_0$；若两条曲线没有包络区域（即$D_0<0$），则设新的抑制剂浓度为$C_1=\dfrac{C_0}{2}$，重新计算此浓度条件下的相平衡曲线L_{C_1}，得出新的相平衡曲线L_{C_1}、L_{PT}包络区域深度D_1。

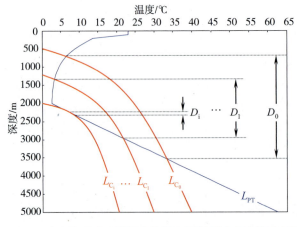

图6-8 水合物形成区域深度范围及抑制剂浓度计算示意图

按照式（6-7）重复确定新的抑制剂浓度，直至两条曲线L_{C_i}、L_{PT}包络区域深度D_{i+1}满足式（6-8）时，其浓度C_{i+1}即为所求浓度。

$$\begin{cases} C_{i+1} = \dfrac{C_i + C_{i-1}}{2}, & D_i < 0 < 1m < D_{i+1} \\ C_{i+1} = 2C_i, & D_i > 1m \end{cases} \quad (6-7)$$

$$0 \leqslant D_{i+1} \leqslant 1m \quad (6-8)$$

正常循环钻进条件下天然气水合物抑制剂浓度计算方法与停钻条件下的计算方法类似，只是井筒温度压力场需按照正常钻进工况参数进行计算。

第三节 低温低密度水泥浆技术

深水固井需要解决如何缩短水泥浆在低温条件下的候凝时间，降低水泥浆密度，防止发生水、气窜以及压漏地层等复杂情况。国外深水固井水泥浆体系有低密度填料水泥浆体系、低温快凝水泥浆体系、泡沫水泥浆体系、最优粒径分布水泥浆体系、超低密度水泥浆体系等[15, 16]。

一、深水环境对固井的影响

深水固井（特别是表层段）与常规固井相比，常面临低温、浅层水/气流动、松软地层、异常高压砂层等问题，固井时需要考虑候凝时间、低温水/气窜、水泥浆密度低以及安全密度窗口窄、井眼环空间隙大、井眼不规则、顶替效率差等因素的影响。

（一）低温

温度是对水泥浆和水泥石性能影响最重要的因素之一。不同地区海水温度随水深的变化情况，如表6-2所示。深水海域海底温度一般在4℃左右。胜潍G级水泥在不同温度下的抗压强度，如表6-3所示。无论G级水泥净浆还是加2.5%$CaCl_2$促凝剂的G级水泥浆，随着环境温度的降低，其强度下降趋势明显，特别是在4℃时，水泥强度发展非常缓慢。

表6-2 不同地区的海水温度

深度	海水温度/℃		
	纽芬兰海域	北海	墨西哥海湾
海平面	-1.7	4	23
海平面~500m	-1.7	4	8
500m~海底	3	4	4.4

表6-3　温度对胜潍G级水泥抗压强度影响

$w(CaCl_2)$ /%	水灰比 w_w/w_c	密度 $\rho/(g \cdot cm^{-3})$	4℃强度p_4/MPa		10℃强度p_{10}/MPa	
			12 h	24 h	12 h	24 h
0	0.44	1.92	—	0.25	—	0.83
2.5	0.44	1.92	0.50	2.15	1.83	5.83
$w(CaCl_2)$ /%	水灰比 w_w/w_c	密度 $\rho/(g \cdot cm^{-3})$	20℃强度p_4/MPa		35℃强度p_{10}/MPa	
			12 h	24 h	12 h	24 h
0	0.44	1.92	0.52	5.14	2.47	11.5
2.5	0.44	1.92	7.20	13.85		

（二）浅水流/浅层气流动

引起浅水流/浅层气流动的主要原因是海底存在异常高压层、浅层气，或这气体水合物的不稳定分解。浅水流/浅层气的流动常使井眼被过度冲刷，造成井径不规则，泥饼清除困难，固井界面胶结质量差，甚至出现微间隙。如果固井水泥浆设计不合理，浅水流/浅层气流体在候凝时会侵入水泥浆，产生窜流现象，出现微窜槽。微间隙和微窜槽会导致固井水泥环封隔作用失效，危及到防喷器组和隔水管甚至整口井的安全。

（三）水泥浆顶替效率

影响深水固井水泥浆顶替效率的主要因素有4方面：①海底的浅表地层大多是未胶结的松软地层，其流体安全密度窗口狭窄；②浅部松软地层钻井时，由于浅水流/浅层气流动、高压砂层等影响，井眼不规则，流体流动摩阻大，不易实现紊流顶替；③井眼不规则使套管很难居中；④复杂的套管层次设计，往往表层套管与井眼间的环空间隙较大，而下部井眼环空间隙较小。

（四）表层段松软地层

表层段地层松软，往往导致水泥环封隔性能难以保证。原因主要有：①海底表层段的松软地层与水泥环界面胶结能力弱。海底的沉积岩层形成时间较短，又缺乏足够的上覆岩层，所以海底表层通常是松软、未胶结的地层，甚至还有长段的软泥沉积物。②表层段松软地层对水泥环的支撑作用弱，易使水泥环在热应力、液压应力或压实应力（异常高压突然释放后引起地层孔隙压力降低使地层沉陷所产生的应力）等作用下产生裂缝，破坏水泥环完整性。

基于以上难点，深水低温固井对水泥浆的基本性能要求：①水泥浆密度尽可能低；②低温条件下具备较短的过渡时间和优良的抗压强度；③低失水；④好的水泥浆完整性；⑤水泥浆与套管及地层的密封和胶结等长期性能好；⑥顶替效率高。

二、常用深水水泥浆体系

目前已开发和应用了多种水泥浆体系，有效解决了水泥浆在深水低温条件下的强度发展难题，缩短了候凝时间，防止发生水、气窜等的问题。

（一）粒径优化水泥浆体系

利用粒径优化技术（Optimised Particle Size Distribution，简称OPSD）能够提高水泥颗粒的堆积密度，使水泥浆具有高固相含量和良好的流变性，从而提高水泥浆的综合性能。粒径优化水泥浆经过粒径优化组合，加入不缓凝分散剂和促凝剂缩短了水泥浆候凝时间，水泥石强度发展比传统波特兰水泥浆体系快。即使在温度很低的地层，仍能实现低失水、低渗透率、低流变、胶凝强度发展快，以及有效控制浅水层流动。

粒径优化水泥浆体系所用水泥由20%~45%（以体积计，下同）G级波特兰水泥、5%~25%粒径6~12μm的G级微细水泥及35%~65%粒径150~200μm的中空微珠组成，氯化钙促凝剂掺量1.5%。颗粒堆积率大于0.75，水泥石孔隙率小于50%，具有良好的泵送性能与强度发展性能。粒径优化水泥浆与传统G级水泥净浆的强度发展对比，如图6-9所示。

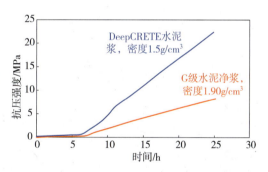

图6-9 低温（18℃）下粒径优化水泥浆与传统G级水泥浆强度发展对比

（二）高铝水泥浆体系

高铝水泥浆体系适用于深海或寒冷环境和易发生流体侵入的井眼，具有无可比拟的早期强度。该体系可防止井眼受到流体侵蚀，可用于高强低密度水泥浆固井，一般由大量活性铝、水化水泥和合适外加剂组成。该体系的缺点是对外界污染比较敏感。

2000年，Villar[17]提出由铝酸盐水化水泥20%~45%（固相体积比，下同；部分可以用硅粉代替，掺量5%~30%）、微细粒子5%~25%，中空微珠35%~65%以及分散剂、促凝剂等组成，与足量水可形成空隙率25%~50%的体系。微细粒子可以是石英、微细碳酸钙、微硅、碳黑、飞灰等，直径0.075~7.5μm。微珠直径是铝酸盐水泥颗粒直径的2~20倍，平均粒径150μm。铝酸盐水泥碳铝比C/A为1，铝酸钙CA含量不小于40%，硅含量比普通水泥低。水化时，CA形成CAH_{10}六角形化合物，有利于快速形成抗压强度。在20℃时，80%的强度在24h内形成，如图6-10所示，而普通波特兰水泥则需要几天。该体系用于封固北极地区深水井的导管，效果良好。

(三) 泡沫水泥浆体系

普通低密度水泥低温强度发展缓慢，过渡时间长，易引起水、气窜，会增加外围设备的使用成本。泡沫水泥浆是在20世纪70年代末期发展起来的。这种水泥浆具有较低的密度和良好的抗压强度发展，密度在0.96~2.16g/cm³范围内时性能最好。

1998年，Stiles等[18]介绍了一种低温强度发展快、可良好控制疏松地层的水泥浆体系。该体系包括波特兰水泥、熟石膏、水、发泡剂、泡沫稳定剂。发泡剂为惰性气体，石膏为水泥质量的0.6%~3%，水灰比0.3~0.5。该体系与普通水泥浆体系的稠化曲线对比，如图6-11所示。可以看出该体系稠化过渡时间远比普通水泥浆体系短。

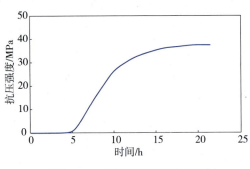

图6-10 水泥石强度发展曲线图

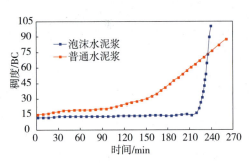

图6-11 水泥浆稠化曲线对比图

第四节　钻井液废弃物处理

随着产油国对海上油气田勘探和开采力度的加大，产出液及废弃物排放迅速增加。另一方面，随着环保意识的增强，各国对钻井液和废弃物的排放处理要求日益严格。钻井液及钻井废弃物的毒性检测评价和无害化处理技术越来越受到重视。

一、钻井液毒性成分

钻井液是一种复杂的多相分散体混合液，一般由固相、液相和化学处理剂3部分组成，其中使用的化学处理剂种类繁多，共计16大类，约几百种产品。这些化学剂都不同程度地含有污染环境的物质，包括高浓度盐和可交换性钠，以及油脂类、重金属、有机聚合物，高pH处理剂、某些无机盐等。

(一) 黏土和加重材料

黏土和加重材料（通常为重晶石）是钻井液配浆的主要原材料，在使用过程中容易生成可溶性的Pb^{2+}、Ba^{2+}、Zn^{2+}和Cr^{3+}，这些离子均属于毒性较大的可溶性重金属离子，能在环境或动植物体内蓄积。另外钻井废液中的黏土颗粒具有吸附重金属离子的能力，并影响金属的存在状态。

(二) 油类

废弃钻井液中的油含量是影响生物毒性的主要因素之一。废弃钻井液中的油类不仅影响水体的溶解氧含量，而且油类中多种组分特别是多环芳烃类化合物对生物体具有较强的致毒、致畸、致癌作用。

（三）无机盐类

钻井液中的高浓度盐来自于所添加的各种无机处理剂，主要包括纯碱、烧碱、氯化钠、氯化钙、氯化钾等，含有大量无机离子的钻井废液集中排放，会导致排放海域海水理化性质短时间内明显发生改变，如盐浓度增高、密度增大、pH值增高等，对附近海域生态环境的影响不可低估。

（四）有机处理剂

钻井液中的有机处理剂主要包括降黏剂、降滤失剂、页岩抑制剂、增黏剂、堵漏剂等。这些有机处理剂排放后不仅会造成附近海域的有机质含量升高，溶解氧含量降低，而且这些有机处理剂本身所具有的毒性会对海域生态环境造成明显影响，并可能通过生物蓄积和食物链传递危害人体健康。

（五）钻屑

钻井过程中产生的钻屑对环境的影响也不可忽视。钻屑往往黏附了大量的油类、有机处理剂，如果钻屑不经处理，直接堆放在井场或者排放到海洋中，易造成环境破坏或污染。

二、钻井液毒性检测方法

生物毒性评价是用于评估某种化学物质或混合物对环境潜在污染和毒性危害的手段。生物毒性评价包括急性毒性评价、亚急性毒性评价和慢性毒性评价。急性毒性试验是指在高浓度、短时期待测物能引起一定数量的受试生物死亡或产生其他效应的毒性试验，其目的是寻找毒物对生物的半致死浓度和安全浓度，为制订相应的标准提供科学依据[19]。美国石油学会（API）推荐钻井液毒性评价采用急性毒性试验方法。直接测定急性毒性，具有快速、经济及从单项（悬浮相）数据就可判断钻井液毒性大小的优点。

为有效地控制钻井液所带来的环境污染，建立钻井液生物毒性评价方法是非常必要的，目前国内尚无统一的钻井液生物毒性评价方法。通常采用的钻井液毒性检测方法有糠虾生物毒性评价法和发光细菌法。

（一）糠虾法

糠虾生物毒性评价法是美国国家环保局（EPA）正式批准的用于钻井液生物毒性评价的惟一方法，也是美国石油学会（API）推荐的钻井液毒性评价方法，是根据生物在钻井液与海水的混合液中死亡的情况来测定钻井液的毒性。将待测钻井液与海水以1∶9的体积比混合，充分搅拌，以保证钻井液中的悬浮颗粒虹吸法吸出的中间分散体，即测试所需的悬浮颗粒充分分散，搅拌混合后让混合液静置沉降1h，然后用海水将悬浮颗粒相稀释成一系列浓度的试验液，并把海洋生物糠虾（mysidopsis bahia）放入试验液中进行急性毒性测试。采用钻井液对海洋生物在96h内急性半致死浓度LC_{50}来表示钻井液的毒性，单位为1×10^{-6}。所谓"半致死浓度"就是受试生物经96h接触培养后，有半数中毒死亡情况下的钻井液浓度。LC_{50}值越小，钻井液的毒性就越大。当LC_{50}大于1000×10^{-3}时，认为钻井液毒性低于急性毒性，必须通过延长试验检测时间才能测出半致死浓度。

毒性等级分类情况见表6-4，LC_{50}值超过10000mg/L时，则可认为基本上无毒。

这种钻井液生物毒性评价方法的主要不足：①试验用糠虾来源不便，API程序中建议用一种巴西拟糠虾作为标准的试验生物，我国无这种糠虾分布，且挑选条件不易掌握，虾龄要求（5±1）d；②准确性不高，重复性差，不同实验室提供的同一样品毒性相差甚至高达5倍以上。主要原因是糠虾的来源、挑选试验技术、海水的性能和试验操作规程的差别；③操作过程复杂，试验技术不易掌握，要求专业人员在专业试验室进行操作，不能现场应用；④耗时长，每次测定钻井液生物毒性需要96h，还需将样品带到远离井场的专业实验室进行检测，检测过程和方法十分繁琐、耗时，往往导致检测时间长达2~3周，且成本高。

（二）发光细菌法

发光细菌法是20世纪90年代初出现的毒性检测法，也叫生物累积发光测定法。该方法的受试生物采用明亮发光杆菌（Photobacterium Phosphorism），属于革兰氏阴性、兼性厌氧菌，是一种非致病性海洋细菌，可以从海水中分离得到。明亮发光杆菌具有发光能力，光的峰值在490nm左右，其发光机理是借助活体细胞具有的三磷酸腺苷（ATP）、荧光素（FMN）和萤光酶等发光要素。发光过程是该菌体内的一种新陈代谢，即氧化呼吸链上的光呼吸过程，也是该菌健康的一种标志。当细菌的细胞活动性高、处于积极分裂状态时，细胞内三磷酸腺苷含量高，细菌发光强度高。细菌休眠时，细胞内三磷酸腺苷含量明显下降，细菌发光弱。加入毒性物质后，处于活性期的发光细菌就会受到抑制甚至死亡，发光强度便下降甚至为零。发光细菌的发光强度与物质的生物毒性存在着密切的相关性。钻井液毒性越大，浓度越大，发光细菌的发光量就越弱。当对含有毒性检测用明亮发光杆菌的实验测试液进行剪切性混合时，藻类会受激发而发光，对光的累积通量EC_{50}进行计量，就可以得出钻井液毒性的大小。光的累积通量越大，钻井液的毒性越小，反之毒性越大。

将待测钻井液与3.0%NaCl溶液按1:9体积比混合均匀，静置60min，取中层悬浮液作为试验液，并将其稀释成不同浓度，采用标准菌种，用生物毒性测试仪分别测试不同浓度试验液相对于3.0%NaCl溶液的发光度，当发光细菌的相对发光度减弱一半时，试验液的浓度即为该钻井液的EC_{50}值。

这种方法快速、简便、灵敏、成本低。检测时间只需要15min，比糠虾法试验时间大大缩短，而且方法和步骤也比较简单，易于掌握，平时将发光细菌以冷冻休眠状态加以保存，使用前只需加入活化剂即可，不需要在检测前临时培养细菌。也是我国测量水质急性毒性的标准方法。

毒性等级分类情况见表6-4，EC_{50}值超过25000mg/L时，则可认为基本上无毒。

表6-4 钻井液及添加剂生物毒性分级

生物毒性等级	糠虾法LC_{50}/（mg/L）	发光细菌法EC_{50}/（mg/L）
剧毒	<1	<1
高毒	1~100	1~100
中毒	100~1000	101~1000
微毒	1000~10000	1001~25000
无毒	>10000	>25000
排放限制标准	>30000	>30000

三、钻井液及钻屑无害化处理

选择合适的废弃物处理方法，对钻井液以及钻井过程中产生的岩屑进行无害化处理及回收利用，可有效地避免钻井液中有害化学物质造成的环境污染，节约钻井液材料，降低钻井液成本。国内外对钻井废弃物的处理方法主要有化学方法（如中和、氧化还原、固化等）、物理方法（如自然蒸发、固液分离、吸附、热处理等）、生物方法（如微生物、生物降解）等。

水基钻井液及其钻屑的处理方法很多，其中，固液分离法和固化法是目前最为常用的处理技术。为节约成本，油基钻井液常常在完钻后进一步维护处理，循环利用，多次反复使用后性能恶化，最终难以使用而成为废弃油基钻井液。废弃油基钻井液是一种含膨润土、加重材料、化学处理剂、水、油和钻屑等多相稳定胶态悬浮物，油类、COD和重金属Cr为其主要污染物。对于油基钻井液钻屑，如果含油量、生物毒性等不能达到排放标准，必须采取相应的处理措施。海上常用的油基钻井液钻屑处理技术主要有钻屑回注技术和加热解吸法两种。

（一）固液分离法

固液分离技术是在化学混凝—催化氧化法基础上发展起来的、结合机械法处理的先进技术方法，目前已得到广泛应用。该工艺的原理：先对废弃钻井液进行化学脱稳、絮凝处理，然后将废液泵入离心机，实现固液分离，使絮体颗粒间的游离水和部分分子间水离心分离出来；固液分离后，污染物（渣泥）体积大大减少，再对固相进行掩埋或进行固化处理后安全处置；对排出液进行二次絮凝—脱色—沉降—过滤，使排出液达到国家排放标准。

该工艺简单、灵活，对悬浮物、胶体物质去除率高。主要适应于采用磺化钻井液或聚磺钻井液而产生的钻井污水，同时对高浓度COD、色度超标钻井液的处理有明显效果，处理后的水可达标外排或回收再利用。

（二）固化法

固化法是向废弃钻井液中加入固化剂，通过废弃钻井液与固化剂之间发生的一系列物理、化学反应，将有毒有害物质封固在固化物中，降低毒害物质的转移和扩散。或者使其转化为土壤或胶结强度很大的固体，就地填埋或作为建筑材料等。该方法能消除废弃钻井液中的金属离子和有机物质对水体、土壤和生态环境的影响和危害，被认为是一种比较可靠的处理废弃钻井液污染的技术。施工前通过检测废弃物中毒害物质类型来选择合适的固化剂，常用的固化剂有石灰、石膏、硅酸盐、矿渣和水泥等。该方法适用于膨润土钻井液、聚合物钻井液和磺化钻井液，也可用于油基钻井液等。目前流行的MTC技术就属于固化法，它是利用钻井液良好的降失水性和悬浮性，通过加入高炉水淬矿渣和其他外加剂，将钻井液转化为性能和水泥浆相似的固井液技术。

固液分离技术和固化法相结合，能有效地处理含有高COD、高pH值和高总铬含量的废弃钻井液和含水量高的废弃钻井液。

（三）钻屑回注法

钻屑回注技术是将钻屑从固控设备传输到处理设备内，通过研磨、剪切和筛选，使钻屑的粒度满足回注要求，通过高压泵将废弃的钻井液和钻屑注入到地层内的一种工艺。钻屑回注实现了海洋钻井零排放的目标，有效地保护了海洋生态环境。对于海上单井钻井作业，通常选用套管环空注入方式。对于海上丛式生产井，常选用从套管环空和回注井套管内注入两种方式。该方法也适用于水基钻井液及废弃物的处理。

用于回注的地层孔隙度要大，回注容量大且深度必须大于600m，以免废弃物污染地下水源。该方法主要受到地层注入能力和回注过程中的地层堵塞等不确定因素的影响，还涉及到回注期间地层压裂增注和酸化解堵作业等。

（四）加热解吸法

该技术是在焚烧法处理废弃物的基础上发展起来的，通过对钻屑进行外界加热，将钻屑中所含油分、易挥发有机物和水分蒸发并收集处理。先将含油或其他易挥发有机物的钻屑经过热解吸锅炉密封加热成蒸汽，然后进入冷凝器，冷凝成液体后进行油水分离，分离后的油和水再进行后续处理，回收的油可用于配置油基钻井液、用作燃料或其他用途。干燥后的钻屑直接排放入海，也可以运回陆地用于工程建设，如修路、建筑等。

目前国外常用的热解吸装置使用燃料燃烧、电动或电磁能源热提供的热量加温脱附含油废弃物，热解吸装置一般有低温系统及高温系统两种类型，低温系统的温度通常是250~350℃，而高温系统的温度高达520℃。低温系统用于处理轻油废弃物，高温系统将能够处理含量较低的重油废弃物。

（五）其他处理方法

对于海上水基钻井液，若其毒性指标符合国家和国际环境保护要求，可以直接排放到海里，不会造成环境污染。对那些毒性较大、离海岸线又比较近，在海上不能处理的废弃钻井液，必须要运到陆地上来集中处理。

陆地上集中处理的其他方法主要有：①回填法。即在泥浆池底部和四周加固化层或具有一定强度的防渗膜，将废弃钻井液脱水后回填。密封回填法要求在废弃物之上必须保持顶部的土层有一定厚度，该方法适用于盐水钻井液和油基钻井液废弃物。②垦殖法。属于陆地终端处理技术之一，是将废弃钻井液搬到井场周围的土壤中进行地面耕作，此方法适应于对环境要求不高的沙漠和戈壁地区；③生物降解法。在废弃钻井液中引进降解菌和营养物质，通过细菌的生长、繁殖和体内呼吸使废弃钻井液中的污染物分解。该方法中所用微生物需要通过自然筛选或诱变培育及基因工程、细胞工程技术获得。生物处理技术主要的影响因素有充足的降解菌数量、足够的氧气、提供降解菌新陈代谢必要的营养元素、湿度控制、温度、pH值和盐等；④回收利用法。用机械方法将废弃钻井液加热转化为干料进行再利用。⑤溶剂萃取法。溶剂萃取法是采用己烷、乙酸乙酯或氯代烃等低沸点有机溶剂将废弃油基钻井液的油类溶解萃取出来，萃取液经闪蒸蒸出溶剂得到回收油，闪蒸出的有机溶剂可以继续循环使用。溶剂萃取法易于实现，适合含油钻屑回收油处理，但溶剂挥发性大，安全要求严格，成本高。⑥化学破乳法。化学破乳法是将具有破乳性能的化学药剂加入废弃油基钻井液中，再添加絮凝剂等助剂，使其中的油经破乳后絮凝析出，得以回收。一般是采用油溶性破乳剂（表面活性剂）或其他化学药剂（如酸、高价金属盐）对废弃油基钻井液进行破乳，经搅拌、离心后分离成顶层油、中间水、底层黏土三相。顶层油可直接回收，中间水层加药剂处理后可循环使用，底层黏土可用微生物法或其他处理技术进行无害化处理。

参考文献

[1] 徐加放，邱正松，吕开河. 深水钻井液初步研究[J]. 钻井液与完井液，2008，25（5）：9~10

[2] 王松，宋明全，刘二平. 国外深水钻井液技术进展[J]. 石油钻探技术，2009，37（3）：8~12

[3] 王瑞和，王成文，步玉环，程荣超. 深水固井技术研究进展[J]. 中国石油大学学报（自然科学版），2008，32（1）：77~81

[4] 管志川. 温度和压力对深水钻井油基钻井液液柱压力的影响[J]. 中国石油大学学报（自然科学版），2008，27（4）：48~52，57

[5] 赵胜英，鄢捷年，等. 油基钻井液高温高压流变参数预测模型[J]. 石油学报，2009，30（4）：603~606

[6] DAVISON J M. Rheology of various drilling fluid system under deepwater drilling conditions and the importance accurate predictions of downhole fluid hydraulics. SPE 56632，1999

[7] 徐家放，邱正松. 水基钻井液低温流变特性研究[J]. 石油钻采工艺，2011，33（4）：42~44

[8] Benjamin Herzhaft, Yannick Peysson. Rheological Properties of Drilling Muds in Deep Offshore Conditions[J]. SPE/IADC 67736，2001

[9] 吴彬，向兴金，张岩，等. 深水低温条件下水基钻井液的流变性研究[J]. 钻井液与完井液，2006，23（3）：12~13

[10] 岳前升，刘书杰，何保生，等. 深水钻井条件下合成基钻井液流变性[J]. 石油学报，2011，32（1）：145~148

[11] Kim H. C., Bishnoi P. R. and Heidemann R.A.. Kinetics of Methane Hydrate Decomposition[J]. Chem. Eng. Sci.，1987，42（7）：1645~1653

[12] 白晓东，黄进军，侯勤立. 深水钻井液中天然气水合物的成因分析及其防治措施[J]. 精细石油化工进展，2004，5（4）：52~54

[13] Ebeltoft H., Yousif M. and Soergaard E.. Hydrate Control During Deep Water Drilling: Overview and New Drilling Fluids[C]. SPE 38567，1997

[14] Vandelwalls J.H., Platteeuw J.C. Clathrate solution. Adv.Chem.Phys. 1959，2：1~57

[15] 王瑞和，王成文，步玉环，程荣超．深水固井技术研究进展[J]．中国石油大学学报（自然科学版），2008，32（1）：77~81

[16] 王建东，屈建省，高永会．国外深水固井水泥浆技术综述[J]．钻井液与完与液，2005，22（6）：54~56

[17] Villar J ,Baret J F , Michaux M ,et al. Cementing compositions and applications of such compositions to cementing oil [P] ．US6060535 ,2000-05-09

[18] Stiles D A ,De Rozieres J M. Compositions and methods for cementing a well [P] ．US 5 806 594 ,1998-09-15

[19] 黄满红，李咏梅等.污水毒性的生物测试方法[J].工业水处理,2003,23（11）：14~17

第七章　井控技术

井控是钻井安全的关键，深水钻井井控中面临易生成天然气水合物，地层孔隙压力和破裂压力之间的窗口比较窄，井控余量比较小，压井、阻流管线较长，循环压耗比较大，深水地层比较脆弱等诸多难题，因而与浅海及陆上钻井井控相比较，在设备与工艺上都其特殊要求。本章主要介绍深水钻井井筒压力分布规律、井涌检测技术、压井方法及井控复杂情况预防预处理等。

第一节　深水钻井压力协调关系

深水钻井存在海水低温环境，致使钻井及井控过程中的压力协调关系与浅水及陆地钻井存有差异，弄清深水钻井井筒与地层压力的协调关系以及深水井控的特殊性是研究深水井控技术的基础。

一、井筒与地层压力协调关系

钻井过程中，如果钻井液不循环，井内钻井液静液柱压力作用在井眼不同位置（井深），称为井内静液柱压力，作用到井底的压力称为井底压力。井底压力计算公式

$$p_\mathrm{h} = 0.0098 \rho_\mathrm{d} h_\mathrm{l} \tag{7-1}$$

式中，p_h 为井内静液柱压力，MPa；ρ_d 为钻井液密度，g/cm³；h_l 为环空液柱垂直高度，m。

深水环境下，钻井液密度沿井筒逐渐变化，其井底压力计算式为

$$p_\mathrm{h} = 0.0098 \times \int_0^h \rho_\mathrm{d}(h) \mathrm{d}h \tag{7-2}$$

式中，$\rho_\mathrm{d}(h)$ 为某一井眼垂直深度处的钻井液密度值，其为井眼垂直深度的函数，g/cm³。

某深水井井筒中钻井液密度随井深的变化情况，如图7-1所示。钻井液密度取为常数（1.332g/cm³）和考虑钻井液密度随井筒变化的环空钻井液静液柱压力差值示意图，如图7-2所示。

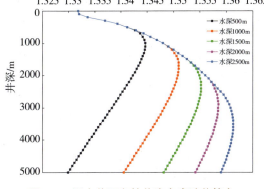

图7-1 深水井环空钻井液密度随井筒变化意图（油基钻井液，停钻条件下）

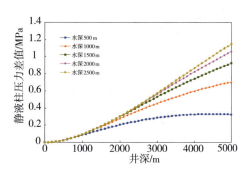

图7-2 深水井环空钻井液静液柱压力差值示意图（油基钻井液，停钻条件下，井口钻井液密度为1.332g/cm³）

从图7-1中可以看出，井筒中及井底的钻井液密度与井口处不同，钻井液密度随井深先增大后逐渐减小。其原因为，隔水管及浅部地层井段，由于井筒的高压低温环境，使得钻井液密度增大；随着井深的增加，到达深部地层井段时，井筒温度逐渐上升，钻井液密度逐渐减小。水深越大，钻井液密度变化的幅度越大。

从图7-2中可以看出，按照随井深变化的钻井液密度计算得到的井筒静液柱压力与按照恒定值计算的静液柱压力的差值增长趋势随水深的增加而加快。

深水钻井过程中，钻井液的循环给井内附加了环空循环阻力，其循环摩阻的计算与陆地及浅水钻井的计算过程类似。由于采用了浮式钻井装置，除了钻柱或套管柱提升、下放所产生的抽汲、激动压力外，钻井平台或钻井船随波浪的升沉运动会给井底造成周期性的抽汲和激动压力，如图7-3所示。因此深水钻井井内有效压力为

$$p_{he} = p_h + \Delta p \quad (7-3)$$

$$\Delta p = \Delta p_r + \Delta p_a \pm p_s \pm p_d \quad (7-4)$$

式中，Δp_r为钻井液中含岩屑增加的压力值，MPa；Δp_a为环空流动阻力增加的压力值，MPa；p_s为起下钻波动压力，MPa；p_d为钻井平台或钻井船升沉引起的波动压力，MPa。

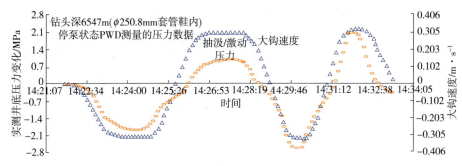

图7-3 某深水井由钻井平台升沉运动引起的井底压力波动示意图

式（7-4）中，若由下钻、钻井平台或钻井船运动引起的激动压力时，p_s和p_d前取"+"；若由起钻、钻井平台或钻井船运动引起的抽汲压力时，p_s和p_d前取"-"。

令p_p代表地层压力，p_f代表地层破裂压力，由式（7-2）~式（7-4）可知，安全钻井（欠平衡钻井方式除外）的井筒与地层压力的协调关系如下

$$p_p \leqslant p_{he} < p_f \tag{7-5}$$

二、深水井控的特殊性

井控是钻井安全的关键，深水井控与常规水深的井控相比较，其特殊性主要表现在以下几个方面：

（一）溢流的早期发现相对困难

钻井过程中，平台（船）的升沉与摆动会影响监测仪器的准确度，采用泥浆池液面法、钻井液返出流量计法等常规方法很难及早发现溢流。

（二）地层破裂压力梯度低

地层破裂压力梯度一般随井深增加，但在深水中，相同井深，破裂压力梯度比浅水小。其原因是在同样井深条件下，由于海床至转盘面一段距离不存在岩石的基质应力，对于相同沉积厚度的地层，随着水深的增加，地层的破裂压力梯度降低，致使破裂压力梯度和地层孔隙压力梯度之间的窗口较窄，在压井过程中容易压漏地层，造成又喷又漏、地下井喷等复杂情况。

地层破裂压力梯度的降低，造成井控作业中的井涌余量、最大允许关井套压和隔水管钻井液安全增量随着水深的增加而减小。

1. 井涌余量小

井涌余量是指溢流发生后，关井和处理溢流过程中允许达到的最大井内压力的当量梯度密度（ρ_{max}）与正常压井钻井液密度（ρ_k）的差值（$\rho_{max}-\rho_k$）。井涌余量的表示形式可以是当量梯度密度，也可以采用地面泥浆池钻井液增量表示。井涌余量是一个表示溢流发生后，压井处理溢流过程中有多少剩余能力的量，它直接与发现溢流关井前地面泥浆池中的泥浆增量有关，也与井眼、钻柱尺寸、井口承载能力、套管鞋裸眼地层破裂压力有关。

井涌余量与地层孔隙压力和破裂压力密切相关。深水钻井地层孔隙压力与破裂压力窗口窄（相对于浅水），导致井涌余量随水深的增加而减小，如图7-4所示。

2. 最大允许关井套压小

在发现溢流关井后，最大关井套压不能超过下面三个极限值的最小值：①井口装置的额定工作压力；②套管柱抗内压强度的80%；③地层破裂压力。三者中，套管鞋处的地层破裂压力最小，以此来确定最大允许关井套压。随着水深的增加，相同地层深度的地层破裂压力减小，导致最大允许关井套压随之减小。

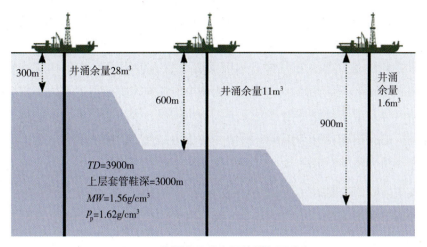

图7-4 井涌余量随水深的增加而减小

3. 隔水管钻井液安全增量小

隔水管钻井液安全增量是给隔水管损坏或脱离时维持一级井控所需要的井筒钻井液密度增量。在使用海底防喷器的情况下，隔水管的损坏或脱离会使得隔水管里的钻井液静液柱压力被海水的静液柱压力所替换。但由于地层破裂压力低且地层孔隙压力和地层破裂压力窗口窄，隔水管钻井液安全增量可能较小，往往达不到所需的钻井液密度。在这种情况下，脱开隔水管之前要先关防喷器；在重新连接隔水管后、开井之前，隔水管泵入和井内相同密度的钻井液。为了防止已关防喷器下的圈闭气体，在开井之前通过压井或节流管线观察井内压力。

（三）海底低温

深水海底温度一般在4℃左右，有些地区甚至低达-3℃。海底的低温可以影响到海底泥线以下约450m的岩层，使它们具有低于正常地温梯度下的温度。深水压井节流管线长，在海水低温的情况下，钻井液易产生凝胶效应，致使管线内的钻井液静切力增大、黏度升高，这样不但影响关井套压的准确读取，而且还加大了节流管线压力损失。

（四）节流管线内压力损失

钻井过程中，钻井液正常的循环路径是经钻具、钻头、环空和隔水管到达平台泥浆池。环空和隔水管内的循环压耗是加在所钻地层上的，和钻具内的压耗相比要小得多。

在压井循环时，节流管线内的压力损失（CLPL）是由通过节流管线循环时流体和管壁的摩擦所造成的。在陆地或浅海钻井中，由于其节流管线较短，节流管线内的摩擦压力损失在压井循环时可以忽略不计。但在深水钻井中，却成了事关压井成败的关键因素。

由于地层破裂压力梯度低和节流管线压力损失的影响，压井过程中，特别是开泵时很容易造成薄弱地层破裂。

如果溢流体是气体，在气体进入节流管线后，体积迅速膨胀，节流管线压力损失迅速减小，环空压力减小，需要迅速调小节流阀来保持井底压力恒定，增加套压。随着气体从节流管线排出，泥浆进入节流管线，节流管线压力损失增加，环空压力增加，必须迅速打开节流阀来抵消井底压力的增加，减小套压。因此，对节流阀的快速、精确调节要求高。

（五）防喷器内圈闭气

在处理气体溢流时，压井结束后，有一些气体会积聚在关闭的防喷器内，称为"圈闭气（Trapped Gas）"，如图7-5所示。圈闭气的体积取决于所用水下防喷器的排列方式、通径及钻井液类型等。

对陆地和浅水钻井来说，这并不是什么问题，因为这部分气体的压力是很小的。然而，在深水钻井中，圈闭气的压力等于存在节流管线内的压井液的静液柱压力，由于节流管线很长，这个压力不容忽视了。如果直接打开防喷器，气体在隔水管内膨胀上升，喷出隔水管内的钻井液，严重时有可能挤毁隔水管。圈闭气的影响程度主要取决于海水深度，水越深，压力越高，危害越大。

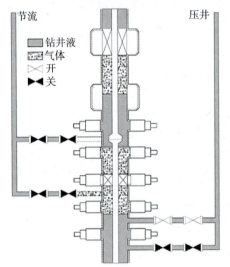

图7-5　水下防喷器内的圈闭气

（六）天然气水合物

在深水钻井中，天然气水合物的形成可能堵塞压井节流管线、隔水管、防喷器和连接器，给井控带来风险。

（七）浅层气、浅水流

深水浅层气通常压力都较高，天然气的潜在流量与井底压力随水深的增加而增加。一旦发生浅层气井喷，在没有安装隔水管时，气体呈漏斗状向上快速膨胀、扩散，影响的范围较大；如果已经下入隔水管，在高压大流量情况下，隔水管内的海水或钻井液很快被喷空，管内外压力差可能把隔水管挤扁。

浅水流则易导致井眼坍塌、导管和海底设备下沉等。

（八）对井控设备的要求高

深水钻井作业成本极高，因此对井控设备的安全可靠性要求非常高。井控设备要满足深水环境的特殊要求：①配备快速响应的防喷器控制系统，减小水深对反应时间的影响；②配备高精度的返回流量和泥浆池液面监测设备，减少平台升沉带来的影响；③隔水管加浮力块，减少隔水管在海水中的重量，增加海水补充阀，防止被高压海水挤溃；④配备应急备用控制系统，应对恶劣海况和设备失效故障等。

第二节　井筒流体压力分布

井筒压力分布规律是进行井涌模拟、压井参数计算的基础。深水油气井井筒在海水段的传热规律不同于地层段，且海温随深度变化呈混合层、温跃层、深部近恒温层分布，并随季节呈周期性变化。因此，需要针对这些特点，建立新的传热模型来预测井筒的温度、压力。本节重点介绍深水钻井井筒温度场和压力场模型及求解方法[1]。

一、温度方程

模型假设条件：①海水温度场和海底以下的地层温度场连续，地层的温度场按一定温度梯度随井深的增加而增加；②忽略钻井液轴向热传导作用；③钻柱内和环空为一维稳态流动和传热；④地层只沿径向传热，同深度地层均质；⑤气液两相流密度、速度、压力和温度只随轴向位置不同而变化，径向上相同；⑥天然气与钻井液之间没有传质。

所建立的物理模型，如图7-6所示。从热力学角度考虑，微元体内热量的变化等于流入微元体的热量与流出微元体的热量和钻柱及地层与环空微元体的热交换之差[2~4]。

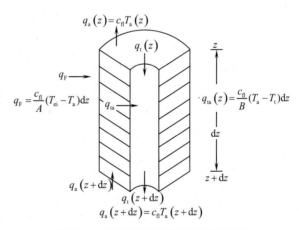

图7-6　井筒同地层热平衡物理模型

流入微元体的流体热量为$q(z+dz)=(wCT_a)(z+dz)$。式中，w为流入流体的质量流量，kg/s；C为流入流体的比热，J/kg·℃；T_a为环空内温度，℃。

流出微元体的热量为$q(z)=(wCT_a)(dz)$。

地层或海水及钻柱同环空的热量交换为Q_F-Q_{ta}。其中，$Q_F=\dfrac{1}{A'}(T_{ei}-T_a)dz$，$Q_{ta}=\dfrac{1}{B'}(T_a-T_t)dz$。

环空微元体内的热量变化为：$\mathrm{d}Q = \dfrac{\partial}{\partial t}(\rho ECT)\bar{A}\mathrm{d}z$。

根据能量守恒定律，可得：

$$(wCT_a)(\mathrm{d}+\mathrm{d}z) - (wCT_a)(z) + Q_F - Q_{ta} = \dfrac{\partial}{\partial t}(\rho ECT_c)\bar{A}\mathrm{d}z \quad (7-6)$$

即：

$$\dfrac{\partial}{\partial t}(\rho ECT_a)\bar{A} - \dfrac{\partial(wCT_a)}{\partial z} = \dfrac{Q_F - Q_{ta}}{\mathrm{d}z} \quad (7-7)$$

将 $Q_F = \dfrac{1}{A'}(T_{ei} - T_a)\mathrm{d}z$，$Q_{ta} = \dfrac{1}{B'}(T_a - T_t)\mathrm{d}z$ 代入式（7-7）得：

$$\dfrac{\partial}{\partial t}(\rho ECT_a)\bar{A} - \dfrac{\partial(wCT_a)}{\partial z} = \dfrac{1}{A'}(T_{ei} - T_a) - \dfrac{1}{B'}(T_a - T_t) \quad (7-8)$$

其中，在泥线以下井段，$A' = \dfrac{1}{2\pi}\left[\dfrac{k_e + r_{co}U_a T_D}{r_{co}U_a k_e}\right]$，$B' = \dfrac{1}{2\pi r_{ti}U_t}$。$U_a$ 为环空流体与地层的总传热系数，跟环空流体组热性、套管材料及水泥环有关，因为套管钢材的导热系数很大，可近似看做套管内外壁温度相同，因此，

$$U_a^{-1} = \dfrac{1}{h_{ac}} + \dfrac{r_{co}\ln(r_{wb}/r_{co})}{k_{cem}}$$

T_D 为瞬态传热系数：

$$T_D = 1.1281\sqrt{t_D}\left[1 - 0.3\sqrt{t_D}\right], \quad 10^{-10} \leq t_D \leq 1.5$$

$$T_D = \left[0.4036 + 0.5\ln(t_D)\right]\left[1 + \dfrac{0.6}{t_D}\right], \quad t_D > 1.5$$

$$t_D = \dfrac{\alpha t}{r_{wb}^2}, \quad \alpha = \dfrac{k_e}{c_e \rho_e}$$

式中，k_e 为地层导热系数，W/（m·℃）；r_{co} 为返回管线外径，m；r_{ti} 为钻杆内径，m；r_{wb} 为井筒与地层交界面处半径，m；h_{ac} 为环空同壁面的对流换热系数，W/（m²·℃）；k_{cem} 为水泥导热系数，W/（m·℃）；U_t 为钻柱导热系数，W/（m·℃）；c_e 为地层比热，J/（kg·℃）；T_{ei} 为环空地内温度，℃；T_t 为钻柱内流体温度，℃；ρ_e 为地层密度，kg/m³。$\bar{A}$，$\bar{A}_t$ 分别为环空和钻柱内径面积，m²。

若在海水中的隔水管井段：

$$A = \dfrac{wc_{f1}}{2\pi r_o U_a}, \quad U_a = \left[\dfrac{1}{h_{ac}} + \dfrac{r_{ins}\ln(r_{ins}/r_o)}{k_{ins}} + \dfrac{1}{h_{sea}}\right]^{-1}$$

式中，r_{ro}、r_{in}、r_{ins} 分别为隔水管外径、保温层内径及保温层外径，m；k_{ins} 为保温层导热系数，W/（m·℃）；h_{ac}、h_{sea} 分别为环空及海水同壁面的对流换热系数，W/（m²·℃）；

若流体为液相，则式（7-8）可改写为：

$$\frac{\partial}{\partial t}(\rho_l E_l C_l T_a)\overline{A} - \frac{\partial(w_l C_l T_a)}{\partial z} = \frac{1}{A'}(T_{ei} - T_a) - \frac{1}{B'}(T_a - T_t) \tag{7-9}$$

若流体为气相，则式（7-8）可改写为：

$$\frac{\partial}{\partial t}(\rho_g E_g C_g T_a)\overline{A} - \frac{\partial(w_g C_g T_a)}{\partial z} = \frac{1}{A'}(T_{ei} - T_a) - \frac{1}{B'}(T_a - T_t) \tag{7-10}$$

若为气液混合流体，其能量方程只需将气、液两种相流体的传热方程叠加即可，即

$$\frac{\partial}{\partial t}\left[(\rho_l E_l C_l + \rho_g E_g C_g)T_a\right]\overline{A} - \frac{\partial\left[(w_l C_l + w_g C_g)T_a\right]}{\partial z} = 2\left[\frac{1}{A'}(T_{ei} - T_a) - \frac{1}{B'}(T_a - T_t)\right] \tag{7-11}$$

若在井控过程中，流体经节流管线返回钻井平台，其能量方程为：

$$\frac{\partial}{\partial t}[(\rho_g E_g C_{pg} T_{ch}) + (\rho_l E_l C_l T_{ch})]\overline{A} + \left[\frac{\partial(w_g C_{pg} T_{ch})}{\partial z} + \frac{\partial(w_l C_l T_{ch})}{\partial z}\right] = \frac{2}{B'}(T_{sea} - T_{ch}) \tag{7-12}$$

如果考虑井筒内部是全部的能量平衡而不仅仅是热力平衡，方程变得比较复杂。将式（7-6）中的内能换为总能量$\left(h + \frac{1}{2}v^2 + g\sin\theta\right)$，其中$h$为焓，包括内能和压能两部分，$v$为流体速度，m/s；$T_{ch}$为节流管线内流体温度，℃。则方程（7-11）变为：

$$\begin{aligned}&\frac{\partial}{\partial t}\left\{\left[\rho_g E_g\left(h + \frac{1}{2}v^2 + g\sin\theta\right)\right] + \left[\rho_l E_l\left(h + \frac{1}{2}v^2 + g\sin\theta\right)\right]\right\}\overline{A} \\ &-\left\{\frac{\partial\left[w_g\left(h + \frac{1}{2}v^2 + g\sin\theta\right)\right]}{\partial z} + \frac{\partial\left[w_l\left(h + \frac{1}{2}v^2 + g\sin\theta\right)\right]}{\partial z}\right\} \\ &= 2\left[\frac{1}{A'}(T_{ei} - T_a) - \frac{1}{B'}(T_a - T_t)\right]\end{aligned} \tag{7-13}$$

二、压力方程

（一）连续性方程

1. 泥线以下井筒段

生产段气相

$$\frac{d}{dt}(AE_g\rho_g) + \frac{d}{ds}(AE_g\rho_g V_g) = q_{pg} \tag{7-14}$$

非生产段气相

$$\frac{d}{dt}(AE_g\rho_g) + \frac{d}{ds}(AE_g\rho_g V_g) = 0 \tag{7-15}$$

钻井液

$$\frac{d}{dt}(AE_m\rho_m) + \frac{d}{ds}(AE_m\rho_m V_m) = 0 \tag{7-16}$$

岩屑

$$\frac{\mathrm{d}}{\mathrm{d}t}(AE_c\rho_c)+\frac{\mathrm{d}}{\mathrm{d}s}(AE_c\rho_c V_c)=0 \qquad (7\text{-}17)$$

2. 隔水管段

气相

$$\frac{\mathrm{d}}{\mathrm{d}t}(AE_g\rho_g)+\frac{\mathrm{d}}{\mathrm{d}s}(AE_g\rho_g V_g)=0 \qquad (7\text{-}18)$$

钻井液

$$\frac{\mathrm{d}}{\mathrm{d}t}(AE_m\rho_m)+\frac{\mathrm{d}}{\mathrm{d}s}(AE_m\rho_m V'_m)=0 \qquad (7\text{-}19)$$

岩屑

$$\frac{\mathrm{d}}{\mathrm{d}t}(AE_c\rho_c)+\frac{\mathrm{d}}{\mathrm{d}s}(AE_c\rho_c V_c)=0 \qquad (7\text{-}20)$$

（二）动量方程

1. 泥线以下井筒

$$\begin{aligned}&\frac{\mathrm{d}}{\mathrm{d}t}(AE_g\rho_g V_g+AE_m\rho_m V_m+AE_H\rho_H V_H+AE_c\rho_c V_c)\\&+\frac{\mathrm{d}}{\mathrm{d}s}(AE_g\rho_g V_g^2+AE_m\rho_m V_m^2+AE_H\rho_H V_H^2+AE_c\rho_c V_c^2)\\&+Ag\cos\alpha(E_g\rho_g+E_m\rho_m+E_H\rho_H+E_c\rho_c)+\frac{\mathrm{d}(Ap)}{\mathrm{d}s}+A\left|\frac{\mathrm{d}P}{\mathrm{d}s}\right|_{\mathrm{fr}}=0\end{aligned} \qquad (7\text{-}21)$$

2. 隔水管段

$$\begin{aligned}&\frac{\mathrm{d}}{\mathrm{d}t}(AE_g\rho_g V_g+AE_m\rho_m V'_m+AE_H\rho_H V_H+AE_c\rho_c V_c)\\&+\frac{\mathrm{d}}{\mathrm{d}s}(AE_g\rho_g V_g^2+AE_m\rho_m V'^2_m+AE_H\rho_H V_H^2+AE_c\rho_c V_c^2)\\&+Ag\cos\alpha(E_g\rho_g+E_m\rho_m+E_H\rho_H+E_c\rho_c)+\frac{\mathrm{d}(Ap)}{\mathrm{d}s}+A\left|\frac{\mathrm{d}P}{\mathrm{d}s}\right|_{\mathrm{riser}}=0\end{aligned} \qquad (7\text{-}22)$$

以上方程中，井筒中有水合物存在时，水合物的体积分数$E_H\neq 0$，否则，$E_H=0$。$\left|\frac{\mathrm{d}P}{\mathrm{d}s}\right|_{\mathrm{fr}}$，$\left|\frac{\mathrm{d}P}{\mathrm{d}s}\right|_{\mathrm{riser}}$为井筒及隔水管段的摩阻压降（用$F_r$表示）。$A$为环空截面积，$m^2$，在裸眼段，$A=\frac{1}{4}\pi\left(D_{\mathrm{bit}}^2-D_{\mathrm{pi}}^2\right)$；套管环空，$A=\frac{1}{4}\pi\left(D_{\mathrm{casing}}^2-D_{\mathrm{pi}}^2\right)$；隔水管环空，$A=\frac{1}{4}\pi\left(D_{\mathrm{riser}}^2-D_{\mathrm{pi}}^2\right)$；节流管线，$A=\frac{1}{4}\pi D_{\mathrm{cl}}^2$。$E_g$、$E_c$、$E_m$分别是气相、岩屑及钻井液的体积分数，无量纲；$V_g$、$V_c$、$V_m$分别是气相、岩屑及钻井液的上返速度，m/s；

ρ_g、ρ_c、ρ_m分别是气相、岩屑及钻井液的密度，kg/m³；α 为井斜角，（°）；P 为压力，Pa；s 为沿流动方向坐标，m。

（三）辅助方程

1. 流型转化判据

（1）泡状流：

存在条件：$V_{sg} < k_1(0.429 V_{sl} + 0.357 V_{gr})$

$$E_g = \frac{V_{sg}}{V_g} = \frac{V_{sg}}{c_0 V_{mm} + V_{gr}} = E_{pg} \tag{7-23}$$

$$V_{gr} = 1.53 \left[g\sigma(\rho_l - \rho_g) / \rho_l^2 \right]^{0.25} \tag{7-24}$$

式中，V_{gr} 是气泡的漂移速度，m/s；c_0 是速度分布系数，k_1 是修正系数。

（2）段塞流：

存在条件：$0.429 V_{sl} + 0.357 V_{gr} < V_{sg}$

$$E_g = \frac{V_{sg}}{V_g} = \frac{V_{sg}}{c_0 V_{mm} + V_{gr}} \tag{7-25}$$

$$V_{gr} = \left(0.3 + 0.22 \frac{D_{dr}}{D_P} \right) \left[\frac{g(D_{dr} - D_p)(\rho_l - \rho_g)}{\rho_l} \right]^{0.5} \tag{7-26}$$

（3）搅动流：

存在条件：
$$\begin{cases} \rho_g V_{sg}^2 > 25.4 \log(\rho_l V_{sl}^2) - 38.9 & \text{当} \quad \rho_l V_{sl}^2 > 74.4 \\ \rho_g V_{sg}^2 > 0.0051(\rho_l V_{sl}^2)^{1.7} & \text{当} \quad \rho_l V_{sl}^2 \leq 74.4 \\ \text{且} \quad V_{sg} < k_2 \left[\dfrac{\sigma g (\rho_l - \rho_g)^{0.333}}{\rho_g^2} \right]^{0.25} \end{cases} \tag{7-27}$$

$$V_{gr} = \left(0.3 + 0.22 \frac{D_{dr}}{D_P} \right) \left[\frac{g(D_{dr} - D_p)(\rho_l - \rho_g)}{\rho_l} \right]^{0.5} \tag{7-28}$$

（4）环雾流：

存在条件：$V_{sg} > k_2 \left[\dfrac{\sigma g (\rho_l - \rho_g)^{0.333}}{\rho_g^2} \right]^{0.25}$

$$E_g = (1 + Y^{0.8})^{-0.378} \tag{7-29}$$

$$Y = \left[(1-x)/x \right]^{0.9} \left(\frac{\rho_g}{\rho_l} \right)^{0.5} \left(\frac{\mu_l}{\mu_g} \right)^{0.1} \tag{7-30}$$

$$x = \frac{q_{pg}}{q_{pg} + q_m + q_{po} + q_{pw}} \tag{7-31}$$

2. 沿程摩阻损失

（1）泡状流：

$$Fr = 2fV_{mm}^2 \rho_{mm} / D \tag{7-32}$$

（2）段塞流：

$$Fr = 2fV_{mm}^2 \rho_{mm}(1 - E_g) / D \tag{7-33}$$

（3）搅动流：

$$Fr = 2fV_{mm}^2 \rho_{mm}(1 - E_g) / D \tag{7-34}$$

$$V_{mm} = V_{sm} + V_{sw} + V_{so} + V_{spg} + V_{sc} + V_{sH} \tag{7-35}$$

$$\frac{1}{\sqrt{f}} = -4\log\left(\frac{\dfrac{e}{D}}{3.7065} - \frac{5.0452 \log A}{Re}\right) \tag{7-36}$$

$$A = \frac{\left(\dfrac{e}{D}\right)^{1.1098}}{2.8257} + \left(\frac{7.149}{Re}\right)^{0.8981} \tag{7-37}$$

$$e = e_{外}\left(\frac{D_{dr}}{D_{dr} + D_p}\right) + e_{内}\left(\frac{D_p}{D_{dr} + D_p}\right) \tag{7-38}$$

式中，D为当量直径，m；对于环空：$D = D_{dr} - D_p$，D_{dr}是井径，D_p钻柱外径，m；对于隔水管：$D = D_{riser} - D_p$，D_{riser}是隔水管内径，D_p钻柱外径，m；对于节流管线：$D = D_{cl}$，D_{cl}为节流管线内径，m；e是有效粗糙度。

（4）环雾流：

$$Fr = \frac{2f_c V_{sg}^2 \rho_{mm}}{D E_g^2} \tag{7-39}$$

$$f_c = 0.079\left[1 + 75(1 - E_g)\frac{1}{Re_g^{0.25}}\right] \tag{7-40}$$

3. 气体产出量方程

$$q_g = 8.8 \frac{k\rho_{gsc}(p_e^2 - p_{wf}^2)}{T\mu_g Z \ln\dfrac{r_e}{r_w}} \tag{7-41}$$

式中，q_g为天然气流入质量流量，kg/s·m；ρ_{gsc}为天然气标准状态下密度，kg/m³；μ_g为天然气黏度，mPa·s；Z为天然气压缩系数；T为气层温度，K；r_e为供油半径，m；r_w为井眼半径，m；p_e为供油压力，MPa；p_{wf}为井底流压，MPa；h为油层厚度，m；k为气体渗透率，μm^2。

另外，辅助方程还包括速度方程、体积分数方程、温度方程、几何方程、气体的状态方程等。求解以上模型即可得到井筒中的压力场分布。

三、压力分布计算方法

（一）温度压力方程的定解条件

由于温度场参数与压力场参数相互制约相互影响，因此，深水钻井井筒压力分布的计算需要温度场与压力场耦合求解。先给出相应的定解条件，即初始条件和边界条件。

1. 温度场的定解条件

（1）初始条件。

由静止开始循环，如果钻井液在开始循环前已经静止了足够长的时间，井筒与钻柱中的流体温度与周围环境相同，初始条件

$$T_t = T_a = T_{ei} \text{ 或 } T_{sea} \tag{7-42}$$

钻进过程中地层流体涌入井筒时，由于地层流体的侵入导致流体运动状态发生改变，瞬时温度场的初始条件为稳态条件下计算得到的井筒及钻柱内温度。

（2）边界条件。

钻柱入口的液体温度可直接测量，因此温度场的边界条件

$$T_t(0,t) = T_{in} \tag{7-43}$$

同时，钻柱内液体和环空液体在井底处的温度相等，即

$$T_c(H,t) = T_a(H,t) \tag{7-44}$$

式中，T_{in}为钻柱入口温度，℃；H为井底深度，m。

2. 压力场的定解条件

（1）初始条件。

气侵开始之前正常钻进的时刻为气侵的初始条件，此时还没有气体涌入，即

$$E_g(S,0) = 0 \tag{7-45}$$

$$E_c(S,0) = \frac{q_c}{C_c(q_m + q_c) + A(s)v_c} \tag{7-46}$$

$$E_m = 1 - E_c \tag{7-47}$$

泥线以下环空：

$$v_{sm}(S,0) = \frac{q_m}{A(S)} \tag{7-48}$$

隔水管段环空：

$$v'_{\text{sm}}(S,0) = \frac{q'_{\text{m}}}{A(S)} \tag{7-49}$$

$$v_{\text{m}}(S,0) = \frac{v_{\text{sm}}(S,0)}{E_{\text{m}}(S,0)} \tag{7-50}$$

$$v_{\text{sc}}(S,0) = \frac{q_{\text{c}}}{A(S)} \tag{7-51}$$

$$v_{\text{c}}(S,0) = \frac{v_{\text{sc}}(S,0)}{E_{\text{c}}(S,0)} \tag{7-52}$$

$$p(S,0) = p(S) \tag{7-53}$$

其中，q_{m} 为钻井泵排量；q_{m}' 为钻井泵与增注泵排量之和，即为隔水管中钻井液排量。相体积分数可由以上公式确定，通过求解以上方程，就可确定初始时刻多相流沿井深的压强、速度、相体积分数等参数。

（2）边界条件。

深水钻井井筒温度场与压力场耦合模型是地层渗流、井筒环空及隔水管在内的多相流多个模型的集成，是多个方程多个未知数的高度非线性方程组，求解时，对于不同的工程阶段，边界条件不尽相同。

钻进工况：

$$\begin{cases} p(o,t) = p_s \\ q_{\text{g}}(H,t) = q_{\text{g}} \\ q_{\text{c}}(H,t) = q_{\text{c}} \end{cases} \tag{7-54}$$

停止循环工况：

$$\begin{cases} p(o,t) = p_s \\ q_{\text{g}}(H,t) = q_{\text{g}} \\ q_{\text{c}}(H,t) = 0 \\ v_{\text{m}}(H,t) = 0 \end{cases} \tag{7-55}$$

（二）深水钻井井筒压力分部的求解步骤

求解方程组可采用有限差分迭代方法。以环空内任意两个节点 j，$j+1$ 从 n 到 $n+1$ 时刻的动态过程为例说明计算的具体步骤，其中 j，$j+1$ 节点处在 n 时刻的参数为已知。

结合图 7-7 按照如下步骤对井筒压力分布进行计算：

（1）初步假设节点 j 处 $n+1$ 时刻的压力为 $p_j^{n+1(0)}$；

（2）由温度场方程求解节点 j 处 $n+1$ 时刻的温度 T_j^{n+1}；

（3）在当前温度及压力下，用状态方程确定此时的各相密度 ρ_{ij}^{n+1}，i 分别表示气、钻井液及岩屑等不同的相；

（4）估算 $n+1$ 时刻节点 j 处的各相比率 $E_{ij}^{n+1(0)}$；

（5）由连续性方程计算出各相速度 v_i^{n+1}；

（6）用物理方程结合 E_i 的定义确定 E_{ij}^{n+1}，若 $|E_{ij}^{n+1}-E_{ij}^{n+1(0)}|<\varepsilon$，继续下一步计算，否则返回（4），重新计算；

（7）将已确定的各相参数代入动量方程，求解新的 p_j^{n+1}；

（8）若 $|p_j^{n+1}-p_j^{n+1(0)}|<\beta$，说明 $p_j^{n+1(0)}$ 估计正确，停止对节点 j 的计算，并把节点 j 处计算得到的参数作为计算 $j+1$ 点的已知条件。否则返回步骤（1）重新估算，直至条件成立。

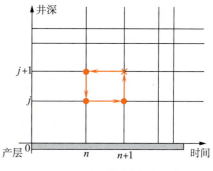

图7-7 空间时间域离散网格

通过以上步骤，可以计算出 $n+1$ 时刻内所有节点上的参数，并根据 $n+2$ 时刻的边界条件，从已知的边界开始确定 $n+2$ 时刻的状态，依次类推，计算确定 $n+3$、$n+4$、……时刻的状态。

通过上述步骤，即可计算出沿井深整个井筒的压力场分布。

第三节 井涌检测技术

深水钻井过程中防喷器组等井口工具装在远离平台表面的水下，井涌余量随着水深的增加而减少，更容易造成井喷事故，所以必须及时准确地监测井涌。除陆上常用的井涌监测方法外，LWD、PWD也为及时准确地预测井涌提供了可能。

一、潜在溢流先兆

一些常规的井涌检测方法，可以用于早期井涌的预警，但需要结合多种现象综合分析。

1. 机械钻速的变化

机械钻速主要取决于井底压力（大部分是静液压力）与地层压力的差值。在地层压力增加而井底压力维持不变的条件下，压差降低，可以产生较高的机械钻速。钻速突变表明钻头可能已钻遇异常压力地层。如怀疑钻遇异常压力，应停钻检查井的流量情况。当然，地层岩性改变时也会产生机械钻速的显著变化。

分析钻井参数也可以监测异常地层压力，最通用的技术是 dc 指数法或标准化机械钻速法。dc 指数法使用一种简单的钻速方程估算地层压力，泥浆录井工作人员通常能提供必要的相关资料，用计算机和图表可简化计算过程。

2.岩屑的变化

岩屑的观察与分析同样可以指示地层压力变化的情况。压差减少，大块页岩将开始坍塌。这些岩屑比正常岩屑大，并呈长条、带棱角很容易识别。

如果钻井液不能够悬浮并清除大量的大岩屑，坍塌的页岩将下沉，积聚在井底。增加井底填充物，导致钻进时扭矩增大，起钻阻力增大。

录井人员所做的页岩岩屑的详细化学与物理分析，可以提供辅助资料。页岩单位体积重量的减少或者页岩矿物成分的某些变化可能与地层压力的增加有关系。

3.钻井液性能的变化

如果油、气侵入钻井液，钻井液的密度会下降，黏度会增加；盐水侵入钻井液则会使钻井液密度、黏度下降。如发现油、气、水侵，应停止作业及时调整钻井液性能。

4.地面油气显示

如果油气侵入量不大，从返出钻井液槽及钻井液池中，可以看见油花或气泡，通过气测仪，也可以测出气体组分。

二、溢流识别

上面提到的常规井涌检测方法，会因为深水钻井平台（船）的升沉和摇摆运动，使得人们很难及时辨认溢流显示，甚至导致一定体积的地层流体进入井筒，一些异常现象可能预示已经发生溢流。

1.相对流量增加

侵入井内的地层流体将环形空间中的钻井液向上推举并排出，造成排出管线的钻井液流量超过泵入流量。可以利用流量显示表或装在排出管线上的相对流量表来检测流量的变化。

当钻井液中含有少量天然气时也会错误地显示井涌征兆。少量的气体到达井口附近时体积膨胀，将钻井液更快地推出井口，从而增加了排出管线的瞬时流量。即使出现这种情况，也应当停钻进行流量检查。

2.停泵后排出管线仍有钻井液流出

停泵以后钻井液仍从排出管线流出的现象，是井涌正在发展的显著标志之一。但其他异常情况也会产生类似现象，要根据实际情况具体分析。如果钻柱内的钻井液比环形空间里的钻井液重，就有可能产生"U"型管效应。如起钻之前，向井内打入一段较重的钻井液塞以后这种现象就比较明显。如果使用油基钻井液，停泵以后比水基钻井液继续流动的时间要长一些。其原因有可能是油基钻井液具有较好的可压缩性。钻井液中有少量气体时，即使无气侵，气体的膨胀也会使钻井液继续流出一段时间。另外，衰竭沙层、地层微裂缝或钻进时产生的微裂缝会充满钻井液，在停泵时，由于环空摩擦损失消失，作用在地层上的压力相对于循环时减小，衰竭沙层或微裂缝中的钻井液回吐，会造成溢流的假象。同时，因海浪的影响，浮式钻井平台（船）的升沉运动也使得流量的检查相对困难。

3.泥浆池钻井液体积增加

地层流体侵入井内，并成为钻井液的一部分时，泥浆池液量会增加，这种显示通常认为是气侵正在发展的第一个确切信号。但钻井的其他作业也可能使泥浆池钻井液体积变化，从而使得井涌指示器不能反应真实情况。最通常引起钻井液量增加的有：钻井液处理剂，特别是重晶石和水；钻井液倒罐；钻井液固控设备的启动与停止；钻井液除气设备的启动与停止等。出现泥浆池钻井液体积增加时，要进行原因分析，避免溢流发生。

4.起钻灌钻井液不正常

起钻引起静液柱压力降低的原因有两个，一是钻具起出使井内钻井液液面降低。二是由于过快的起钻速度造成抽吸力将地层流体抽入井内。因此起钻时，要定期向井内灌钻井液，保持井内的液柱压力。如果地层流体已进入井内，就应定期检查灌进的钻井液量是否与起出钻具的体积相等。

5.泵压降低

各种地层流体特别是气体的大量侵入，使环形空间静液压力降低。由于"U"型管效应，钻杆内的钻井液加速流向环形空间，这样就降低了钻井泵的负荷，导致泵压降低。

6.钻具悬重发生变化

当低密度的地层流体侵入钻井液后，钻井液浮力减小，造成悬重增加的现象。

三、溢流随钻检测

PWD（Pressure While Drilling）工具主要用来测量井眼环空中的压力，并随MWD工具的信号传输装置上传至地面。在地层流体侵入井筒时，由于地层流体和钻井液存在密度差，必然引起井下环空压力的变化，这样就可以从环空压力的变化来判断溢流。相对于在地面判断溢流的常规检测方法，PWD能够更早发现并准确判断溢流。

井眼环空压力等于井眼环空压耗和钻井液静压力之和，是井深的函数，随钻进深度的增加而增加，不利于定量化比较和识别。因此，对井下环空压力进行相应的变换，将其转化为钻井液当量密度（EMW），以消除井深的影响。

1. 浅水流的检测

浅部地层钻进过程中，如果钻遇浅水流，浅层高压砂体内的水和流砂会大量注入环空，导致环空压力升高，PWD工具所测得的环空压力钻井液当量密度（EMW）也会升高，如图7-8所示。

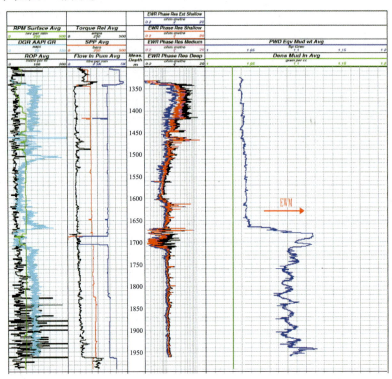

图7-8　使用PWD检测浅层水流

2. 钻进时的溢流检测

尽管每口井的情况不同，但在钻进过程中侵入井内的地层流体相同时，环空压力的变化总有相似之处。图7-9显示了钻进过程中发生溢流时，PWD所测得的环空压力的变化情况。

从图上看，在最后一次接立柱后，继续钻进时环空压力当量钻井液密度（EMW）逐渐减小，循环池钻井液体积增加，从而判断有地层流体侵入井内。

3. 起下钻时的溢流检测

溢流可能发生在钻井过程的各个阶段，包括钻进、起下钻、测井、试油等，起下钻期间发生溢流尤为危险。图7-10显示了在下钻过程中发生溢流的情况。从图上看，这是一个短起下的过程，起钻过程中由于抽汲压力的存在使得环空压力当量钻井液密度小于正常循环时的环空压力当量钻井液密度，在下钻过程中可以发现环空EWM有一个降低的趋势，是地层低密度的流体侵入井内所致，从而可以判断发生了溢流。

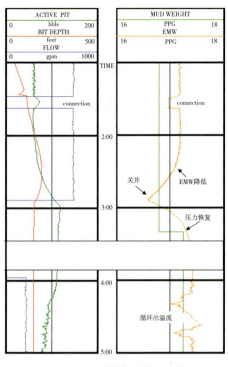

图7-9 钻进时的溢流检测

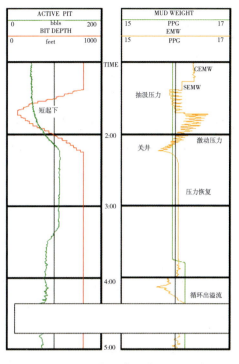

图7-10 起下钻时的溢流检测

4.使用PWD判断地层呼吸效应

地层呼吸效应是深水钻井中普遍存在的现象，是指在循环时，由于环空摩擦压力损失的存在导致环空压力大于地层破裂压力，导致部分地层裂缝张开，钻井液填充地层裂缝和孔隙。停止循环后，由于环空摩擦压力损失消失，环空压力小于地层破裂压力，裂缝闭合，钻井液回吐，在地面形成溢流假象。地层呼吸效应会掩盖真实的溢流，给溢流的判断带来困难。

在接钻具或进行溢流检查时，停泵后，如果没有发生地层呼吸效应，环空压力会快速回落到静液柱压力，开泵后，环空压力会快速回升到停泵前的压力（条件是排量和钻井液性质没有变化），环空压力变化呈现矩形形状；如果存在地层呼吸效应，在停泵后，钻井液回吐，会延缓环空压力降落到

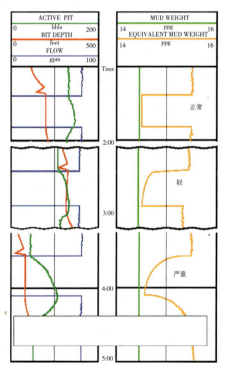

图7-11 PWD判断地层呼吸效应

静液柱压力，在开泵后，钻井液填充裂缝，相应地会延缓环空压力的回升，压力变化呈现非矩形形状，如图7-11所示。如果开泵后，回升的压力小于停泵前的环空压力，说明确实发生了溢流。

从以上所举的例子来看，PWD在判断溢流早期上所起的作用极其重要，但也有其不足之处。PWD测得的环空压力数据靠MWD的信号传输装置发送到地面，再由地面设备接收和解码。如果采用泥浆脉冲发生器以钻井液脉冲的形式上传，在停止循环时，就不能接收到井下压力数据。此外，环空压力的变化不仅仅是由地层流体的侵入引起，钻具是否转动、环空清洁状况等都会引起环空压力的变化。因此，有时仅仅依靠PWD提供的信息也难以准确判断溢流，需要结合常规的溢流检测方法，综合判断环空压力的变化是由于地层流体的侵入引起还是由其他原因引起的。

第四节　深水钻井压井方法

深水钻井井口多装在海底。由于井口回压高而节流管线压力损失较大，导致深水井控压井参数计算方法与陆地不同。因此，深水钻井中发生井涌或溢流，需要压井时，必须采用合适的压井方法，并对压井参数进行精确计算与合理设计，以保证压井顺利进行。

常用的压井方法是溢流发生后正常关井，在排除溢流和压井过程中始终遵循井底压力略大于地层压力的原则完成压井作业的方法，即井底常压法，如司钻法、工程师法和高级司钻法。近年来又发展了借助井口装置节流管线产生回压来平衡地层压力的方法，如动态压井法和附加流速压井法。

一、司钻法压井

司钻法是深水钻井较常使用的压井方法，如图7-12（a）所示。深水钻井时，由于防喷器组是安放在海底，因此在海底防喷器和海面阻流器之间通过细长的节流管线连接。压井时，通过钻井泵从钻柱内注入钻井液，使钻井液从钻柱返到环空，顶替溢流流体。操作人员调节阻流器控制立管压力来保持井底压力不变，通过环空和阻流管线排出井内溢流。该方法又称做二次循环法压井，第一循环周用原钻井液循环排出井内受污染钻井液，待压井钻井液配制好后，开始第二循环周，将压井钻井液泵入井内，压住地层。司钻法的优点在于压井参数的调节与控制较为简单，但最大节流压力较高，对井口设备要求较高。

由于有阻流管的存在，环空内压力的计算方法与陆地及浅水不同。在计算过程中必须要考虑压井节流管汇摩阻的影响，以防止压井参数设计不合理而导致新的漏喷事故发生。

二、工程师法压井

工程师法是在一个循环周内完成压井的一种压井方法。其优势是压井时间相对较短，而且最大节流压力较司钻法相对较低，能够较大程度地控制井底复杂情况的产生。压井时，通过钻井泵从钻柱内注入钻井液，再由环空向上顶替溢流流体。操作人员调节节流器控制立管压力，在保持井底压力不变的情况下，通过环空节流管线排出井内溢流流体。

工程师法压井过程中套压的计算比较繁琐，且需要较长时间准备压井液。在深水环境中，在钻井液加重过程中侵入流体仍然在环空中，增大了气体水合物形成的可能性。因此，深水钻井一般不推荐使用工程师法压井。

三、高级司钻法

高级司钻法是一种能够对压井过程进行精确控制的压井方法，其具体压井过程与司钻法相同，只是在参数计算时采用的方法不同。压井过程中，考虑了节流管线的摩阻损失，对低流速循环压井方法进行优化设计[5~9]。它的主要特点是在井控施工时采用两种安全余量，在压井过程中采用动态安全余量，而非循环期间采用静态安全余量。

该方法适用于高压地层在井底破裂压力小，安全密度窗口小等需要对井筒压力进行精确控制以避免发生漏失的地层等。

四、动态压井法

动态压井法不同于常用压井工艺借助井口装置产生回压来平衡地层压力，而是借助于流体循环时克服环空流动阻力所需的井底压力来平衡地层压力。

该方法的基本原理为：以一定的流量泵入初始压井液，使井底的流动压力等于或大于地层孔隙压力，从而阻止地层流体进一步侵入井内，达到"动压稳"状态；然后逐步替入加重压井液，以实现完全压井的目的，达到"静压稳"状态。

动态压井法的环空流动压降均匀地分布在整个井身长度上，而井底常压法的回压则作用在整个井身的每一点上，也就是说动态压井法将产生较小的井壁压力。套管下得越浅，使用动态压井时套管鞋处的压力比使用常规压井方法时越小，从而更安全。

该方法适用于在未建立正常循环的深水浅层井段，破裂压力小、安全密度窗口小的地层，存在浅层流的地层以及水平井钻井等。

对发生溢流的井来说，大多采用原来的钻井液作为初始压井液，这样可以快速及时地实施压井[10]；而对已经发生井喷的井来说，要逐步建立起液柱压力，需要的压井液量较多，多采用清水或海水作为初始压井液。

替入加重压井液的过程与固井作业中的自动混浆原理相似，根据作业需要，可随时将预先配置好的高密度压井液与正常钻进时的低密度钻井液或海水,通过自动控制密度的混浆装置,自动调节到所需要的密度,实现连续不断地向井内泵送钻井液。在钻进作业期间,只要监测到井下有地层异常高压,混浆装置就可以根据输入的工作指令,送出所需要的高密度大排量钻井液,真正意义地实现边作业边加重的动态压井钻井作业。

和常用压井方法比较,动态压井法可使井壁的受力较小,特别是套管鞋较浅时,动态压井法更安全。在其他条件相同(垂深、地层压力)的情况下,大斜度井和水平井测深与垂深比越大,动态压井法所需的流量就越小,适用动态压井方法,以减小因立管压力变化复杂带来操作上的困难[11];当钻遇高压油气层时,由于多方面的原因,有可能出现喷空的情况,这时也不能应用常规压井方法,适合采用动态压井方法。

五、附加流速压井法

深水井控中一个重要的问题是节流管线中摩阻产生的回压效应。与隔水管连接的节流管线内径通常为63.5~114.3mm,长度可达数千米,由于摩擦阻力的存在,水越深,节流管线越长,摩擦损失的节流效应越大。这种节流效应增加了对井壁的额外回压,对此必须补偿,否则易造成地层破裂及井漏。为此,在现有压井理论和方法的基础上,道达尔菲纳埃尔夫[12]提出了一种适合深水井控环境的压井方法——附加流量法(AFR)。

其基本原理为:停钻关井后,同时泵入两种流体,一是通过钻杆正常泵入压井液;二是通过压井管线在海底防喷器组位置泵入低密度流体。这两种流体在防喷器位置混合后由节流管线返出。注入的低密度流体必须具有密度尽可能低、黏度低、能跟钻井液相容及相对于钻井液具有低流变性的特性,以确保混合流体具有低密度和低黏性,从而减小节流管线中钻井液返回的总压降[12~16]。附加流速法与传统司钻法示意图,如图7-12所示。

附加流速法分两个循环周,第一循环周用原钻井液循环排出井内受污染钻井液;第二循环周循环泵入压井液。

(1)第一循环周。关四通下面的防喷器,记录关井立管压力P_{sp};关四通上面的防喷器,从压井管线泵入低密度流体,直到流体全部注满节流管线。关节流阀;开四通下面的防喷器,记录关井套压P_a;开始以压井泵速泵入原始钻井液,并记录初始立管总压力P_{Ti};从压井管线开始泵入低密度流体,同时调节节流阀使立管总压力约等于P_{Ti};保持钻井液泵入速度和低密度流体泵入速度不变,调节节流阀保持P_{Ti}不变,直到溢流排出;关井,记录此时的套管压力P_{af}($P_{sp} \leq P_{af}$),此时节流管汇中充满了钻井液和低密度流体的混合物。

（2）第二循环周。开钻井泵，以压井泵速泵入压井液；同时开泵注入低密度流体，调节节流阀保持套压P_{af}不变；一旦压井液到达钻头，调节节流阀保持终了立管总压力P_{Tf}不变；一旦压井液返出到防喷器位置，关闭下层闸板防喷器，用压井液取代压井管线和节流管线中的流体；打开下层防喷器，检查压井情况；用压井液取代隔水管中的钻井液。

附加流速法适用于井筒内易形成水合物、节流管线摩阻大于关井套压及安全密度窗口非常低的情况，但对设备及工艺要求较高。

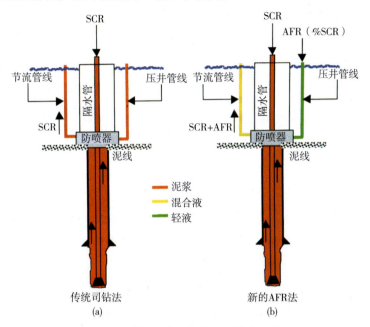

图7-12　附加流速法与传统司钻法示意图

参考文献

[1] 高永海，孙宝江，王志远，等. 深水钻探井筒温度场的计算与分析[J]. 中国石油大学学报，2008，32（2）：58~62

[2] Holmes, C.S., Swift, S.C.. Calculation of circulating mud temperatures. Journal of Petroleum Technology，1970，22（6）：670~674

[3] Santos, O.L.A. The Development and Application of a Software to Assist the Drilling Engineering During Well Control Operations in Deep and Ultra Deep Waters. SPE 81184，2003

[4] A. L. Samways, L. J. S. Bradbury and H. H. Bruun. Pressure measurements and convection velocity evaluations in two-phase flow. Int. J. Multiphase flow，1997，23（6）：1007~1029

[5] J.W. Ely, S.A. Holditch and Assocs. Inc. Conventional and unconventional kill techniques for wild wells. SPE 16674，1987

[6] W.L. Koederitz, F.E. Beck, J.P. Langlinais. Method for determining the feasibility of dynamic kill of shallow gas flows. SPE 16691，1987

[7] N.J. Adams and LG. Kuhlman. Shallow Gas Blowout Kill Operations. SPE21455，1991

[8] Q.E. Kouba. Advancements in dynamic kill calculations for blowout wells. SPE Drilling & Completion，1993：189~194

[9] L.W. Abel and D.W. Shackelford. Comparison of steady state and transient analysis dynamic kill models for prediction of pumping requirements. IADC/SPE 35120，1996

[10] 金业权，李自俊，动力压井法理论及适用条件的分析. 石油学报，1997，18（4）：107~110

[11] 邓大伟，周开吉，动力压井法与计算方法研究. 天然气工业，2004，24（9）：83~85

[12] Dhafer A., Al-Shehril. Assessment of application of dynamic kill for the control of middle-east surface blowouts. SPE/IADC 39258，1997

第八章　钻井作业风险评价与安全控制

深水钻井作业费用高昂，任何钻井事故都会极大地增加作业时间和成本，严重时还可能导致灾难性的后果，并给自然环境造成无法弥补的损失。如何有效识别深水钻井的地质与工程风险因素，科学地对风险进行评价，制定合理的安全控制措施，预防甚至杜绝重大事故发生，提升复杂情况的处理效率和质量，是保障深水钻井作业安全高效进行的核心。本章主要介绍浅层地质灾害、隔水管安全性能监测、深水井身结构风险评价、天然气水合物的预防及处理、井控风险评价、作业环境风险评价以及深水钻井工程项目风险管理七个方面对钻井作业风险评价与安全控制等。

第一节　浅层地质灾害识别与控制

浅层地质灾害识别是开展深水钻井井场调查和进行工程设计的重要内容，作业者必须在钻前对拟钻井位浅部地层的地质条件有较为充分的认识，识别出可能具有浅层灾害的区域，并对浅层灾害的严重程度做出初步估算，并以此为依据设计备用方案，预防复杂情况的发生。

一、浅水流和浅层气形成机理

（一）浅水流

浅水流通常发生在450~2000m水深，海底泥线以下150~1100m范围内。其发生有三个主要条件：沙质沉积物、有效的封闭层和超高压。浅水流会对钻井作业、设备和人员产生严重威胁。浅水流易发生在砂体疏松未固结、具有较大的孔隙度和渗透率、由低渗透的泥或泥页岩覆盖、产状有一定的倾斜、规模上有一定的体积、足以产生大量的砂水流，且沉积速率>1mm/a的地质环境中。对墨西哥湾132口深水井的统计[1]表明，有87口井（占总数的71%）要克服浅水流及其引发的相关问题才能达到工程目的，30口井（占总数的23%）由于浅水流问题未能完成。

浅水流本质上就是出现异常高压的地下砂体。对浅水流的形成机制比较一致的认识是机械压实作用的不平衡，导致了砂层出现超高压而形成地质灾害。如果页岩和泥岩上部的沉积速率非常快，导致其载荷的快速增加，分散包裹在页岩和泥岩内部的砂体在不断加大的载荷作用下需要往外排出水分，但是由于周围被低渗透率的页岩或泥岩包围，排水受到阻碍，从而造成孔隙压的增大，同时降低了颗粒之间的有效压力，使沉积颗粒接近悬浮状态，如图8-1和图8-2所示。也有研究认为，浅水流还具有以下形成机制[2]：

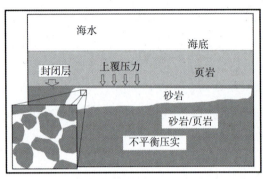

图8-1　浅水流砂体的形成机制及沉积环境　　　图8-2　浅水流形成示意图

1.成岩作用引起的黏土脱水作用和蚀变

蒙脱石是黏土的重要组分，在65~120℃的温度下，蒙脱石在钾长石的催化作用下开始脱水转变成伊利石。此过程中蒙脱石中的层间水释放到孔隙中成为自由水，造成孔隙压力的增加和有效应力的减小

2.浮力作用

砂体中的水全部或部分被油气取代后，由于油气和水存在密度差，在浮力作用下造成孔隙的膨胀，从而使储层内的孔隙压力增加。其主要影响因素是油气的密度，油气柱的高度和孔隙水的密度。

3.构造抬升或侵蚀

如果封闭性较好的地层遭受快速抬升和侵蚀，仍保持着其内部的孔隙流体压力，也会造成该深度处的异常孔隙压力。在南美的奥利诺科河三角洲、委内瑞拉、特立尼达岛、苏门答腊岛和加利福尼亚都有这种现象的出现。

4.水热增压作用

水热增压现象是由于孔隙流体的热膨胀系数比周围岩石骨架高，当地层被掩埋并封闭得较好时，随着温度的增高，孔隙流体膨胀导致异常高压。但封闭层究竟需要满足什么条件才能产生这种现象尚存在很大的争议。

压实不平衡和矿物脱水两种机制引起的异常地层压力，都与沉积物的压实性质有关，而沉积物的压实较有规律，可以利用已知的地球物理参数和地震原理进行描述和模拟。但它们仍存在一定的不确定性，而且其他机制的影响也不能被完全排除。

浅水流对钻井工程的影响主要表现在：①可能导致关联漏失。浅水流流出地层后引起了浅水流圈闭系统压力的降低，造成井壁垮塌，从而引起关联漏失；②腐蚀井筒，影响后期完井作业。浅水流中有时含有高腐蚀性矿物，与井筒接触后会腐蚀井筒，给作业和生产带来一系列问题，进而影响到后期的完井；③破坏基底稳定性。大量的浅水流涌出之后可能引起基地以下地层的垮塌，破坏基底的稳定性，导致井口下陷；④气体水合物。浅水流中可能会携带气体水合物进入井中，从而引起井口、防喷器组、隔水管和压井阻流管线堵塞；⑤井眼报废。严重的浅水流会造成井口塌陷，持续井涌时间过长，甚至会造成井眼报废；⑥影响固井质量。由于多数浅水流中含有气体水合物，如固井水泥浆类型选择不当，将会影响固井质量甚至会导致固井失败。

（二）浅层气

浅层气通常指海床以下1000m之内聚积的气体，有时以含气沉积物（浅层气藏）形式存在，有时以超压状态（浅层气囊）出现，是深水油气勘探开发中一种危险的灾害地质类型。由于尚未形成矿床，但却具有高压性质，浅层气的泄放如果得不到有效控制，可能引起火灾甚至导致整个平台烧毁。浅层气还会降低沉积物的剪切强度，影响钻井施工。

浅层气对海洋工程的危害主要表现在：①含气沉积抗剪强度和承载能力比正常的沉积物都要低。一般说来，气体增加导致孔隙压力增大，同时抗剪强度减小；②导致地层承载力不均匀。不论是浅层沼泽气还是深部石油天然气，其不均匀分布引起含气区本身的承载力不同，与周边未发育浅层气区的地层承载力亦不同，易造成海底构筑物的不均匀沉降；③气体释放的破坏作用。当钻入载气沉积或由于载重过大引起沉积层崩裂时，会引起气体的突然释放，控制不当易导致作业事故。

二、浅层气和浅水流识别

钻领眼作业是目前深水钻井中浅层地质灾害最为有效的识别方法。此外，应用地球物理方法也可以较准确地判断和识别浅水流和浅层气。

浅水流层具有很高的孔隙度，表现出低密度的性质，又由于具有很高的孔隙压力，沉积颗粒之间的有效应力大大降低，几乎表现出流体的性质，因而具有很低的纵波速度和横波速度，但是横波速度降低的幅度比纵波速

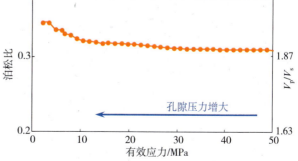

图8-3 含水沉积物泊松比的实验室测量结果（随孔隙压的升高，泊松比增加）

度大，在地球物理属性上表现为高的V_p/V_s值或者高的泊松比，如图8-3所示。浅水流层中的V_p/V_s值可以达到10的数量级甚至更高（相应的泊松比为0.49或者更高）。这些性质都可以用于识别及预测浅水流。根据所用的地球物理资料的不同，对浅水流的预测可以大体分为测井方法和反射地震方法。

（一）测井方法

识别和预测浅水流的地球物理测井方法包括随钻测井、测井及VSP测井等方法。在各种测井方式中，声波测井数据被认为是指示异常地层压力的最好依据。根据浅水流声波速度较低的物理特性，可以将声波速度随深度变化的曲线与正常趋势线作比较，其偏离正常趋势线的程度经常被认为是异常高压的标志。

利用测井数据直接确定孔隙度和孔隙压力需要事先了解目标地层的物理性质，包括地震波速度和孔隙度之间的关系、孔隙度和有效压力之间的关系等。异常高的孔隙压力经常对应着高的孔隙度和低的地震波速。Hamilton[3]早在1976年就对海洋沉积物的弹性性质进行过详细的研究。Myung W. Lee[4]研究了海底异常压力松散沉积物的弹性性质，运用BGTL（Biot-Gassmann Theory by Lee）理论求取纵横波速度比，并对理论公式中各参数的求取以及纵横波速度比与有效应力、有效应力与横波速度之间的关系进行了详细讨论，为研究浅水流建立异常压力带模型提供了理论基础。

利用测井信息建立盆地模型，用于预测异常压力带也是石油工业经常采用的方法。在考虑沉积速率、低渗透率的封闭层、流体的运移、区域构造等因素的条件下，综合利用声波数据及测井数据建立地质模型。地质模型能够提供孔隙压力和深度之间的关系曲线，可以用来预测异常压力层。这种曲线虽然只提供了大尺度的低频信息，但是在获取其他高分辨率信息之前是非常有用的。

（二）反射地震方法

反射地震法是目前最有效和最经常使用的方法。这类方法是根据浅水流层的性质，从地震勘探采集得到的地震数据中提取有用参数，将其作为识别标志来预测浅水流。McConnell[5]从高分辨率二维数据体和常规三维数据体中提取振幅信息预测浅水流砂体。但由于浅层砂和页岩的波阻抗差别比较小，界面的反射振幅比较弱，因此单独依靠振幅预测浅水流砂体并不可靠。

使用声波速度进行最简单的异常地层压力预测包括以下几个步骤：①获得地震声波速度；②校正声波速度；③将地震声波速度和岩石中声波速度联系起来；④建立声波速度和有效应力及孔隙度的岩石模型；⑤使用岩石模型和经校正的地震声波速度获得有效应力、孔隙压力和上覆压力。

用于压力分析的声波速度必须是岩石中的声波速度，它与从叠加速度中获得的层速度有很大不同。岩石速度依赖于许多参数，比如孔隙度、流体饱和度、孔隙结构、温度、岩性、泥质含量、胶结度、声波频率等。传统的叠加速度分析是在没有做特殊处理（比如三维叠前深度偏移，以及大偏移距反射数据的各向异性处理）的基础上，通过Dix反演推算出层速度，这种层速度通常不是岩石中的声波速度，早期估计地层压力通常采用这种速度。近年来，随着高性能计算机的出现和计算成本的大幅降低，出现了一些新的反演方法，这些方法提取的速度精度更高而且更加接近岩石中的声波速度。目前预测浅水流等异常高压层采用的新的反演方法主要有以下几种：

1. 叠后振幅反演

叠后振幅反演主要是基于地震数据的一维反演，可以应用到任何地震数据体中。它把地球看作是由位于共中心点（CMP点）处的一系列地层所组成，每一层具有各自的密度、层速度和层厚度，以及相同的双程反射时间间隔。该方法将估计反射系数转化为将波阻抗在深度方向上的成像。对于垂直入射的纵波，与波阻抗有关的反射系数

$$C_k = (\rho_{k+1}v_{k+1} - \rho_k v_k)/(\rho_{k+1}v_{k+1} + \rho_k v_k) \tag{8-1}$$

其中，C_k是第k个界面的反射系数，$\rho_k v_k$是第k层的波阻抗。因此，第$k+1$层的波阻抗可表示为

$$\rho_{k+1}v_{k+1} = \rho_k v_k (1+C_k)/(1-C_k) \tag{8-2}$$

这一运算通常被称为道积分。利用密度和速度之间的关系，声阻抗可以转化为声波速度。因而，叠后数据的每一个地震道就可以转化为测井速度道，这些声波速度就可以用来进行压力预测。

2. 层析反演

层析反演是一种可以提供地下三维速度场更多细节的多维反演方法，能够提供更加依赖于地质构造的速度场。其基本原理是首先给出地下结构的初始模型及相关参数，然后运用Snell定律计算出初始模型的射线路径，利用最小二乘法计算出旅行时间和真实数据的误差，然后根据误差调整模型，反复迭代直到满足事先约定的精度要求。其流程如图8-4所示。

该方法在地下岩石声波速度变化很大时特别有用，比如正常沉积层上覆盖有异常高压层的情况，因而适用于浅水流的识别。但该方法有时会因为地震数据的带宽限制而得不到声波速度的微小变化，可

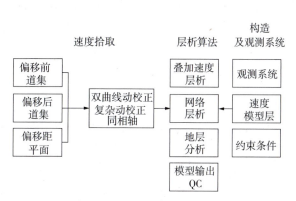

图8-4 使用层析反演进行速度分析的工作流程

以将反射层析成像及偏移作为辅助方法。反射层成像是利用反射层位置来估算声波速度，而偏移是利用声波速度将反射层边界成像。层析方法毕竟是一种反演方法，具有反演方法所固有的不唯一性或多解性，不同的初始模型将会得出不同的最终结果。反演过程中对声波速度进行基于地下岩性的约束对于提高反演精度非常关键。

3.叠前振幅反演

层析反演方法利用的仅是地震波旅行时间信息，而叠前振幅反演方法得到的速度既依赖于旅行时间信息又依赖于振幅信息，因而包含了全波形的分析。将原始地震道集作为输入信息生成一个一般的速度模型，基于非线性最小二乘法，通过不断迭代校正地质参数，直到模型数据和观测数据达到很好的拟合程度。

这种反演方法需要非常精确的最小波数速度场的信息，计算量很大，地震数据要具有好的信噪比并且要进行细致的保幅处理。如所有的反演方法一样，其解也不是唯一的。

Mallick[6]发展了一种基于遗传算法的叠前反演方法，这是一种统计最优化算法，不但可以提供高分辨率的纵波速度而且还能估算横波速度，同时给出低频速度趋势。反演时首先对道集进行自动动校正，生成初始均方根速度。然后通过均方根速度推算出层速度，由层速度场推出以深度为函数的背景密度。除了动校正的信息，遗传反演还应用动校正后的叠前道集的地震反射振幅与炮检距的关系（AVO）信息，确定初始密度和泊松比值。一旦选好初始模型，遗传算法就在参数空间内按照给定的搜索间隔生成随机的弹性地质模型母体。对于每一个这样的随机模型，都采用完全波动方程模拟程序计算出合成地震记录，考虑了所有的初至波、多次波和转换波反射。然后将合成数据和实际观测数据进行对比，对每一个模型都计算出误差值。模型的繁殖、交叉、变异和发展等遗传过程都依据这些误差应用标准遗传搜索算法进行，最终使误差收敛，流程如图8-5所示。

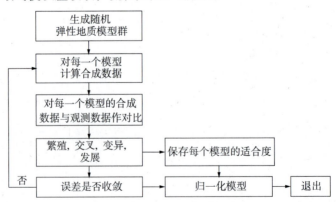

图8-5 应用遗传算法对CMP道集进行叠前全波形反演的工作流程

Mallick等用叠前全波形反演方法结合岩石模型从传统的三维地震资料中预测浅

水流，如图8-6所示。研究认为，能否成功识别浅水流很大程度上取决于浅水流周围沉积物的弹性性质。当沉积物胶结较好，泊松比小于或等于0.42时，可以通过叠前波形反演识别浅水流。

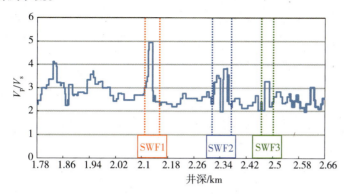

图8-6 对实际地震记录作叠前波形反演所获得的V_p/V_s图，浅水流区与高V_p/V_s值对应

三、浅水流和浅层气控制

深水钻井钻遇浅层气和浅水流时，不仅没有技术套管，而且往往还没有下表层套管，无法安装防喷器系统，常规的借助井口装置产生回压来平衡地层压力的压井方法，无法有效实施。

（一）浅层气的控制

1. 无隔水管

在没有安装隔水管的条件下，控制浅气层井涌的办法，是在不压漏地层的情况下，用钻井泵最大排量泵入压井液，加上海水的静压头限制地层流体的侵入速度。因此，在浅层钻井作业前应当配制和储存相当于几倍井眼容积的重钻井液，钻井液密度应符合其在井眼产生的压力梯度，要稍小于从海底到套管鞋处的破裂压力梯度。当检测到浅层气流动时，所有泵的上水管应当立即从吸入罐切换到重钻井液储存罐，泵的排量应当增加到最大允许排量。在泵送较重的钻井液之后，如果仍未压住井，则需执行平台紧急移位程序。对于深水钻井，由于水深和海流的影响，气体会随海流发生偏斜，一般卸载的天然气会离开钻井平台（船）一段安全距离。因此水深越浅，浅层气对钻井装置的威胁越大。

2. 有隔水管

隔水管为钻井流体返回到钻井船提供了一个环形通道，如进行分流，则为浅层气通向钻台提供了一个通道，把不受约束的天然气带到钻台上来，其危险显而易见。现代钻井平台（船）配备的分流系统是把天然气引向下风，远离钻井平台（船）进行舷外燃烧，从而减少火灾的危险。但这仅仅满足低压、小气量的情况，对于大气量的情况，当加重钻井液不能约束地层流体，而且又不能维持作用在地层上的回压时，压井成功的机会很小。压井作业将随着水深的增加更加复杂，天然气的潜在流量与井底压力随水深的增加而增大。对于900m水深以下的隔水管，天然气的潜在流量远远超过钻井船上所能安全处理的流量。在高压大流量情况下，隔水管内的水或钻井液会很快被喷空，隔水管里的气体与管外海水的压力差甚至可能将隔水管挤扁。因此，在不压裂地层的情况下，如果最大排量泵入海水或重钻井液仍不能控制气流时，则需按照隔水管脱离程序，把平台移到安全海域。

（二）浅水流的控制

因为深水浅部地层的地层孔隙压力和破裂压力窗口窄，在发生浅水流时，一般需要采用压井液压井，以减小其破坏程度。

1. 压井液密度

因为砂体埋藏浅、上覆压力有限，异常高压砂体的压力系数通常在1.12~1.13之间。因此在准备压井钻井液时，海水和井内压井液的综合密度达到 $1.14g/cm^3$ 时就有可能控制住浅层水流。

2. 常规压井

在发生浅层水流时，应开全泵，使用最大排量泵入储备的压井液。如果钻具组合中有MWD、LWD或PWD工具，考虑工具的最大额定排量。

3. 动态压井

浅层钻进通常是无隔水管钻进，所用的钻井液为海水和膨润土稠浆，作用在井底的压力由海水压力和井内液柱压力组成。在正常情况下，这是既经济又安全的方法，但在钻遇浅层水流时，要把海水转换成所需密度的钻井液来控制井底高压。由于没有安装隔水管，钻井液由钻具注入，从环空返出到海底，整个循环不是一个闭合的回路，要压住浅层水流往往需要大量的钻井液，而平台储备的钻井液体积是有限的，需要采用动态压井技术[7]。

动态压井技术用流体静液压力和摩阻力来抑制井喷，然后泵入压井泥浆实现压井目的。开始阶段通过高速泵入的水流，在井壁产生摩阻力，以达到抑制井喷的目的，然后第二步注入压井泥浆，完成压井操作[8]。

第二节 天然气水合物预防

深水钻井部分井段井筒处于高压低温环境，井筒中易形成天然气水合物，给钻井作业安全带来威胁。随着水深的增加，钻井作业过程中形成天然气水合物的风险加大。为了保证施工安全，减少复杂情况，有必要对天然气水合物的形成进行预测和有效防控，提出较为科学的抑制方案。

一、天然气水合物生成条件预测

目前,预测天然气水合物生成压力和温度的方法大致可分为图解法、经验公式法、平衡常数法和统计热力学法四类。

(一)图解法

图解法是根据密度曲线预测水合物生成条件的方法[9],密度曲线如图8-7所示。已知天然气的相对密度,可由图8-7查出天然气在一定压力条件下形成水合物的最高温度,或在一定温度下形成水合物的最低压力。当天然气的相对密度在图示曲线之间时,可用线性内插法求得形成水合物的压力或温度。这种方法简便易行,但比较粗略,只能用来大致估计水合物的形成条件。

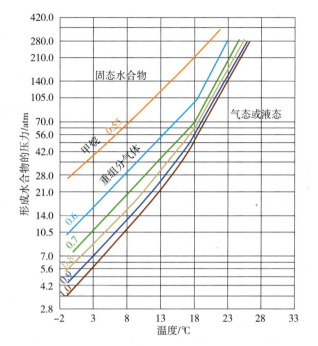

图8-7 混合气体水合物的温度压力平衡曲线

(二)经验公式法

对实验平衡曲线进行回归分析,建立水合物形成的压力、温度的相关关系,据此预测水合物形成的压力或温度条件。

1.波诺马列夫法

波诺马列夫对大量实验数据进行了回归整理,得出不同密度的天然气水合物形成条件方程,当温度大于273.15K时,压力温度关系为

$$\lg p = -1.0055 + 0.0541(B + T - 273.15) \quad (8-3)$$

当温度小于273.15K时,

$$\lg p = -1.0055 + 0.0171(B_1 - T + 273.15) \quad (8-4)$$

式中,p为压力,MPa;T为水合物平衡温度,K;B、B_1为与天然气密度有关的常数。

2.天然气水合物p-T相图回归法

天然气水合物p-T相图回归法是通过对天然气水合物p-T相图中不同密度相对应的曲线进行回归,得出不同天然气密度下的p-T方程,用以计算出不同密度天然气在一定温度下水合物的生成压力,由此压力可预测井筒水合物形成的深度。

(三)平衡常数法

此种方法由Katz[10]首先提出。已知天然气的组分,假设某一水合物的生成温度和压力,由气-固平衡常数图查得平衡常数。对于有n个组分组成的天然气,其水合物的生成条件可由下式确定:

$$\sum_{i=1}^{n}\frac{y_j}{K_i}=\sum_{i=1}^{n}x_i=1 \qquad (8-5)$$

若等式(8-5)不成立,则需要重新设定温度和压力,直到等式成立为止。

平衡常数法是以单一气体组分平衡常数为基础计算混合气体的水合物生成条件,没有考虑不同气体组分之间相互作用对某一组分平衡常数值的影响,而这种影响在混合气体中重烃组分与酸气组分含量较高和气体压力较高的情况下更为明显。这种方法已逐渐被统计热力学方法所取代。但目前,许多相平衡计算以及统计热力学有关参数的计算仍采用平衡常数的原理。

(四)热力学模型法

热力学模型法是将宏观的相态平衡和微观的分子间相互作用相结合而提出的。1959年,Vander Waals和Platteuw[11]首先提出了预测水合物生成条件的基本热力学模型。目前,几乎所有的分子热力学模型都是在Vander Waals–Platteuw模型的基础上发展起来的。

由于分子热力学模型推导严密,计算准确,在预测水合物生成条件、无水合物形成时天然气中最大允许含水量和抑制剂加入量的计算中被广泛采用。常用的水合物形成条件计算公式,即水合物相平衡条件计算公式[12]为

$$\frac{\Delta \mu_0}{RT_0}-\int_{T_0}^{T}\frac{\Delta H_0+\Delta C_P(T-T_0)}{RT^2}dT+\int_{P_0}^{P}\frac{\Delta V}{RT}dP=\ln\left(\frac{f_w}{f_w^0}\right)-\sum_{i=1}^{2}v_i\ln\left(1-\sum_{j=1}^{N_C}\theta_{ij}\right) \qquad (8-6)$$

式中,$\Delta\mu_0$为标准状态下空水合物晶格和纯水中水的化学位差;T_0和P_0分别为标准状态下的温度和压力,$T_0=273.15K$,$P_0=0$;ΔH_0、ΔV、ΔC_P分别是空水合物晶格和纯水的比焓差、比热容差。$\ln(f_w/f_w^0)=\ln x_w$,若加入抑制剂,$\ln(f_w/f_w^0)=\ln(y_w x_w)$,$x_w$、$y_w$分别为富水相中水的摩尔分数和活度系数。

二、天然气水合物生成井段预测

(一)预测方法

根据水合物生成条件(即水合物相态平衡曲线)以及第七章的深水钻井井筒温度压力场计算方法,可预测深水钻井井筒中可能含有水合物的区域。天然气水合物相态曲线和井筒温度分布曲线所形成的闭合区域,即是井筒中天然气水合物可能形成的区域,如图8-8所示。

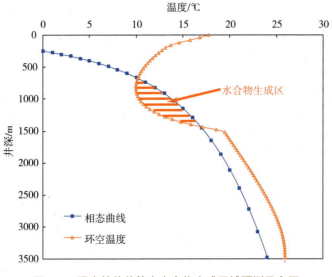

图8-8 深水钻井井筒中水合物生成区域预测示意图

（二）水合物生成影响因素

下面以具体的算例，对含天然气水合物生成区域的变化规律进行分析。某深水井的基础数据见表8-1。

表8-1 实际算例基本数据表

钻井液	井深	4000m	水深	1500m
	套管尺寸	273mm（10³/₄in），2000~3000m 244.4mm（9⁵/₈in），3000~3500m	钻柱	127mm（5in），0~4000m
	节流管线尺寸	76.2mm（3in）	隔水管内径	472mm
	密度	1.1g/cm³	塑性黏度	3mPa·s
	屈服值	1.5Pa	排量	30L/s
	钻头尺寸	215.9mm（8¹/₂in）	机械钻速	6m/h
储层	压力	45.6MPa	破裂压力	49.8MPa
	气相渗透率	550md	产层厚度	15m
	海底温度	2℃	地温梯度	2.7℃/100m

1. 排量

钻进过程中不同流量下井筒中天然气水合物生成区域图，如图8-9所示。

图中"相态曲线"为井筒环空中所对应的天然气水合物生成相态图。将此相态曲线与井筒环空内的温度曲线进行比较，即可确定水合物的生成区域：两曲线闭合的区域所对应的深度即为天然气水合物的生成区域；而闭合区域内相同深度所对应的两曲线上的温度差值，即为在该深度处天然气水合物生成的过冷度。因此，两曲线的闭合区域在垂向越长则天然气水合物的生成区域越大；两曲线的闭合区域在横向越宽则过冷度越大，水合物便越容易生成。

受外界环境温度的影响，在泥线（1500m）上方环空的温度随着流量的减小而逐渐减小，越靠近泥线，随着流量的减小环空温度就越高。随着流量的减小，整个环空的温度曲线呈现靠近环空外界温度曲线的趋势，这是由于流速变慢流体与外界环境之间的热交换增加的缘故。

从图8-9可以看出，随着流量的减小水合物的生成区域逐渐增加，而且过冷度逐渐增加，天然气水合物也就更容易生成。因此钻井过程中提高流量有助于防止水合物的生成。

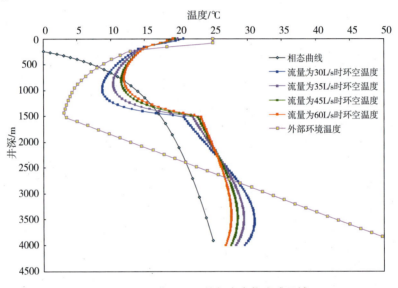

图8-9 不同流量下天然气水合物生成区域

2.抑制剂浓度

在钻井液中加入水合物抑制剂是深水钻井中普遍采用的方法。

NaCl和乙醇是两种比较常用的水合物抑制剂。图8-10和图8-11分别为循环流量为30L/s时，在不同NaCl浓度和乙醇浓度下，天然气水合物在环空中的生成情况。随着NaCl浓度的升高，水合物的相态曲线逐渐向下偏移，水合物的生成区域逐渐变小，当NaCl浓度达到12%左右时，井筒内便不再有水合物生成。同样，随着乙醇浓度的增加，水合物的生成区域也逐渐变小，乙醇浓度达到8%左右之后水合物不再生成。从两图中可看出，乙醇的防止水合物生成效果要优于NaCl。

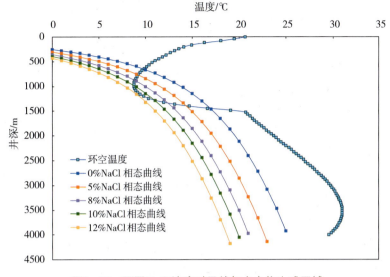

图8-10 不同NaCl浓度时天然气水合物生成区域

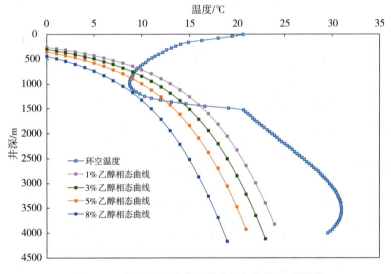

图8-11 不同乙醇浓度时天然气水合物生成区域

3.入口钻井液温度

循环流速为30L/s时，不同泥浆入口温度下天然气水合物的生成区域，如图8-12所示。泥浆入口温度的改变能明显改变循环状态下环空内温度的分布。随着泥浆入口温度的增加，天然气水合物的生成区域逐渐减小。在此情况下，温度提高到30℃时，整个井筒内便不再有水合物生成。可以对从井内返出的钻井液实施保温措施以提高其入口温度，以便更好地防止水合物的生成。

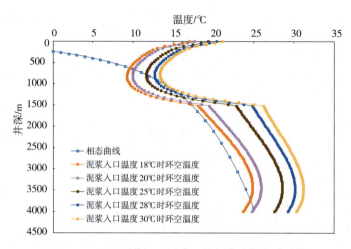

图8-12 不同泥浆入口温度天然气水合物生成区域

4. 水深

循环流速为30L/s时,不同水深的天然气水合物生成区域,如图8-13所示。可以看出,海水的深度也会对环空内的温度产生影响,随着水深的增加环空内的温度整体上会有所减小,天然气水合物的生成区域也逐渐增加,而水深降低到900m时在当前流速下没有水合物生成。

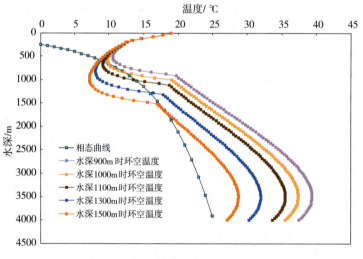

图8-13 不同水深时天然气水合物生成区域

5. 停钻时间

不同停钻时间下天然气水合物的生成区域,如图8-14所示。随着停钻时间的增加,环空中流体与外界环境之间的热交换增加,环空的温度曲线越接近外界环境的温度曲线。当停钻时间达到1h左右时,环空中的温度基本与外界环境的温度相同。如图8-14所示,随着停钻时间的增加,天然气水合物的生成区域逐渐增大,过冷度也逐渐增加。而且随着时间的增加,泥线处的温度变低,使得天然气水合物更容易在防喷器附近的管线里聚集生成。因此，在深水钻井时，为了防止水合物的生成应尽量缩短停钻时间。

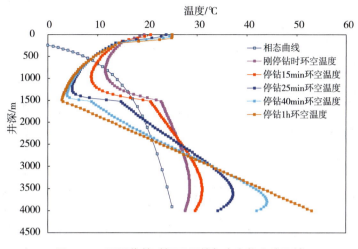

图8-14 不同停钻时间下天然气水合物生成区域

6.节流管汇内径

深水钻井压井时，由于节流管线比较长，尺寸又比较小，压井过程中节流管线内的摩阻较大，环空内的压力与正常钻进相比会有所增加，使得环空内水合物生成相态曲线分布发生变化。循环流量20L/s，使用不同内径节流管线时天然气水合物生成的区域，如图8-15所示。可以看出，压井时的水合物生成区域与正常钻进相比会有所增加，而且随着节流管线内径的减小，水合物的生成区域变大，过冷度也变大，水合物更易生成。压井时，可以选择合适内径的节流管线尽量减小天然气水合物的生成。

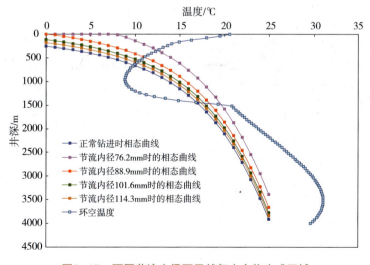

图8-15 不同节流内径下天然气水合物生成区域

三、天然气水合物生成预防

（一）天然气水合物的预防

1. 减小钻井液非循环时间

一般在钻井液循环状态下不会有天然气水合物形成。循环状态下钻井液的温度要高于静止状态，因此也有利于减少防喷器及压井节流管线因水化合物而堵塞的可能性。在关井或停止循环时，侵入井内的溢流气体沿井筒向上运移，在运移到海底或进入防喷器和压井节流管线时，由于海底温度低，易在泥线附近的井筒内、防喷器和（或）压井节流管线内形成天然气水合物。因此，发生气体溢流时，防止天然气水合物形成的关键是要减小非循环时间。

2. 加强设备防护

如果浅部地层胶结差或固井质量不好，气体可能沿套管外地层窜出海底，由于深水海底温度低、压力高，海底设备上会形成大量的天然气水合物，这是深水钻井中常遇到的问题。在已经下入防喷器的情况下，如果井口连接器处形成水合物，可能导致防喷器组无法脱开；在没有下入防喷器的情况下，如果水下井口处形成水合物，可能导致下入的防喷器无法与之顺利连接。

可以通过下入防沉垫、导向基盘或其他设备来阻挡和分散窜出的气体，从而减小水下井口和连接器处水合物形成的可能性，如图8-16所示。还可以在井口连接器内加入防水合物密封来排除水合物的影响，如图8-17所示。

图8-16 使用防沉垫、导向基盘来阻挡和分散窜出的气体

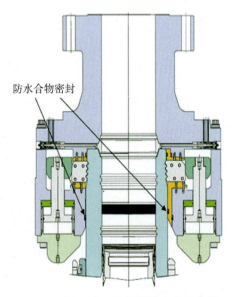

图8-17 连接器防水化物密封

3. 采用低密度钻井液

水合物是在一定的温度和压力下形成的，在海底提高钻井液的温度并不现实，因此我们可以通过调节钻井液密度来控制井筒内的压力。保持最低的安全钻井液密度有助于防止水合物形成，但是安全钻井液密度与地层条件有关，调节的余地有限。

4. 采用油基钻井液

油基钻井液可以降低钻井液中自由水的含量，有利于防止水合物的形成。在油基钻井液中加入含20%～30%电解质的活性水溶液效果更佳。然而，除非采用全油钻井液，否则在海洋深水条件下仍有可能形成水合物。因为天然气溶于油相中可能导致水合物的形成。油基钻井液中形成水合物会导致相分离，水合物晶体会在分散的水滴和连续的有机相界面形成，改变界膜的特性，从而导致破乳。

与水基钻井液相比，油基钻井液更易控制天然气水合物的形成，但成本高，回收工序复杂。

5. 使用水合物抑制剂

最常用和最有效的方法是在钻井液中加入化学处理剂，抑制天然气水合物的形成和聚集，称为水合物抑制剂。可以分为热力学抑制剂、动力学抑制剂和防集聚剂3类。

热力学抑制剂通过抑制剂分子或离子与水分子的亲和力，改变水和烃分子间的热力学平衡条件，降低水合物保持稳定的温度，从而相平衡曲线发生变化，抑制水合物的形成。通常以有无机盐电解质和醇类为主。$NaCl$是较好的热力学抑制剂。加入大量的盐可以降低水合物的形成温度，但盐浓度较高时，钻井液的性能维护相对困难。常见的醇类抑制剂有甲醇、乙二醇等，该类抑制剂必须在高浓度下应用，浓度低不能发挥其抑制效果。

动力学抑制剂是相对于传统的热力学抑制剂而言的，通过动力学抑制剂的加入，降低水合物的形成速率，延长水合物晶核形成的诱导时间或改变晶体的集聚过程。该类抑制剂具有亲水基团，可以与溶液和水合物晶体中的水分子形成氢键。这些物质吸附在晶体和水的界面上，可以抑制水合物晶体的生长和集聚。动力学抑制剂主要包括表面活性剂及聚合物类。

防集聚剂的作用机理是改变水合物晶体的尺寸，通过防集聚剂分子吸附于水合物笼上，改变其集聚的形态。防集聚剂的缺点是分散性有限，在油水共存时才能防止水合物生成，其作用效果与油相组成、含水量和水相含盐量有关。防聚集剂多为聚合物和表面活性剂。

（二）天然气水合物的处理

天然气水合物一旦形成很难去除，除了在钻井液设计和体系选择时充分考虑水合物抑制方案外，在深水钻井现场作业中，必须考虑水合物形成后的去除措施。通常采用以下四种方法：①机械法。通过机械力来破坏形成的水合物。例如在海底设备表面形成的水合物，可以使用ROV除去；②减压法。温度一定，降低作用在天然气水合物上的压力，使其低于水合物形成的相平衡压力，让水合物逐渐融解；③化学方法。泵入水合物抑制剂（甲醇、乙二醇、盐等）直接和形成的水合物接触，使其逐渐溶解；④加热法。压力一定，泵入或循环热流体，使水合物周围的温度高于相平衡温度，使其逐渐融解。

第三节　隔水管系统安全性监测与检测

隔水管的安全可靠性是深水钻井井筒完整性评价的主要内容，除了在设计阶段对隔水管进行静、动态力学分析、作业能力分析及安全窗口设计外，还需要在钻井施工过程中对隔水管系统进行实时监测和检测，防止作业过程中隔水管失效引发严重的生产事故。隔水管的安全监测与检测也是深水钻井风险评价与管理的重点。

一、监测与检测的必要性

隔水管系统的实时监测和例行检测是寿命管理体系的重要组成部分，在作业过程中对隔水管系统进行实时监测已成为发展趋势。

隔水管实时监测的必要性：①记录隔水管的作业工况，追踪可能的损伤，记录关键位置的累积疲劳损伤，确保隔水管结构的完整性。②响应监测是作业人员制定操作决策的重要依据，包括极端事件时（如大流速、飓风等）的隔水管断开、悬挂或回收，调整钻井装置的位置使得隔水管顺利安装，以及采取措施减缓涡激振动，并反馈减缓措施的有效性。③在隔水管设计中一般引入较大的安全系数，现场监测数据有助于更好地理解隔水管对环境和操作载荷的响应，从而改进设计技术、降低保守性。④通过对比不同环境下的振动预测和测量结果进行涡激振动预测软件标定，帮助确定以后类似工况是否使用涡激振动抑制装置。

隔水管检测是确定隔水管结构和性能完好性的主要手段，通过例行检测获得隔水管系统使用状况以及各单根损伤情况。隔水管的检查、维护和维修策略也可依据响应监测结果加以优化。

二、实时监测

（一）监测方法

一般沿隔水管长度方向对系统实施监测，隔水管监测大体分为响应监测和应变监测两类。

响应监测也称运动监测，大量使用单机数据记录仪，采用先进的电子和传感器技术，将数据测量、采集、存储等功能集成在一个密封管材中，采用低能耗元件及智能电源管理电路，一般可兼容多种传感器，如加速度仪、倾角仪、角速度传感器、线性位移计、压力计、温度传感器、张力和压力载荷传感器等。响应监测适用于测量隔水管整体响应，沿隔水管长度上需要数量较多。

应变监测装置能够记录特定位置的应变时程，可用于结构疲劳的计算。光纤应变测量方法采用光纤传感器，相比常规电子应变计具有不受电磁场干扰、一根光纤内可进行多点测量。近年来，人们可以将光学纤维精确嵌入玻璃纤维或环氧复合托板中，制成适于海上作业的坚固结构，在准确传输应变的同时能较好地保护传感器免受安装和偶然事件的损坏。

目前工程上使用的隔水管监测系统主要分为单机和实时监测系统两类，分布式单机运动监测系统更适于深水钻井隔水管的监测。

（二）传感器布置

单机分布式监测系统根据各离散位置的测量数据，对整个隔水管的动力学响应进行解释，理论上希望使用尽可能多的传感器，以测量最大范围内的隔水管响应。但测量成本、传感器灵敏度、数据传输方式、测量位置的可到达性等问题又制约着传感器的安装和布设。因此，使用尽量少的传感器获取隔水管系统关键位置的响应数据是传感器优化布置的核心。测量位置的数量应根据期望测量的模态范围以及需要的测量精度来确定，并通常受到成本限制。

传感器分布范围以及传感器之间的间隔应足够大，以捕捉预期的全部响应模态，并且能提供足够多的测量点以区分高阶模态数。一般认为，涡激振动响应测量要求空间分布上至少应能捕捉最低模态振型的$1/4$波长。传感器可以分布于隔水管全长，或者分组安置在关注区域的附近。R.Thethi等人[7]提出用14个单机记录仪分成两组，安装于隔水管上，顶部的10个传感器用于测量涡激振动模态响应，传感器之间有足够间隔以捕捉最低和最高期望模态的$1/4$波长循环，底部的4个传感器用于对顶部记录仪振型测量结果进行标定。

对于分布于全长的监测系统，可以采用基于模态分析的深水隔水管涡激振动监测位置优化方法。建立隔水管有限元模型，进行模态分析，找出对隔水管疲劳有显著影响的激励模态；对于每一阶主要激励模态，考虑隔水管倾斜和重力影响，根据响应加速度寻找可能的安装位置；然后通过最小二乘法确定最佳测量位置，使其他模态的响应为最小。

三、例行检测

（一）检测方法

隔水管系统的损伤模式识别和定量预测结果是制定检测计划的重要依据。一方面，损伤模式决定了缺陷类型，从而决定了应采用何种检测技术。本节主要针对钻井隔水管的腐蚀、疲劳和磨损三种损伤模式，将缺陷分为裂纹和管壁壁厚减薄两种。几种主流检测技术的适用范围和特点，见表8-2。在选择检测技术时，被检测隔水管的直径和长度、材料、损伤类型、可测度、结果精度以及检测费用等因素都应考虑在内[8]。

表8-2 几种主流检测技术的适用范围和特点

检测技术	适用缺陷类型	特点
目测	外腐蚀或点蚀	监测范围大，成本低，速度高；难于量化
液体渗透	表面开口状缺陷	操作简单，成本低，适应于各种材料和形状复杂的结构，不适应于多孔性材料
磁粉	磁铁型材料的表面和近表面缺陷	设备简单，操作方便，观察直观快速，灵敏度较高，尤其对裂纹特别敏感；难以实现自动化，需要清理表面
漏磁	普通减薄，点蚀	快速自动化检测，适于轴类、管材等旋转对称构件，可穿透覆层；受厚度限制
射线照相	内部缺陷，均匀腐蚀，点蚀	对裂纹方向敏感（需射线入射方向与裂纹平面一致），适于体积型缺陷，适于焊缝、铸件检测；需辐射防护
超声波	腐蚀和点蚀，表面或内部缺陷，表面裂纹深度	一般采用脉冲反射法确定缺陷大小和方位，对裂纹、层叠和分层的平面缺陷检出度高，指向性好、穿透能力强、检测速度高；需去除非金属涂层
涡流法	表面和近表面缺陷，均匀腐蚀	探头与工件不接触，无需耦合介质，可实现自动化检测，渗透性强，可穿透覆层
交流电场	表面和内部裂纹	可穿透覆层，无须校正，无须耦合；效率低
声发射	判断缺陷严重程度	普遍适用于一般金属和非金属
红外	表面腐蚀	检测范围大；设备复杂、层次多

（二）检测周期

隔水管的检测周期尚没有统一的标准或确定方法。API推荐做法指出，应对所有隔水管部件进行定期检测和维护，至少每年检测一次，除非以前的检测结果证明时间间隔可以更长一些。检测周期的确定应考虑到无故障工作时间预测、失效风险、检测的难易程度等不确定因素，但水下部件的最大检测间隔为3~5a，并且部件在回收之后应进行检测。鉴于缺少统一的行业规定，以及不同海域作业条件的巨大差异，某些钻井承包商会根据作业经验制定自己的隔水管检测周期。

隔水管的监测与检测是隔水管安全可靠性能管理的重要环节，作业者在实际作业过程中，因根据所在区域的自然环境（风、波、流）、施工参数、装备类型及装置情况，制定合理有效地监测手段和检测方案，确保能在第一时间获取隔水管的性能信息，出现问题后能够及时治理，防止重大安全事故的发生。

第四节　井身结构风险评价

通过对套管层次及下深设计结果进行风险评价，供工程设计人员从不同的井身结构方案中进行优选，确保钻井安全，减少复杂情况的发生。在井身结构风险评价方面，国外学者均展开了较多研究[13~16]，其共同点是通过利用定量风险评价（quantified risk assessment，QRA）方法对特定井段的井身结构风险进行统计分析。由于需要的统计数据量大，对于可参考的资料数量和精度有限的深水探井而言，方法的实用性不强。本节重点从风险种类、评价模型和评价方法等三方面，对基于含可信度信息的压力剖面的全井段风险评价方法[17]进行介绍。

一、风险因素

以安全钻井液密度设计约束条件为依据，将套管层次及下深的风险主要分为井涌、钻进过程中井漏、发生井涌后关井井漏、井壁坍塌和压差卡钻五大类。

（一）井涌

在套管层次及下深的设计过程中，由于设计钻井液密度偏低，使得在实际钻井过程中，套管下入深度设计值超过安全深度，井筒某一深度处的钻井液液柱压力小于地层孔隙压力，地层流体侵入井筒，导致井涌风险的发生。

（二）井漏

当对地层破裂压力预测不准确而使钻井液密度设计值偏高时，钻进过程中，井筒中某深度处钻井液液柱压力大于同深度处的地层破裂压力，从而导致压裂地层、钻井液漏失，造成钻进过程中井漏等复杂情况。井漏除了上述原因外，还受到诸多因素的影响，例如地层岩性、构造变化的强烈程度等。因此，对于特殊的构造或地层，需要根据各种参考资料，选择不同类型的钻井液，并做好堵漏备用方案。

钻遇某一深度地层而地层压力超过预测结果，发生井涌之后，无论是关井还是通过其他井控处理方法，都要通过加重井筒钻井液密度以平衡地层压力。若加重钻井液密度后，裸眼井段的某一深度处液柱压力超过同深度处的地层破裂压力时，也会压漏地层。这种情况统称为发生井涌后关井井漏。

（三）井壁坍塌

钻进过程中钻井液密度在井眼中产生的压力小于地层最小坍塌压力或大于最大坍塌压力，就会引发井壁坍塌。当钻井液密度设计值或对地层坍塌压力预测不准确，都有可能造成井壁坍塌。除上述压力关系可引起地层坍塌外，地层岩性、地质构造、钻井液的性能等都可能造成井壁坍塌。在实际钻井过程中，优选钻井液类型和精确确定钻井液密度值，能有效预防井壁坍塌的发生。

(四)压差卡钻

钻井液密度与地层孔隙压力梯度之间的差值过大会导致压差卡钻。

本节中所论述的套管层次及下深设计的风险,主要以压力剖面和安全钻井液密度约束条件为基础。对于特殊地层和其他原因引发的上述或其他复杂情况,在套管层次及下深设计时,应根据具体层段具体对待,确立定地质必封点,制定备用方案,减少钻井过程中井下复杂情况的发生。

二、风险评价模型

根据安全钻井液密度上下限及其分布状态,5种风险分别表示为:井涌风险R_k、井壁坍塌风险R_c、钻进井漏风险R_L、压差卡钻风险R_{sk}、发生井涌后的关井井漏风险R_{KL}。其定义如下:

$$R_{k(h)} = P(\rho_d < \rho_{k(h)}) = 1 - F_{\rho_{k(h)}}(\rho_d) \quad (8-7)$$

$$R_{c(h)} = \max\{P(\rho_d < \rho_{c1(h)}), P(\rho_d > \rho_{c2(h)})\} = \max\{1 - F_{\rho_{c1(h)}}(\rho_d), F_{\rho_{c2(h)}}(\rho_d)\} \quad (8-8)$$

$$R_{sk(h)} = P(\rho_d < \rho_{sk(h)}) = F_{\rho_{sk(h)}}(\rho_d) \quad (8-9)$$

$$R_{L(h)} = P(\rho_d > \rho_{L(h)}) = F_{\rho_{L(h)}}(\rho_d) \quad (8-10)$$

$$R_{KL(h)} = P(\rho_{kick} > \rho_{L(h)}) = F_{\rho_{L(h)}}(\rho_{kick}) \quad (8-11)$$

式中,$R_{k(h)}$、$R_{c(h)}$、$R_{sk(h)}$、$R_{L(h)}$、$R_{KL(h)}$分别表示深度h处的井涌风险、井壁坍塌风险、钻进井漏风险、压差卡钻风险和发生井涌后的关井井漏风险;ρ_d为钻进时的钻井液密度,g/cm³;ρ_{kick}为井涌关井时环空压力梯度,用当量钻井液密度表示,g/cm³。

从上述公式可知,某一深度h处的井涌风险值即为钻进时的钻井液密度ρ_d小于此深度处防井涌钻井液密度下限值$\rho_{k(h)}$的概率值($\rho_d < \rho_{k(h)}$)。根据概率基础理论,$\rho_{k(h)}(\rho)$为防井涌钻井液密度上限值的概率密度分布函数,如图8-18。钻井液密度小于防井涌钻井液密度上限值的概率$P(\rho_d < \rho_{k(h)})$为图8-18中阴影部分的面积,其值为$1 - F_{\rho_{k(h)}}(\rho_d)$。其中,$\rho_{k(h)}(\rho)$为防井涌钻井液密度上限值的累积概率分布函数,$F_{\rho_{k(h)}}(\rho_d)$即为防井涌钻井液密度上限值$\rho_{k(h)}$等于钻进时钻井液密度$\rho_d$的累积概率。

与井涌风险的确定方式类似,井壁坍塌的风险为钻井液密度ρ_d小于防

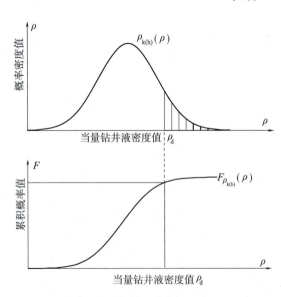

图8-18 井涌风险定义示意图

坍塌钻井液密度下限值$\rho_{c1(h)}$的概率$P(\rho_d<\rho_{c1(h)})$和大于防坍塌钻井液密度上限值$\rho_{c2(h)}$的概率$P(\rho_d>\rho_{c2(h)})$中的较大值；压差卡钻风险为钻井液密度ρ_d大于防压差卡钻钻井液密度上限值$\rho_{sk(h)}$的概率$P(\rho_d<\rho_{sk(h)})$；钻进井漏风险为钻井液密度ρ_d大于防井漏钻井液密度上限值$\rho_{L(h)}$的概率$P(\rho_d>\rho_{L(h)})$；井涌关井井漏风险为井涌关井时环空压力梯度ρ_{kick}大于防井漏钻井液密度上限值$\rho_{L(h)}$的概率$P(\rho_{kick}>\rho_{L(h)})$。

在实际工程设计中，某些分布（例如正态分布）无法取无穷值进行计算，通常取累积概率接近0或接近1的变量值近似作为累积概率为0和1的边界值，这样可以有效的缩小取值范围，减小不确定域。因此分别取累积概率为j_{min}和j_{max}时的各压力值$\rho_{k(h),j_{min}}$、$\rho_{k(h),j_{max}}$、$\rho_{c1(h),j_{min}}$、$\rho_{c1(h),j_{max}}$、$\rho_{c2(h),j_{min}}$、$\rho_{c2(h),j_{max}}$、$\rho_{sk(h),j_{min}}$、$\rho_{sk(h),j_{max}}$、$\rho_{L(h),j_{min}}$、$\rho_{L(h),j_{max}}$作为各钻井液密度上下限值的最大和最小边界值，并定义

$$\begin{cases} P(\rho<\rho_{m(h),j_{min}})=0 \\ P(\rho>\rho_{m(h),j_{max}})=0 \end{cases} \quad (8-12)$$

式（8-12）表示钻井液密度ρ小于$\rho_{m(h),j_{min}}$和大于$\rho_{m(h),j_{max}}$的概率都为0，式中m可分别为k、$c1$、$c2$、sk和L，表示不同种类的钻井液密度上限或下限值。

三、风险评价方法

根据上述模型，我们可对某一套管层次及下深设计结果进行风险评价，下面以井涌风险、钻进井漏风险和关井井漏风险为例介绍评价过程。

根据不同深度处防井涌钻井液密度上限值和防井漏钻井液密度上限值的累积概率分布函数，取累积概率分别为j_0（接近0）和j_1（接近1）时的防井涌泥浆密度下限值$\rho_{k(h),j_0}$、$\rho_{k(h),j_1}$和防井漏泥浆密度上限值$\rho_{L(h),j_0}$、$\rho_{L(h),j_1}$作为各自范围的上下界限，且满足定义式（8-12），从而得出防井涌钻井液密度下限值曲线L_{k,j_0}、L_{k,j_1}构成的防井涌钻井液密度下限剖面，以及由防井漏钻井液密度上限曲线L_{L,j_0}、L_{L,j_1}构成的防井漏钻井液密度上限剖面，如图8-19所示。

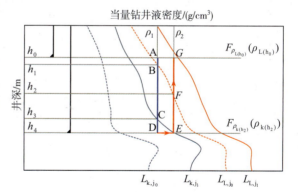

图8-19 井涌风险、钻进井漏风险和关井井漏风险的评价过程

图中，设定上一层套管下深为h_0，下一层套管设计下深为h_4，设计钻井液密度为ρ_1，我们从上一层套管下深h_0处开始，按照钻深逐渐增加的顺序，评价井深$h_0 \sim h_4$井段的钻井井涌、钻进井漏和井涌关井井漏的风险。在井深h_0处（图中的点A）以密度为ρ_1的钻井液开始钻进，由于$\rho_1>\rho_{L(h_0),j_0}$，因此在井深h_0存有钻进井漏风险，由于井深h_0处的防井漏钻井液密度上限

分布函数为$F_{\rho_{L(h_0)}}(\rho)$（图8-20），则此处的钻进井漏风险值为$F_{\rho_{L(h_0)}}(\rho_1)$，继续钻进至井深$h_1$处（图中点B处），从此深度开始，$\rho_1<\rho_{L(h_0),j_0}$，因此其钻进井漏风险值为0，可知$h_0 \sim h_1$井段存在钻进井漏风险（图中AB段），其风险值为：

$$R_{L(h)} = F_{\rho_{L(h)}}(\rho_1), \quad h \in [h_0, h_1] \quad (8-13)$$

至井深h_3处时，由于$\rho_1<\rho_{k(h_3),j_1}$，因此具有井涌风险，由于井深h_3处的防井涌钻井液密度下限分布函数为$F_{\rho_{k(h_3)}}(\rho)$，如图8-21所示，其风险值为$1-F_{\rho_{k(h_3)}}(\rho)$；在$h_3$至$h_4$井段，始终存在

$$\rho_1 < \rho_{k(h),j_1}, \quad h \in [h_3, h_4] \quad (8-14)$$

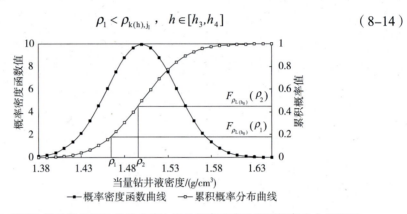

图8-20　深度h_0处的防井漏钻井液密度上限的概率密度及累积概率分布示意图

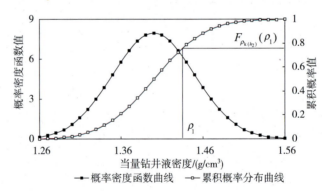

图8-21　深度h_3处的防井涌钻井液密度下限的概率密度及累积概率分布示意图

因此，此井段均存有井涌风险，其风险值

$$R_{k(h)} = 1 - F_{\rho_{k(h)}}(\rho_1), \quad h \in [h_3, h_4] \quad (8-15)$$

按照计算结果，若钻进至井深h_4发生井涌，则关井平衡地层压力后井筒中的钻井液液柱压力（用当量钻井液密度表示）

$$\rho_{kick} = \max\{\rho_{k(h),j_1}\}, \quad h \in [h_3, h_4] \quad (8-16)$$

图中设定的$\rho_{kick}=\max\{\rho_{k(h),j_1}\}=\rho_{k(h_4),j_1}=\rho_2$。则关井后，$h_0$至$h_2$井段$\rho_{kick}>\rho_{L(h),j_0}$，存有关井井漏风险，其风险值

$$R_{kL(h)} = F_{\rho_{L(h)}}(\rho_2), \quad h \in [h_0, h_2] \tag{8-17}$$

由图8-20可知，在上层套管管鞋h_0处关井井漏风险值最大，其风险值为$F_{\rho_{L(h_0)}}(\rho_2)$，如图8-21所示。

通过上述分析可知，此套管层次及下深设计方案在$h_0 \sim h_4$井段存有井涌、钻进井漏及井涌关井井漏的风险，风险类别和井段以及风险值见表8-3。

表8-3　$h_0 \sim h_4$井段风险评价结果

风险井段	风险类别	风险值
$h_0 \sim h_1$	钻进井漏风险	$R_{L(h)} = F_{\rho L(h)}(\rho_1), \quad h \in [h_0, h_1]$
$h_0 \sim h_2$	井涌关井井漏风险	$R_{KL(h)} = F_{\rho L(h)}(\rho_2), \quad h \in [h_0, h_2]$
$h_3 \sim h_4$	井涌风险	$R_{k(h)} = 1 - F_{\rho k(h)}(\rho_1), \quad h \in [h_3, h_4]$

当具备了防压差卡钻钻井液密度上限剖面、防坍塌钻井液密度下限和上限剖面之后，利用上述方法，即可得出每一套管层次下深范围内的风险井段、相应的风险类别和风险值，最终得到整个套管层次及下深设计方案的风险评价结果。

第五节　井控风险评价

井控事故是海洋油气勘探开发事故的主要类型。钻井作业中，如果不能迅速有效地控制井涌，极有可能导致井喷。一旦井喷失控，将严重破坏油气资源，并导致灾难性后果。因此在进行深水钻井作业前，需要进行严格的井控风险分析评估，识别可能存在的风险因素，并提出预防措施。

一、风险因素

深水钻井井控风险受一系列相关因素的影响，主要有地质条件、地层压力、井控装备、水深、节流管线尺寸、井涌检测方法、关井方式、压井方法、人员操作水平及应对突发事件的能力等。

（1）地质条件的影响。泥线以下浅部地层强度及破裂压力梯度低，井壁稳定性较差，浅部地层井控措施有限，需要优选合理的钻井液体系，精确设计钻井液密度。

（2）水深的影响。水深增加导致井控风险增加。深水油气井中，高压产生的井涌威胁将以指数规律增加，对分流器和防喷器的要求更高，井控难度大。

（3）深水低温的影响。泥线附近的高压低温环境易在井筒中形成天然气水合物，造成防喷器控制和节流管线堵塞。

（4）节流管线摩阻损失的影响。深水钻井井口多在海底，节流管线随水深增加而延长，所需井口回压高以及节流管线的压力损失随之增加。气侵情况下，由于节流管线的容积很小，管线底部产生的"气体交换效应"使管线内迅速被气体充满，并极快地减小静水压头。环空静水压力的大幅降低需要很高的节流压力来补偿，节流压力可能大于最大允许环空压力并导致地层被压裂的严重后果。

（5）井控装备的影响。发展新的井控装备，如自动补偿式旋转防喷器及其液压控制系统、大容量除气器、节流管汇、固控设备、点火器、燃烧器、阻火器等，在发生较大规模的井涌时能够有效处理，避免井喷事故的发生。

（6）关井、压井方法以及人员操作水平及应对突发事件的能力。由于地层破裂压力低，常规压井方法在深水井控中有时可能无法满足作业要求。另外，井喷经常由于疏忽大意或操作不当引起。

另外，浅层气、浅层水问题，井涌监测与控制问题在前面的章节已经提及。

二、风险分析内容

风险分析（Risk Analysis）是系统使用可用信息确定指定事件可能发生的频率及其结果的严重性，它包括风险识别、风险评估和风险管理等三方面的内容。风险分析层次如图8-22所示。

（一）风险识别

风险识别要根据行业和项目的特点，采用分析和分解原则，把综合性的风险问题分解为多层次的风险因素。在进行风险识别之前，首先应明确和界定所分析的系统，再将复杂的系统分解成比较简单的容易认识的分系统，然后就可以根据收集的资料和分析人员的判断，采取一定的方法对系统进行风险辨识，找出风险影响因素，具体步骤如图8-23所示。

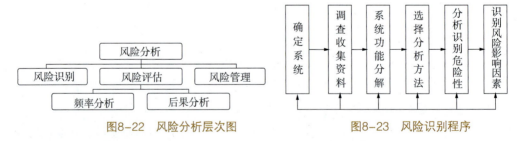

图8-22 风险分析层次图　　　　图8-23 风险识别程序

1.确定分析对象

明确所分析的系统，界定系统的功能和分析范围。本节所涉及的风险识别范围界定为深水钻井时井涌的发生和由于相关原因导致的井喷事故。

2.调查收集资料

风险识别是风险评价的基础，为进行风险评价，必须收集包括项目相关的环境、地质、工程资料等在内的所有基础数据。调查作业目的、工艺过程、操作条件和周围环境。收集地质及工程设计书，作业单位的背景资料，国内外发生的类似事故及有关标准、规范、规程等资料。

3.系统功能分解

将复杂问题的分析作为一个大系统，然后按照一定的分解方法分解若干子系统，每个子系统具备一定的功能。

4.选择分析方法

用于危险识别的方法很多，常用的方法主要有风险分解法、流程图法、头脑风暴法、情景分析法、德尔菲法、结构系统可靠性原理、事故树法、事件时序树法、模糊数学方法等，这些方法各有所长。

5.分析识别危险性

确定危险类型、危险来源、初始伤害及其风险性，对潜在的危险点要仔细判定。

6.识别风险影响因素

在分析、识别危险性的基础上，找出具体的风险影响因素，并区别主次，从而建立合理的风险评价指标体系。

（二）风险评估

风险评估主要包括频率分析和后果分析两项内容。前者分析特定系统危险发生的频率或概率。后者对特定危险在特定环境下，可能导致的各种事故后果及其可能造成的损失进行分析，包括情景分析和损失分析。

（三）风险管理

风险管理是指风险管理单位通过风险识别、风险评估和风险决策管理等方式，对风险实施有效控制和妥善处理损失的过程。

三、风险分析方法

（一）常用分析方法

1.安全检查表

安全检查表（Safety Checklist Analysis，SCA）是为评价系统的安全状况而事先制定的问题清单，是一种最基础、最简便和广泛应用的系统安全分析方法。由对工艺过程、机械设备和作业情况十分熟悉并富有安全技术、安全管理经验的人员，将评价系统分成若干个设备单元，依据规范、标准和管理、操作规程等要求，利用已有的经验和知识，对评价对象进行详尽分析和充分讨论，发现系统以及设备、机器装置和操作管理、工艺、组织措施中的各种不安全因素，列成表格进行分析。安全检查表按其应用范围可分为设计审查安全检查表、审查验收安全检查表以及岗位检查表等。

安全检查表法的主要优点：①安全检查表能够事先编制，可以做到系统化、科学化，不漏掉任何可能导致事故的重要因素；②检查表中体现了法规、标准的要求，使检查工作法规化、规范化；③可针对不同的检查目的和检查对象设置不同的检查表，针对性强；④安全检查表是定性分析的结果，是建立在原有的安全检查基础和安全系统工程之上的，容易掌握，能弥补人员知识、经验不足的缺陷；⑤安全检查表可以与安全生产责任制相结合，不同的检查对象使用不同的安全检查表，易于分清责任。还可以提出改进措施，并进行检验。

安全检查表法的主要缺点：①只能做定性的评价，不能定量；②只能对已经存在的对象进行评价；③要有事先编制的各类检查表，有赋分、评级标准；④编制安全检查表的工作量及难度较大，检查表的质量受制于编制者的知识水平及经验积累。

2.危险性与可操作性研究

危险和可操作性研究（Hazard and Operability Study，HAZOP）是以系统工程为基础的一种可用于定性分析或定量评价的危险性评价方法，用于探明生产装置和工艺过程中的危险及其原因，寻求必要对策。通过分析生产运行过程中工艺状态参数的变动，操作控制中可能出现的偏差，以及这些变动与偏差对系统的影响及可能导致的后果，找出出现变动和偏差的原因，明确装置或系统内及生产过程中存在的主要危险与危害因素，并针对变动与偏差的可能后果提出相应措施。

危险和可操作性研究分析技术是一种结构化的风险分析工具，能全面、系统的识别流程中的危险和改善操作，减少管理的盲点，有效提升工作流程的效率和生产力。其研究目标应该是与液体或气体产品有关的承受高压的设备、设施或系统，集中分析异常的操作情况和以前从未发生过的事，是对设计的重要补充。危险和可操作性研究分析技术适用于井控的各个阶段，不仅用于分析井控作业的各项操作及其影响的参数偏差带来的危害和影响，同时也分析发生偏差后操作完成井控任务的可能性。

（1）分析工作程序。

危险性与可操作性研究具体工作程序，如图8-24所示。

（2）准备工作。

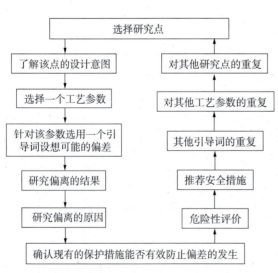

图8-24 危险性及可操作性研究工作程序

展开危险和可操作性研究前,应收集与井控有关的各项详细资料,包括各项工艺及参数,如井底压力、钻井液设计密度、钻井液储备能力等,以及详细的井控操作规程;还需收集各型防喷器的性能参数等设备资料;同时还应广泛收集类似钻井井控失败的事例资料,作为后续分析的重要借鉴。分析前,成立由井控和钻井专家及实际操作人员构成的分析小组,在组长的带领下按照既定的方法和流程进行危险性分析。分析小组成员的构成和对钻井及井控作业危险性的认识水平,很大程度上影响着井控危险和可操作性研究的质量。

(3)分析研究工作。

对工艺的每一个部分或每个操作步骤进行审查、研究,分析可能出现的偏离、偏离的原因、后果和采取的措施。

井控作业所涉及到的工艺参数较少,主要为钻井液密度、流量、井筒压力等,但是不同的井控操作都可能使这些参数发生变化,产生严重偏差。所以,通过危险和可操作性研究分析这些参数的偏差时,应将各个参数放在不同的井控操作步骤下分别进行分析。

3.故障类型影响分析

故障类型影响分析(Failure Mode Effects Analysis,FMEA),是一种归纳的、定性的系统安全分析方法。它是根据系统可分的特性,按实际需要分析的深度,把系统分成一些子系统和单元,逐个分析各部分可能发生的故障及故障类型,查明各种故障类型对相邻组件、单元、子系统和整个系统的影响。

故障类型影响与危险性分析(Failure Mode Effects and Critical Analysis,FME-CA)是故障类型影响分析与故障发生概率结合考虑的一种综合方法。通过确定系统故障发生的概率,定量地描述故障的影响。这种分析方法的特点是从组件的故障开始,逐次分析其原因、影响及采取的对策和措施。这两种可以用在从整个系统到各组件的任何一级,常用于分析复杂的关键设备或过程。其分析步骤如下:

(1)确定分析对象(系统),分析故障类型和产生原因。

研究故障类型的影响,列出故障原因。常见的故障类型有:结构破损、机械卡死、开关失效、误开和误关、内漏或外漏、超出上下限、间断运行、指示错误、流动不畅、输出和输入量不稳定等。

(2)危险性定量分析。

应用故障类型影响与危险性分析方法分析故障类型的危险性,通常有两种方式。一是用故障概率和故障危险程度分析故障类型的危险性。元素的故障概率、故障危险程度应属于哪个级别以及系统的危险性是否达到可以接受的限度,需要依靠分析人员的经验和有关故障(事故)统计资料做出判断。二是采用危险性指数分

析。应用式（8-18）计算危险性指数

$$C = \sum_{i=1}^{n}(\alpha,\beta,k_1,k_2,\lambda_i) \qquad (8-18)$$

式中，C为系统危险指数；α为导致系统发生重大故障或事故的故障类型数目占全部故障类型数目的比例；β为系统发生重大故障或事故的概率；k_1为运行状态的修正系数；k_2为运行环境条件的修正系数；λ_i为元素的运行时间；n为导致系统发生重大故障或事故的故障类型数目。

由此可以看出，应用危险性指数定量分析故障时需要元素基本故障率数据λ，目前各类故障率数据的统计存在一定难度。

4.事件树分析

事件树分析法（Event Tree Analysis，ETA）是一种从原因推出结果的系统安全分析方法。在给定一个初因事件的情况下，分析此初因事件可能导致的各种事件序列的结果，从而定性与定量地评价系统的特性，并帮助分析人员获得正确的决策。常用于系统的事故分析和可靠性分析。事件树可以描述系统中可能发生的事件，在寻找系统可能发生的严重事故时，以及在那些具有备用设备和设备投入有先后次序的安全系统分析中，是一种有效方法。按事物发展的时间顺序由初始事件出发，按每一个事件的后继事件只能取完全对立的两种状态（成功或失败、正常或故障、安全或事故）之一的原则，逐步向事故方面发展，直至分析出可能发生的事故为止，从而揭示事故或故障发生的原因和条件。通过事件树分析，可以了解系统的变化过程，从而查明系统可能发生的事故和找出预防事故的途径。事件树分析的步骤如下：

（1）确定或寻找可能导致系统严重后果的初始事件，并进行分类。

确定初始事件一般依靠分析人员的经验和参考故障、事故统计资料。对于新系统或复杂系统，先用其他方法分析，再用该方法作重点分析。

（2）建造事件树，进行事件树的简化。

从初始事件开始，自左至右发展事件树。将初始事件发生时起作用的安全功能状态在上，不能发挥安全功能的状态在下（分支），各环节依此类推。简化事件树是在发展事件树的过程中，将与初始事件、事故无关的安全功能和安全功能不协调、矛盾的情况省略、删除，达到简化分析的目的

（3）分析事件树，找出事故连锁和最小割集，找出预防事故的途径。

事件树各分支代表初始事件发生后事故可能的途径，即事故连锁。事故连锁中包含的初始事件和安全功能故障的后继事件构成了事件树的最小割集。最小割集越多，系统越不安全。

（4）进行事件序列的定量化。

依据各事件发生的概率计算系统事故或故障发生的概率。当各事件之间相互统计不独立时，定量分析非常复杂。

5.预先危险性分析

预先危险性分析（Preliminary Hazard Analysis，PHA）是一种定性分析系统内危险因素和危险程度的方法，在进行某项工程活动（包括设计、建造、生产、维修等）之前，对系统存在的各种危险因素、出现条件和事故可能造成的后果进行宏观、概略分析。目的是早期发现系统的潜在危险因素，确定系统的危险性等级，提出相应的防范措施，防止这些危险因素发展成为事故，避免考虑不周所造成的损失。

预先危险性分析步骤如下：

（1）熟悉对象系统。

了解设计系统的生产目的、工艺流程、设备、物料、操作条件，以及辅助设施和环境状况等资料，搜集类似系统的设备故障和事故统计分析资料。

（2）分析危险和触发事件。

从设备故障、人员失误及外界影响等方面分析系统存在的危险，分析触发事件。

（3）确定可能的事故类型。

根据过去的经验教训，分析危险、有害因素对系统的影响，分析事故的可能类型。

（4）确定危险及危险因素后果的危险等级。

按危险及危险因素导致的事故、危害程度划分以下四个危险等级：①1级，安全的，不会造成人员伤亡及系统损坏；②2级，临界的，处于事故的边缘状态，暂时还不至于造成人员伤亡和财产损失，应采取控制措施；③3级，危险的，会造成人员伤亡和系统损坏，要立即采取措施；④4级，灾难性的，会造成人员重大伤亡及系统严重破坏，必须立即排除并进行重点防范。

（5）制定相应安全措施。

按危险及危险因素的后果，危险等级的轻、重、缓、急，采取相应的对策措施。

6.事故树分析

事故树分析（Accident Tree Analysis，ATA）起源于故障树分析法（Fault Tree Analysis，FTA），是一种演绎的系统分析方法，适用于大型复杂系统安全性与可靠性分析。从要分析的特定事故或故障（顶上事件）开始，层层分析其发生原因，直到找出事故的基本原因（底事件）为止。这些底事件又称为基本事件，它们的数据已知或者已经有统计或实验的结果。

顶上事件是风险分析所关心的结果事件，位于事故树的顶端。而底事件是在特定风险分析中无须或暂时不能知悉其发生原因的事件。割集是事故树若干底事件的集合，如果这些事件都发生，则顶上事件发生。最小割集是底事件不能再减少的割集，即最小割集中任意去掉一个底事件之后，剩下的底事件就不是割集。一个最小割集代表引起事故树顶上事件发生的一种风险模式。

事故树是一种表示导致危险事故的各种因素之间的因果及逻辑关系的图，通过对可能造成事故的各种因素，如硬件、软件、人和环境等进行分析，从而确定故障或事故原因的可能组合方式。

事故树分析的主要特点：①事故树分析是故障事件在一定条件下的逻辑推理过程。它对某些特定的故障状态，作逐层次深入的分析，分析各因素之间的相互联系与制约关系，即输入（原因）与输出（结果）的逻辑关系，并且用专门符号表示出来；②事故树分析能对功能事故的各种因素及其逻辑关系作出全面、简洁和形象的描述，为改进设计、制定安全措施提供依据；③事故树分析不仅可以分析某些单元、部件故障对某系统的影响，而且可对导致这些单元、部件故障的特殊原因（人的因素、环境等）进行分析；④可以用于定性分析，也可定量计算系统的故障概率及其可靠性参数，为改善和评价系统的安全性和可靠性、减少风险提供定量分析数据；⑤事故树是图形化的技术资料，以图形的方式演绎系统是如何失效的，具有直观性。即使不曾参与系统设计的管理、操作和维修人员，也能全面了解和掌握各项风险控制要点。

事故树分析的基本步骤：

（1）明确分析对象。

确定和熟悉分析对象，收集相关资料（工艺、设备、操作、事故等方面的情况）。选择合理的顶上事件（何时、何地、何类），明确分析系统的边界、分析深度、初始条件、前提条件和不考虑条件，并且确定成功与失败的准则。

（2）建造故障树。

结合所收集的技术和背景资料，在设计、运行管理人员的帮助下建造故障树。从顶上事件开始，逐级往下找出所有原因事件，直到最基本的原因事件为止。按其逻辑关系画出事故树。

（3）修改、简化事故树。

特别是在事故树的不同位置存在相同基本事件时，必须用利用布尔代数进行整理简化。

（4）定性分析。

求取故障树的全部最小割集，当割集的数量太多时，可以通过程序进行概率截断或割集截断。计算各基本事件结构重要度，得出定性分析结论。

(5) 定量分析。

确定引起事故发生的各基本原因事件的发生概率。计算事故树顶上事件发生概率。将计算结果与通过统计分析得出的事故发生概率进行比较。

风险识别方法应根据分析对象的实际情况和分析需要选择。必要时，可利用几种分析方法对同一分析对象进行分析，互为补充，相互验证，提高分析结果的准确性。

（二）事故树法井控风险评价

事故树分析的目的是通过分析过程了解系统，找出薄弱环节，进而提出补救措施。事故树定性分析的任务就是寻找事故树全部最小割集的集合。事故树定量分析不仅可以判断出单元和整个井控作业的风险水平，而且可以定量地了解到井喷失控的情形和发生概率。

在石油工业各类事故中，无论从事故数量还是造成损失上，井喷都名列前茅。井控的最终目的是排除危险因素，防止井喷事故发生。因此，将井喷失控确定为深水井控的顶上事件。

1. 创建事故树

以井喷失控为顶上事件，通过事故树分析法构建事故树，以全面清晰地反映井喷事故发生的原因，了解它们对顶上事件的影响程度以及各底事件的内在联系[18]，如图8-25所示。

2. 求取最小割集

最小割集就是导致顶上事件发生的最起码的基本事件的集合。最小径集就是顶上事件不发生所必须的最低限度的集合。事故树分析中，最小割集和最小径集对定性和定量分析都起着十分重要的作用。结合图8-25，经过系统分析，深水井控事故树的最小割集多达100个。因此，可以通过分析其最小径集，来对深水井控的风险进行定性分析。

用布尔代数化简，求事故树的最小径集：

$$T = A' + B' = C'X_1' + J'K'$$
$$= X_1'X_2'X_3'X_4'X_5'X_6'X_7'X_8'X_9'X_{10}' + [X_{11}'X_{12}'X_{13}'X_{14}'X_{15}'X_{16}' + X_{21}'] \cdot$$
$$[X_{17}'X_{18}'X_{20}'X_{13}'X_{14}'X_{15}'X_{19}' + X_{22}']$$
$$= X_1'X_2'X_3'X_4'X_5'X_6'X_7'X_8'X_9'X_{10}' + X_{11}'X_{12}'X_{13}'X_{14}'X_{15}'X_{16}'X_{17}'X_{18}'X_{19}'X_{20}' +$$
$$X_{11}'X_{12}'X_{13}'X_{14}'X_{15}'X_{16}'X_{22}' + X_{13}'X_{14}'X_{15}'X_{17}'X_{18}'X_{19}'X_{21}' +$$
$$X_{21}'X_{22}'$$

(8-19)

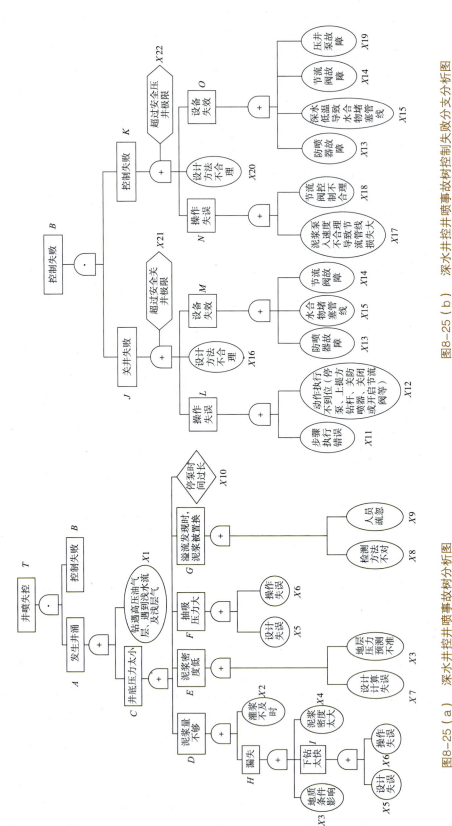

图8-25（b） 深水井控井喷事故树控制失败分支分析图

图8-25（a） 深水井控井喷事故树分析图

由此可以得到事故树的五个最小径集，即：

$P1=\{X1, X2, X3, X4, X5, X6, X7, X8, X9, X10\}$；
$P2=\{X11, X12, X13, X14, X15, X16, X17, X18, X19, X20\}$；
$P3=\{X11, X12, X13, X14, X15, X16, X22\}$； （8-20）
$P4=\{X13, X14, X15, X17, X18, X19, X21\}$；
$P5=\{X21, X22\}$。

因为$X21$，$X22$出现在两个基本事件和七个基本事件的最小径集中，认为是最重要的事件。同理，可得到事件的结构重要顺序为：

$I_\Phi(21) = I_\Phi(22) > I_\Phi(13) = I_\Phi(14) = I_\Phi(15) > I_\Phi(11) = I_\Phi(12) = I_\Phi(16) = I_\Phi(17) = I_\Phi(18) = I_\Phi(19) > I_\Phi(1) = I_\Phi(2) = I_\Phi(3) = I_\Phi(4) = I_\Phi(5) = I_\Phi(6) = I_\Phi(7) = I_\Phi(8) = I_\Phi(9) = I_\Phi(10)$

这个顺序说明，事件21、22是最容易导致顶上事件即井喷失控事故发生的条件事件。这两个条件事件是：一是关井时，由于设备故障、设计方法及操作失误的影响，超过了关井安全极限；二是压井时，由于设备故障、设计方法及操作失误的影响，超过了压井安全极限。因此要保证设备故障、设计及操作失误不能超过安全许可范围。

对于基本事件的重要度，防喷器、节流阀及管线的安全最重要，应优先从这方面入手防止发生井喷失控。其余事件，尤其是前十个事件的重要度相同，而且并集较多，说明要想保证不发生井喷，需要众多环节同时保证。但是由于井控装备复杂、海况恶劣、受深水低温影响和地质条件制约，以及员工素质及操作水平的限制等，可能会在某些方面存在隐患。这表明深水钻井存在一定井喷失控风险。

3.事故定量分析

假定事故树中20个基本事件发生的概率均为0.1，则井控成功率为

$q' = 1-(1-0.9^{10})\cdot(1-0.9^{10})\cdot(1-0.9^7)\cdot(1-0.9^7)\cdot(1-0.9^2)$
$ = 0.978$

即，井喷发生概率为$q=1-q'=0.022$。

当事故树中20个基本事件发生的概率均为0.2时，井控成功率为

$q = 1-(1-0.8^{10})\cdot(1-0.8^{10})\cdot(1-0.8^7)\cdot(1-0.8^7)\cdot(1-0.8^2)$
$ = 0.821$

即，井喷发生概率为$q=1-q'=0.179$。

从以上结果来看，当底事件的概率不同时，顶上事件发生的概率亦有很大差别。当底事件的概率增大一倍时，顶上事件的概率会增大若干倍。基本事件概率为0.1时，井喷概率仅为0.022，当各基本事件概率均上升到0.2时，井喷发生的概率上升到0.179，增加了近10倍。因此，深水井控要严格控制各底事件的发生概率，从而有效降低井喷发生的概率。

4. 井喷事故预防措施

针对事故树中可能导致井喷的基本事件,应该严格采取措施,尽量消除,以最大限度地保证深水井控安全。

(1)从源头做起,制定合理的钻井工程设计。对井口装置、井身结构、钻井液、录井工艺、钻具组合、井涌检测方法及关井压井程序等进行优化设计。

(2)采用合适的排量钻进,钻井液的黏度、切力可适当降低。

(3)根据随钻气测资料及相关钻探资料确定气测异常井段,并根据后效气显示情况,确定合理的钻井液密度。

(4)钻井过程中要密切观察钻井液池钻井液体积的变化情况,储备足够的堵漏材料及加重材料,接单根及下钻到底开泵要平缓,防止憋漏地层。

(5)起钻前要进行短起下作业,测量后效,准确计算油气上窜速度。

(6)最大限度地减小起钻抽吸压力,严禁"拔活塞"。起下钻过程中专人观察井眼液面变化情况,用计量罐严格计量钻井液的灌入量和返出量。发现有轻微"拔活塞"现象,要立即接顶驱或方钻杆顶通。起钻后及空井期间要注意观察井眼液面的变化情况,及时灌满钻井液,防止钻井液在表层渗滤速度过快,导致液柱压力降低。

(7)加强对地层压力的预测和监测,对浅层气、浅层水及其他异常高压地层及早做好预防措施。

(8)保证井控装备完好,在遇到危险情况时能够立即发挥作用。

(9)做好水合物预防工作,防止水合物在防喷器及管线中生成,以免阻碍关井与压井操作。

(10)加强对相关人员防范井喷事故的安全培训,熟悉深水井涌特点、危害性和控制的安全作业应急程序,提高防控意识和技能。开钻前要制定切实可行的设计、施工措施及应急计划。钻井施工中要严格执行作业指令,做好井控演习工作。

第六节　作业环境风险评价

深水钻井作业环境风险评价是对井场工区内水面以上、海水层、海床、海底以下地层中可能存在的、所有可能影响平台自身安全和钻井安全的致灾因素,以及影响工程施工的限制性条件进行分析,包括气象、物理海洋及地质等各个方面。

在深水钻井作业环境风险评价的最初阶段,需要进行充分的桌面研究。收集、调研工区已有的文献资料和已钻井的情况,初步了解工区海底地质条件的复杂程度。如已采集了三维地震资料,则可以利用已有资料进行初步的地质灾害评价。若已有数据不足,则需要进行井场调查,采集合格的工程物探和工程地质调查数据,并进行处理、解释，综合评价工区地质灾害和工程地质条件，以保障油气勘探开发活动的安全。

一、致灾因素

在海洋油气勘探开发过程中，从水面、水体、海床、浅部地层直至深部地层，对钻井安全产生危害的潜在致灾因素主要有：①水面以上的气象致灾因素，如台风等；②与海水水层有关的物理海洋致灾因素，如波浪、潮汐、海流、海啸、内波、等深流、近底强流等；③海床上妨碍施工的限制性因素。如海床上的人工障碍物（沉船、海底光缆、油气管道、废弃井口）及海床上特殊生物群落等；④海床上不良的施工条件，如不规则的海底地形地貌；⑤海床上的区域地质灾害，如海底滑坡及其产生的碎屑流、浊流；⑥海床的冲刷侵蚀，海底环境对材料的腐蚀等；⑦浅表地层的不良工程地质条件。即对于平台锚泊和水下设备基础来说不良的底质和浅部土力学性质；⑧地层中有可能影响钻井安全的限制性因素，如古河道、古滑坡等；⑨浅部地层中的钻井灾害，如浅层气、浅水流和天然气水合物等；⑩地层中的异常高压；⑪深部地层的地质灾害，如地震等。

大气、水体和海底是一个相互作用的整体系统，各种致灾因素往往是相互联系的。如台风引起的波浪增加了海底斜坡的载荷，有可能触发海底滑坡，进而引起碎屑流和浊流，滑坡引起的重力流会侵蚀其流经的海床。浅部地层和深部地层也是一个相互作用的整体，如深部气体也能沿着断层在浅部聚集，形成浅层气。所以，在对工区进行作业环境风险评价时，不能将各种致灾因素割裂开来，需要综合考虑。

二、评价内容

深水钻井作业环境风险评价是一个多学科交叉的、极其复杂的系统工程，涉及海洋地质学、海洋地球物理学、物理海洋学、岩土力学、船舶与海洋工程和石油工程等。同时深水钻井作业环境风险评价中的许多问题也是地学研究的前沿问题，仍处在探索阶段。

一切有可能影响平台自身安全、钻井安全和工程施工的客观条件，都属于深水钻井作业环境因素安全评估的内容。地质灾害评估是深水钻井作业环境风险评价中最主要的内容。其主要手段有桌面研究、利用三维地震资料进行浅层地质灾害解释以及井场调查等。深水钻井作业环境风险评价除了评价地质灾害因素外，还包括对气象因素、物理海洋因素、可能影响工程施工的渔业、外交、军事等因素的评价。国外海洋油气勘探界取气象学（Meteorology）和海洋学（Oceanography）的词头，形成了一个新词metocean，用来表示海洋油气勘探开发中遇到的气象、物理海洋等方面的灾害，这方面的研究专门称为海洋气象研究（metocean study）。

深水钻井作业环境风险评价内容、评价手段，见表8-4。

表8-4 深水油气勘探中的主要致灾因素及调查手段

空间位置	致灾因素	主要评价的内容	评价手段	领域
水面以上	台风	冲击平台；产生次生地质灾害	桌面研究；收集工区气象水文资料	气象水文
水体	潮汐、浪	冲击平台	桌面研究；收集工区气象水文资料	气象水文
水体	表层海流	冲击平台	桌面研究；收集工区气象水文资料	气象水文
水体	内波	冲击立管；冲击平台	物理海洋观测、内波预警系统	物理海洋
水体	底层海流	冲刷侵蚀海床	物理海洋观测、内波预警系统	物理海洋
海床	海底稳定性	有无人工物、生物群落	多波束测深、旁扫声呐	工程物探
海床	海底稳定性	斜坡稳定性	多波束测深、旁扫声呐	工程物探
海床	海底稳定性	不规则地形	多波束测深、旁扫声呐	工程物探
浅部地层	基础深度较浅（数十米）	锚泊系统的稳定性；水下设施的稳定性；浅部地层限制性因素	地质取样、原位测试	工程地质
浅部地层	基础深度较深（百米左右）	锚泊系统的稳定性；水下设施的稳定性；浅部地层限制性因素	地质浅钻取样、原位测试	工程地质
浅部地层	数十米	地层的工程地质层序	浅地层剖面	工程物探
浅部地层	数百米~千米以内	浅层气、天然气水合物、浅水流等钻井灾害	高分辨率地震	工程物探
浅部地层	数百米~千米以内	浅层气、天然气水合物、浅水流等钻井灾害	三维地震地质灾害解释	三维地震

注：若工区处于地震带上，还需对地震活动进行专门评价，包括地震对平台基础稳定的影响，地震引起的海底滑坡及重力流、地震直接引起的海啸及地震触发的大规模滑坡引起的海啸。

三、评价流程

作业环境风险评价是控制深水油气勘探开发风险、保障安全的重要手段。从准备钻第一口探井之前，就应开始对工区各种环境风险进行评价。深水钻井作业环境风险评价流程，如图8-26所示。

深水钻井作业环境风险评价主要可分资料分析、地质灾害预测、物理海洋监测、井场调查和综合评估五个阶级。

（一）资料分析

收集工区地质、气象、物理海洋等背景资料。同时根据海图或通过调研等方式考察工区海床上有无海底电缆等第三方设施、有无沉船等限制性因素。通过分析地质资料，初步了解工区内地质情况的复杂程度。通过分析工区内的风、浪、潮汐、海流等资料，特别是对热带气旋（台风）等极端天气历史记录的分析和内波等特殊海流的研究，初步估计气象、物理海洋条件对平台的要求。

此外，若工区处于地震带上，则需收集工区发生地震的历史记录，评估工区内地震再次发生的概率及强度。

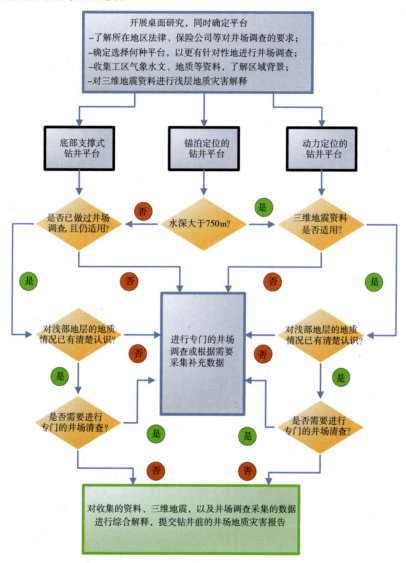

图8-26 深水钻井作业环境风险评价流程

（二）地质灾害预测

利用工区大范围的三维地震资料进行地质灾害解释，能将1000m以内规模较大的钻井地质灾害识别出来。同时能根据海底地震波初至得出一定精度的海底地形图，如图8-27所示，用以评价工区内有无明显的不稳定斜坡和不利于施工的地形地貌。还可以根据海底反射强弱，初步推断海底底质的软硬，为锚泊系统和井口的安装提供参考信息。

三维地震资料解释得出的工区地质灾害分布图对于井位的初步确定非常有用。井位初步确定后，可以利用三维地震资料进一步对井场进行更为细致的地质灾害评价。

图8-27　三维地震资料和深拖多波束得出的海底地形分辨率比较

在工区地质条件较复杂，或是需要进一步降低风险时，需在钻井前进行专门的井场调查。

（三）物理海洋监测

对于较特殊的物理海洋环境，如果内波大量发育的海域，一般需要进行专门的物理海洋监测。物理海洋监测一般需要持续一整年的观测，以得出内波的周期性规律，故应提早进行。若是时间上来不及，可在钻井时设立内波预警系统，实时监测内波对平台的影响。

（四）井场调查

深水井场调查的主要手段是各种工程物探和工程地质调查方法。

勘探阶段的井场调查在钻探井前进行，主要目的是保证勘探钻井的安全实施，同时为后期的油气开采在地质灾害和工程地质条件评价方面做准备。开发阶段的井场调查在构筑采油平台之前进行，主要目的是保证开发钻井的安全实施，同时保证后续数十年采油活动的安全实施。开发阶段井场调查的内容要多于勘探阶段，要求也要高于勘探阶段。

井场调查除了考虑地质条件及钻探安全因素外，还需考虑所在国家的法律法规、环境保护要求、健康与安全政策、公司政策、公司责任以及投资者、钻探承包方和保险公司的要求。

（五）综合评估

三维地震资料和井场调查获得的多波束资料、声纳资料、浅剖资料以及取得的样品和原位测试数据，是用于井场地质灾害评估的基础数据。井场调查只是一种获得物探和工程地质原始数据的手段。在获取这些原始数据以后，需要对其进行处理和分析，以此评估工区地质灾害情况、工程地质条件等，以保证平台基础的稳固、钻井过程的安全。

第七节　钻井项目风险管理

项目风险管理是指对项目活动中涉及的风险进行识别、评估，并制定风险应对措施，对项目的风险实行有效的控制，妥善地处理风险事件造成的不利后果，以最少的成本保证项目总体目标实现的管理工作。它包括将积极因素所产生的影响最大化和使消极因素产生的影响最小化两方面内容。深水钻井是高风险作业，有效识别、评估、消减或消除风险是作业成功的关建。深水钻井作业风险管理的基本步骤，如图8-28所示。

一、风险分析

风险分析是系统使用可用信息确定指定事件可能发生的频率及其结果的严重性的过程。风险分析的目的是尽可能分析出了解的和不了解的风险，特别是替在的风险，使风险后果最小化。

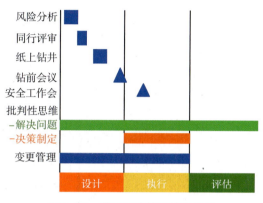

图8-28　项目风险管理基本步骤

风险分析中会涉及一些术语的定义。危害是指任何潜在的可造成危险伤害的实物、产品、物理条件或物理影响的统称。风险是指危害可能发生的机率及危害程度的度量。最低风险是指利用各种方法手段降低风险到尽可能低的程度时，从实践可操作性及经济上达到了不能使之再降低的程度。剩余风险是指利用风险消除手段将风险降至最低风险时的风险程度，此时要判定风险是否可接受的，如不可接受则可能要改变工作步骤或采取进一步降低风险的措施或放弃。可接受风险是指在实际操作中可以接受的风险程度，与采用的标准、现场操作人员的经验及主观判断有关。

风险评估是指通过对危害发生的机率和危害后果以乘积的方式量化，来评价风险程度的大小，并据此确定风险消减、消除及控制方法。通常利用风险评估矩阵来进行风险评估。

风险评估矩阵是由危害发生机率（X轴）与危害后果严重性（Y轴）组成的二维矩阵图。典型的风险评估矩阵，如图8-29所示。

风险评估矩阵中的风险发生可能性机率（X轴）由暴露程度、可能性、发生机率综合评估后确定。其分级见表8-5。

表8-5　分级及数值表

不可能	不易发生	可能发生	易发生	极易发生
1	2	3	4	5

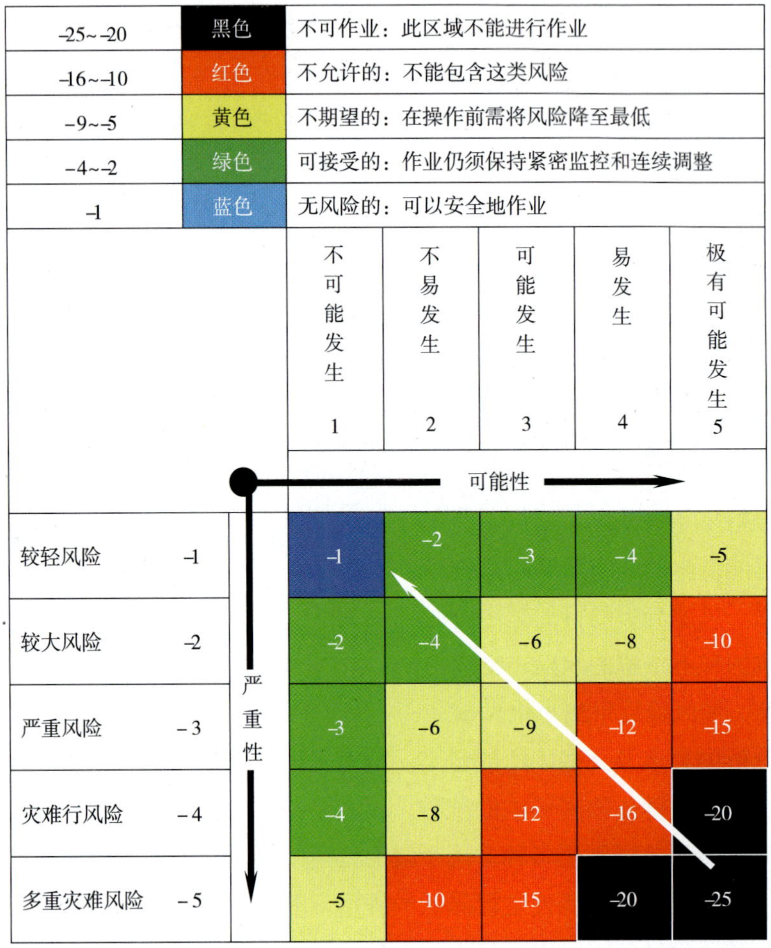

−25~−20	黑色	不可作业：此区域不能进行作业
−16~−10	红色	不允许的：不能包含这类风险
−9~−5	黄色	不期望的：在操作前需将风险降至最低
−4~−2	绿色	可接受的：作业仍须保持紧密监控和连续调整
−1	蓝色	无风险的：可以安全地作业

		不可能发生 1	不易发生 2	可能发生 3	易发生 4	极有可能发生 5
较轻风险	−1	−1	−2	−3	−4	−5
较大风险	−2	−2	−4	−6	−8	−10
严重风险	−3	−3	−6	−9	−12	−15
灾难行风险	−4	−4	−8	−12	−16	−20
多重灾难风险	−5	−5	−10	−15	−20	−25

图8-29 风险矩阵示意图（白色箭头表示风险减小方向）

风险评估矩阵中的危害严重程度（Y轴）由HSE评价表、工业数据资料库、项目成员经验、蒙特-卡络模拟方法等来综合确定。其评估分级见表8-6。

表8-6 风险评分估计表

级别名称	级别数值	损失金额/万美元	非生产时间/h
较小风险	−1	≤25	≤24
较大风险	−2	25~250	24~72
严重风险	−3	250~1000	72~168
灾难行风险	−4	≥1000	≥1周
多重灾难	−5	≥1000，发生死亡	停止生产

确定风险危害程度及发生机率都有一定的主观性，最好利用头脑风暴等多种方式综合评定。

风险评估基本流程，如图8-30所示。先确认所有可能的危害事件；评估危害发生的机率和危害程度；将评估结果放入风险评估矩阵并确认其可接受程度；如风险可接受，则记入风险评估记录表并继续下步工作，如不可接受则采取风险消减或消除手段；将结果重新进行评估，直到可接受或放弃。

当风险评估矩阵中有不可接受项时，需要采取风险消减措施来将风险降低到可接受范围内，即风险控制。风险控制有减少危害发生机率和减少危害程度两种方式。前者通过强化硬件设备或人员管理来减少危害发生机率，如制定相应的规章制度和操作程序，加强培训与监督，以及进行工作完全分析等；后者通过加强防护措施减少危害程度，如增加防喷器或分流器配置及人员保护设施、制定应急计划等。

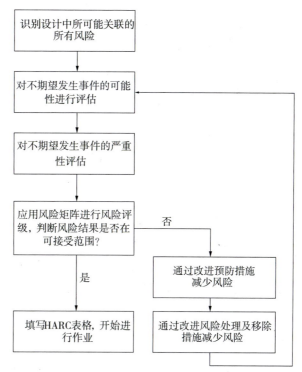

图8-30　风险评估流程（HARC：灾害分析与风险控制）

对于深海钻井作业来说，风险管理的程序如下：识别钻井作业的各种行为—识别各行为的风险—识别与钻井程序相关的各种可能后果——进行风险分析评估——确定危害消减方法并使之在可操作范围内达到最低——过程回顾评估。

二、同行评估

同行评估是保证项目计划、技术完整性的必要手段。通常在项目初步作业计划和钻井工程设计完成后，都要进行同行评估。

同行评估是将项目计划或设计方案提交给第三方专家进行评价和审查，目的是发现错误及冗余、确保方案正确、确保应用最新技术等。

三、纸上钻井

项目钻井作业计划完成后，通过风险评估及同行审计，并获得了管理层批准，下步工作的关键在于如何确保按计划执行。纸上钻（完）井（Drilling/Completion Well On Paper，简称DWOP/CWOP）是确保钻井作业按计划执行的重要手段和方法。

纸上钻井的方法是先列出每一项作业程序，将其分解为相互独立的行为。分析每一行为可能产生的结果、成本消耗、时间消耗等，指导制定完备的钻井方案及备用方案。将各项工作程序中可能存在的问题落实到人，提出相应的改进方案和改进计划，并对将要参与作业的人员进行钻前演练和培训。

四、钻前工作会议

钻前工作会议是由作业者在开钻前（通常一周左右）召集钻井项目的所有相关人员，包括项目人员、承包商、后勤支持人员等召开的联合会议。钻前会议的目的是使各参与方明确钻井目的、作业计划、预计可能出现的问题和解决方案、作业中必须遵守的作业规程和标准以及彼此责任等，承包商可服从作业者的风险消减方案或提出更具体的方案。

五、安全工作会议

安全工作会议有时称为"作业前安全工作会"（Pre-job safety meeting，PJSM）或"工具箱会议"，是在钻井现场进行的促进任务执行质量或提高HSE管理水平的管理方法。通常在某一作业即将开展前召开，如下套管前会议、固井前会议、电测前会议等。会议时间、参与人、主题、关键内容等应记录在一定格式的项目文件中备查。

六、变更管理

变更管理是当事物发展偏离了确定的设计、计划和规定，需要修订计划时依附的程序。变更管理程序适用于所有存在变化的领域，如设计变更、偏离现行的程序规范、与计划要达到的水平不相符合等，所有的这些变更都需要得到相应管理层的认可并以适当的方式记录，以证明变更符合变更管理程序。

在深水钻井过程中，变更是普遍存在的。主动的变更如井位改变、套管下深改变、钻机设备改变等，被动的变更如地层变化、突发事故导致的改变等。

变更的决策与初始决策过程类似，变更管理过程包括：了解、确认变更内容——识别由变更带来的新风险——进行风险分析——消减风险至最低——修订施工程序——从初始程序批准人处取得批准——记录审批文件——实施变更后的程序。

首先由变更执行人提交变更的技术、经济方案和风险评估结果；技术主管部门负责审查变更方案的风险可接受性，如有必要，需请第三方进行技术审查；审批人员或部门批准变更方案的经济、技术方案，并确认商务风险可接受；变更执行人执行变更方案并记录变更，及时通知受变更影响以及与变更相关的各方。

变更对于深水钻井作业影响很大，为此前期的初始计划要做到尽量完备，最大程度地避免钻井作业过程中的变更。同时充分准备各种预案，备足各种应急材料，在确实需要变更时能很快实施变更方案。

参考文献

[1] Benton, W.J. et al. Permeability Impairment of Shallow Water Flows. DeepStar Drilling and Completions Committee, November, 1995

[2] Mark Alberty, Mark Hafle, John C. Minge and Tom Byrd. Mechanisms of Shallow Waterflows and Drilling Practices for Intervention. OTC8301, 1997

[3] E. L. Hamilton, George Shumway, H. W. Menard, and C. J. Shipek. Acoustic and Other Physical Properties of Shallow - Water Sediments off San Diego. J. Acoust. Soc. Am, 1956, 28（1）: 1

[4] Myung W.Lee. Elastic Properties of Overpressured and Unconsolidated Sediments. U.S. Department of the Interior, U.S. Geological Survey, 2003

[5] Daniel R. McConnell. Optimizing Deepwater Well Locations To Reduce the Risk of Shallow–Water–Flow Using High–Resolution 2D and 3D Seismic Data. SPE11973-MS, 2000

[6] Mallick, S, Dutta, N, C. Shallow water flow prediction using prestack waveform inversion of conventional 3D seismic data and rock modeling[J]. The Leading Edge.2002

[7] Paola Blotto, P. Mauro Tambini. Software simulation and system of dynamic killing technique. SPE 90427, 2004

[8] Samuel F. Noynaret and Jerome J. Schubert. Modeling ultra–deepwater blowout and dynamic kills and the resulting blowout control best practices recommendations. SPE/IADC 92626, 2005

[9] Matthew A.C., Bishnoi P.R. Determination of the Activation Energy and Intrinsic Rate Constant of Methane Gas Hydrate Decomposition. Can.J.Chem.Eng., 2001, 79（2）: 143~147

[10] Katz, D.L., Carson, D.B. Natural Gas Hydrates. Petroleum Transactions. AIME, 1942, 146: 150~158.

[11] Vandelwalls J.H., Platteeuw J.C. Clathrate solution. Adv.Chem.Phys. 1959, 2: 1~57

[12] Marshall D.R., Saito S., Kobayashi R. Hydrates at high pressure（Part I）: Methane–water, argon–water, and nitrogen–water systems. AI.Chem.Eng.Jounal. 1964, 10: 202~205

[13] Sergio A.B., Dafontoura, Bruno B.Holzberg, Edson C.Teixira, Marcelo Frydman. Probabilistic analysis of wellbore stability during drilling[R] . SPE78179, 2002

[14] Q.J.Liang. Application of quantitative risk analysis to pore pressure and fracture gradient prediction[R] . SPE77354, 2002

[15] Dahlin, J.Snaas. Probabilistic well design in Oman high pressure exploration wells[R]. SPE48335, 1998

[16] J.C.Cunha. Recent development in risk analysis-application for petroleum engineering [R] . SPE109637, 2007

[17] Guan Zhi chuan, Ke Ke, Lu Baoping. A New Approach of Casing Program Design with Pressure Uncertainties for Deep Water Wells, SPE130822, 2010

[18] 高永海,孙宝江等. 应用事故树法对深水井控进行风险评估. 石油钻采工艺, 2008, 30（2）: 23~27